高职高专计算机类专业系列教材

Linux 服务器配置与管理

主　编　刘开茗

西安电子科技大学出版社

内 容 简 介

本书是根据当前我国高等职业教育课程改革的基本理念，以工作过程为导向，以项目为载体，以目前最新版本的 Red Hat Enterprise Linux 7.3 为平台，对 Linux 的网络服务器配置与管理进行讲解。

本书分为 10 个学习项目，主要内容包括 Linux 服务器安装与测试、Linux 服务器的基本操作、Telnet 和 SSH 服务器配置与管理、Samba 服务器配置与管理、DHCP 服务器配置与管理、DNS 服务器配置与管理、WWW 服务器配置与管理、FTP 服务器配置与管理、邮件服务器配置与管理以及防火墙配置与管理。每个学习项目分为多个学习任务，通过不同任务的学习，逐个掌握该项目的各个知识要点。

本书可作为高职院校计算机应用技术专业、计算机网络技术专业、信息安全与管理专业和大数据技术与应用专业等相关专业的理实一体化教材，也可作为 Linux 系统运维人员的自学指导用书。

图书在版编目(CIP)数据

Linux 服务器配置与管理 / 刘开茗主编. — 西安：西安电子科技大学出版社，2020.7

ISBN 978-7-5606-5712-7

Ⅰ. ① L… Ⅱ. ① 刘… Ⅲ. ① Linux 操作系统—高等职业教育—教材 Ⅳ. ① TP316.85

中国版本图书馆 CIP 数据核字(2020)第 092161 号

策划编辑 高 樱

责任编辑 孟晓梅 武翠琴

出版发行 西安电子科技大学出版社(西安市太白南路 2 号)

电 话 (029)88242885 88201467 邮 编 710071

网 址 www.xduph.com 电子邮箱 xdupfxb001@163.com

经 销 新华书店

印刷单位 陕西天意印务有限责任公司

版 次 2020 年 7 月第 1 版 2020 年 7 月第 1 次印刷

开 本 787 毫米×1092 毫米 1/16 印 张 12.5

字 数 292 千字

印 数 1～3000 册

定 价 29.00 元

ISBN 978-7-5606-5712-7 / TP

XDUP 6014001-1

前　言

Linux 操作系统作为近年最为流行的网络操作系统之一，被国内外企业广泛应用于中小型网络服务器上，配置与管理 Linux 服务器成为网络运维人员的必备技能。本书通过对 Linux 服务器常见应用场景的描述，还原了 Linux 服务器运维的工作任务，使读者能够真实体验 Linux 服务器运维的工作要求，掌握相应的工作技能，为胜任工作岗位打下坚实的基础。

本书通过 10 个项目来展示 Linux 服务器的应用场景。项目 1 和项目 2 是为没有任何 Linux 基础的读者提供基本的知识准备，项目 3 到项目 10 分别介绍了 Telnet 和 SSH 服务器、Samba 服务器、DHCP 服务器、DNS 服务器、WWW 服务器、FTP 服务器、邮件服务器和防火墙的配置与管理方法。每个项目都分为若干个学习任务，学习任务的设定由简到难，涵盖了该项目所必须掌握的所有技能要点。

本书是一本"项目导向、任务驱动"的理实一体化教材。每个项目首先通过"项目描述"和"学习目标"确定本项目要学习的内容和重难点。然后通过"预备知识"学习本项目的背景、历史、发展和理论等基本概念。接下来通过不同的学习任务，掌握项目的技能要点。每个学习任务都按照任务提出、任务分析、任务实施、任务总结、同步训练等步骤组织和展开。通过"任务提出"明确具体需求，通过"任务分析"解读任务需要的知识点，通过"任务实施"介绍任务的实现过程，通过"同步训练"体现学以致用。其中还穿插有小贴士、知识链接、课堂讨论等环节，既可拓展相关任务的知识，也可增加阅读的趣味性。

本书的参考学时为 60 学时，由于采用理实一体化形式进行编排，在实际课堂教学中也不必严格区分理论学时和实践学时，可以将理论与实践教学混合进行。各项目参考学时如下：

项目	内　容	参考学时
项目 1	Linux 服务器安装与测试	4
项目 2	Linux 服务器的基本操作	4
项目 3	Telnet 和 SSH 服务器配置与管理	4
项目 4	Samba 服务器配置与管理	6
项目 5	DHCP 服务器配置与管理	4
项目 6	DNS 服务器配置与管理	12
项目 7	WWW 服务器配置与管理	12
项目 8	FTP 服务器配置与管理	6
项目 9	邮件服务器配置与管理	4
项目 10	防火墙配置与管理	4
课程总计		60

本书由郑州铁路职业技术学院刘开茗主编。郑州铁路职业技术学院马国峰编写了项目1和项目2，吕春峰编写了项目3和项目4，刘开茗编写了项目5到项目8，郭琼琼编写了项目9，毕喜彦编写了项目10。

由于编者水平有限，书中难免存在不足之外，敬请读者批评指正。如果读者在学习中需要与我们沟通交流，请发送电子邮件到23006546@qq.com。

编　者

2020年3月

目　录

项目 1　Linux 服务器安装与测试

【项目描述】

某公司要搭建企业内部网络，要求服务器具有 Web、FTP、DNS、DHCP、Samba、邮件等功能来为企业内部用户提供相应的服务。考察目前主流的操作系统后，决定选择 Red Hat Enterprise Linux 7 作为服务器的操作系统。

本项目需要对 Red Hat Enterprise Linux 7 有一定的认识，并安装好该操作系统。

【学习目标】

(1) 了解 Linux 的历史、发展和特点。

(2) 掌握 Linux 的安装方法。

(3) 掌握 Linux 操作界面的使用。

预备知识　认识 Linux 操作系统

1. Linux 的起源与发展

Linux 的出现与 UNIX 系统密不可分。

1973 年，由美国 AT&T 公司贝尔实验室的 Ken Thompson 和 Dennis Ritchie 共同开发了 UNIX 操作系统。UNIX 系统以其高度可移植性和稳定性的特点，被很多商业公司应用。但是由于 UNIX 系统只适用于服务器的硬件配置，没有针对个人计算机的设计，使得许多个人用户无法体验 UNIX 的强大性能。

1979 年，AT&T 公司在 Version 7 UNIX 推出之后，发布了新的使用条款，将 UNIX 源代码私有化，大学中不能再使用 UNIX 源代码。荷兰阿姆斯特丹的 Vrije 大学计算机科学系的 Andrew S. Tanenbaum 教授为了能在课堂上教授学生操作系统运作的实现细节，决定在不使用任何 AT&T 的源代码的前提下，自行开发与 UNIX 兼容的操作系统，以避免版权上的争议。他以小型 UNIX(mini-UNIX)之意，将它称为 MINIX。

1991 年年初，芬兰赫尔辛基大学的学生 Linus Torvalds 开始在一台 386sx 兼容微机上学习 MINIX 操作系统。1991 年 4 月，Linus Torvalds 开始酝酿并着手编制自己的操作系统。1991 年 10 月 5 日，Linus Torvalds 在赫尔辛基大学的新闻组发布消息，正式向外宣布 Linux 内核的诞生，并将 Linux 的内核上传到学校的 FTP 服务器上供计算机爱好者下载和使用，根据用户的反馈意见进行修改。随着 Linux 的功能越来越强大，单靠 Torvalds 一个人的力量已经无法维持，于是有更多的志愿者加入到 Linux 的修改和升级工作中。在大家的共同努力下，1994 年 Linux 终于发布了 1.0 正式版。

如今，Linux 凭借优秀的设计、不凡的性能，加上 IBM、Intel、AMD、Dell、Oracle、

Sybase 等国际知名企业的大力支持，市场份额逐步扩大，逐渐成为主流操作系统之一。

2. GNU 计划

1984 年，美国著名黑客 Richard Stallman 提出 GNU 计划。这个计划的目的是：建立一个自由、开放的 UNIX 操作系统 GNU。GNU 是“GNU’s Not UNIX”的递归缩写，意思是 GNU 是与 UNIX 完全不同的操作系统。Stallman 首先编写了许多在 UNIX 上运行的小软件，其功能与 UNIX 上的软件功能相同，内核却完全不一样，更重要的是，这些软件是免费的。

Stallman 认为，写程序最大的快乐就是把自己写好的软件分享给大家使用。而既然是分享，就应该把源代码也一并给出，这样才能方便大家把程序修改成适合自己计算机的软件。这个将源代码连同软件程序一起发布的行动，就称为自由软件(Free Software)运动。

1985 年 Stallman 又创立了自由软件基金会 FSF(Free Software Foundation)来为 GNU 计划提供技术、法律以及财政支持。尽管 GNU 计划大部分时候是由个人自愿无偿贡献的，但 FSF 有时还是会聘请程序员帮助编写。当 GNU 计划开始逐渐获得成功时，一些商业公司开始介入开发和技术支持。其中最著名的就是之后被 Red Hat 兼并的 Cygnus Solutions。

为了避免 GNU 所开发的自由软件被其他人拿去申请专利，Stallman 与律师草拟了著名的通用公共许可证 GPL(General Public License)，并且称呼它为 copyleft(相对于专利软件 copyright)。Stallman 同时将 GNU 与 FSF 发展出来的软件都挂上 GPL 的版权宣告。一个软件挂上了 GPL 版权宣告之后，它自然就成了自由软件。这类软件具有如下特色：

(1) 取得软件的源代码：用户可以根据自己的需求来取得源代码并执行这个自由软件。

(2) 复制：用户可以自由地复制该软件。

(3) 修改：用户可以将取得的源代码进行修改，使之更适合特定的工作。

(4) 再发行：用户可以将修改过的程序再度自由发行，而不会与原先的撰写者冲突。

(5) 回馈：用户应该将修改过的程序代码回馈社区群。

Torvalds 的 Linux 就是 GNU GPL 授权模式。所以，任何人均可取得源代码且可以执行这个核心程序，还可以修改这个程序。Linux 与其他 GNU 软件结合，形成了完全自由的操作系统。因此，Linux 也被称为“GNU/Linux”。

3. Linux 系统架构

Linux 的系统架构如图 1-1 所示。最内层为硬件，包括我们熟悉的 CPU、内存、硬盘、输入/输出(I/O)设备等。在硬件之外操作系统的第一层是内核(kernel)。内核直接管理着计算机的硬件设备，包括进程管理、内存管理、文件系统管理、输入/输出管理等。所有的计算机操作都要通过内核传递给硬件。

为了方便用户调用内核，Linux 将内核的功能接口制作成系统调用(system call)。系统调用看起来就像 C 语言的函数，用户可以在程序中直接调用。Linux 系统有两百多个这样的系统调用。用户不需要了解内核的复杂结构，就可以使用内核。系统调用是操作系统的最小功能单位。一个操作系统以及基于操作系统的应用都不可能实现超越系

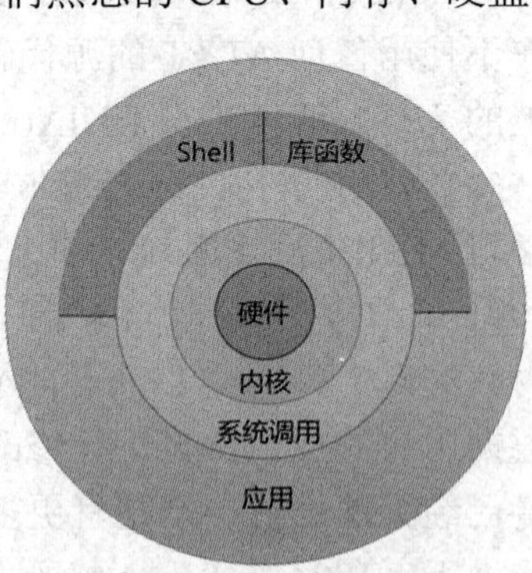

图 1-1　Linux 的系统架构

统调用的功能。

系统调用提供的功能非常基础，所以使用起来很麻烦。一个简单的给变量分配内存空间的操作，就需要动用多个系统调用。Linux 定义一些库函数(library routine)来将系统调用组合成某些常用的功能。例如，上面的分配内存的操作就可以定义成一个库函数(如 malloc( ))。

Shell 是一个特殊的应用。很多用户将它称为命令行。Shell 是一个命令解释器(interpreter)，通过系统调用，用指挥内核来实现用户发出的命令。Shell 是可编程的，它可以执行符合 Shell 语法的文本。这样的文本叫做 Shell 脚本(script)。在架构图中可以看到，Shell 下通系统调用，上通各种应用，同时还有许多自身的小工具可以使用。Shell 脚本可以在寥寥数行中实现复杂的功能。

与用户最接近、最能够实现用户需求的是一般的应用程序。它可以使用系统调用，也可以调用库函数，还可以运行 Shell 脚本。这些应用程序由多种语言来开发，可以实现不同的功能。如今，基于 Linux 操作系统的应用程序种类非常丰富，从办公软件到声音图像处理，以及即时通讯工具、浏览器等，种类和功能与 Windows 中的应用程序不相上下。

4. Linux 的版本

Linux 的版本分为内核版本和发行版本。

1) 内核版本

内核只提供基本的设备驱动、文件管理、资源管理等功能，是 Linux 操作系统的核心组件。Linux 内核可以被广泛移植，而且适用于多种硬件。

内核的开发和规范一直由 Torvalds 领导的开发小组控制着，版本也是唯一的，开发小组每隔一段时间公布新的版本或其修订版。内核的版本号命名是有一定规则的，版本号的格式通常为“主版本号.次版本号.修正号”。主版本号和次版本号标志着重要的功能变动，修正号表示较小的功能变更。比如 2.6.18，第一个数字 2 表示目前发布的内核主版本，第二个数字 6 表示次版本号，第三个数字 18 表示修订版本号。其中次版本号还有特殊含义：如果是偶数数字，就表示该内核是一个可放心使用的稳定版；如果是奇数数字，则表示该内核加入了某些测试的新功能，是一个内部可能存在着 BUG 的测试版。

2) 发行版本

仅有内核而没有应用软件的操作系统是无法使用的，所以许多公司或社团将内核、源代码及相关的应用程序构成一个完整的操作系统，让一般的用户可以简便地安装和使用 Linux，这就是所谓的发行版本(Distribution)。一般说到的 Linux 系统都是指这些发行版本。目前各种发行版本超过 300 种，它们的发行版本号各不相同，使用的内核版本号也可能不一样，现在最流行的套件有 Red Hat(红帽)、CentOS、Ubuntu、SUSE 和红旗 Linux 等。

(1) Red Hat：是目前最成功的商业 Linux 套件发布商。它从 1999 年在美国纳斯达克上市以来，一直发展良好，目前已经成为 Linux 商界中的龙头。一直以来，Red Hat Linux 就以安装最简单、适合初级用户使用著称。目前它旗下的 Linux 包括两种版本：一种是个人版本的 Fedora(由 Red Hat 公司赞助，并且由社区维护和驱动，Red Hat 并不提供技术支持)；另一种是商业版的 Red Hat Enterprise Linux，最新版本为 Red Hat Enterprise Linux 7。其官方网址为 http://www.redhat.com。

(2) CentOS：是 Red Hat Enterprise Linux(缩写为 RHEL)源代码再编译的产物，并去掉 RHEL 相关的图标等具有商业版权的信息后形成与 RHEL 版本相对应的 CentOS 发行版。而且 CentOS 在 RHEL 的基础上修正了不少已知的 BUG，相对于其他 Linux 发行版，其稳定、安全、高效等特点吸引了一大批 IT 企业使用，其中不乏像淘宝、网易这样的 IT 巨头。目前 CentOS 的最新版本为 CentOS7。其官方网址为 https://www.centos.org/。

(3) Ubuntu：是 Linux 发行版本中的后起之秀，它具备吸引个人用户的众多特性，如简单易用的操作方式、漂亮的界面、众多的硬件支持等，它已经成为 Linux 界的一颗耀眼的明星。其官方网址为 https://www.ubuntu.com/index_kylin。

(4) 红旗 Linux：是国内比较成熟的一款 Linux 发行套件，它的界面十分美观，操作起来也十分简单，仿 Windows 的操作界面让用户使用起来更感亲切。其官方网址为 http://www.redflag-linux.com/。

5. Red Hat Enterprise Linux 7 的新特性

2014 年 6 月份，Red Hat 公司发布了 Red Hat Enterprise Linux 7.0(简称 RHEL7.0)正式版。该版本有来自多方面的新特性，包括扩展性、虚拟化、高性能等。

(1) 内核版本：内核更新为 3.10，对 swap 内存空间进行了压缩，这将显著提高 I/O 性能；优化 KVM 虚拟化支持；开启固态硬盘和机械硬盘框架，同时使用这两种硬盘的系统将会提速；更新和改进了图形、音频驱动等。

(2) 文件系统：选择 XFS 作为其默认的文件系统，仍然支持 EXT4。XFS 文件系统完全是为大数据而生，单个文件系统最大可以支持到 8 EB 大小，单个文件的大小最大可达到 16 TB，并且提供了丰富的日志系统，是应对大数据存储的强大的文件系统。

(3) 系统管理：使用 Systemd 取代了原有的 SysV，由 Systemd 来管理系统中的服务。Systemd 定义了与原来 SysV 的 init 进程完全不同的方式对服务和系统进程进行管理，使得系统中的服务可以自动解决服务之间的依赖关系，并且可以支持服务的并行启动。

(4) 网络系统：新增网络管理接口 NMCLI，支持 Firewalld(动态防火墙)，对 Network Manager 进行了大量改进，以使其更适合在服务器应用程序中使用。

任务一　安装 Red Hat Enterprise Linux 7

一、任务提出

在了解了 Red Hat Enterprise Linux 7 以后，可在 VMware 虚拟环境中安装 Red Hat Enterprise Linux 7.3。

二、任务分析

Linux 操作系统有多种安装方式，常见的有以下几种。

1. 从光盘安装

这是比较简单方便的安装方法，Linux 发行版可以在对应的官方网站下载。下载完成后刻录成光盘，然后将计算机设置成光驱引导。把光盘放入光驱，重新引导系统，系统引导完成即进入图形化安装界面。

2. 从硬盘安装

从对应的官方网站下载Linux发行版的光盘映像文件，就可以直接从硬盘进行安装。通过特定的ISO文件读取软件可以将光盘解压到指定的目录待用，重新引导即可进入Linux的安装界面。这时安装程序就会提示用户选择用光盘安装还是从硬盘安装，选择从硬盘安装后，系统会提示输入安装文件所在的目录。

3. 在虚拟机上安装

在虚拟机上安装，其实也分为光盘安装或U盘安装，因为虚拟机也具备这些虚拟端口。与其他方式不同的是，必须先安装一个虚拟机。

4. 其他安装方式

Linux发行版还可以通过U盘或网络进行安装，每种方案方法类似，区别在于安装过程中系统的引导方式不同。

如果对安装过程不熟悉，推荐使用虚拟机的方式安装，这种安装方式要求简单，同时危险性低。

1-1　安装Red Hat Enterprise Linux7

三、任务实施

本书中采用的虚拟机软件为VMware Workstation Pro 14.1，以Red Hat Enterpreise Linux 7.3为例介绍如何安装Linux操作系统。

1. 创建虚拟机

步骤1　打开VMware软件的主界面，如图1-2所示。单击主界面中的【创建新的虚拟机】选项，也可以在【文件】下拉菜单中选择【新建虚拟机】选项，开始创建虚拟机。

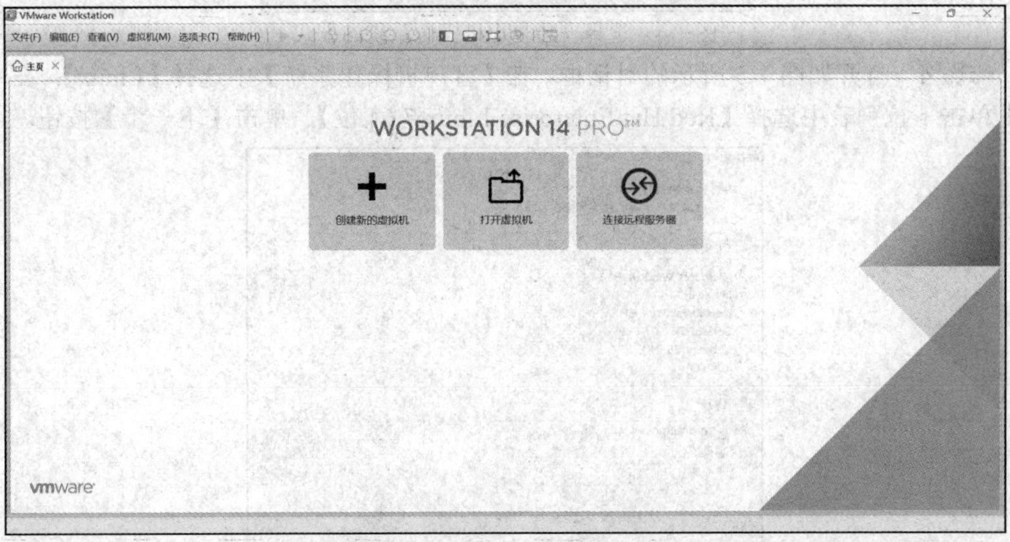

图1-2　VMware软件的主界面

步骤2　开始安装后，出现如图1-3所示的新建虚拟机向导界面，选中【典型(推荐)】

单选按钮，单击【下一步】按钮，进行虚拟机的创建。

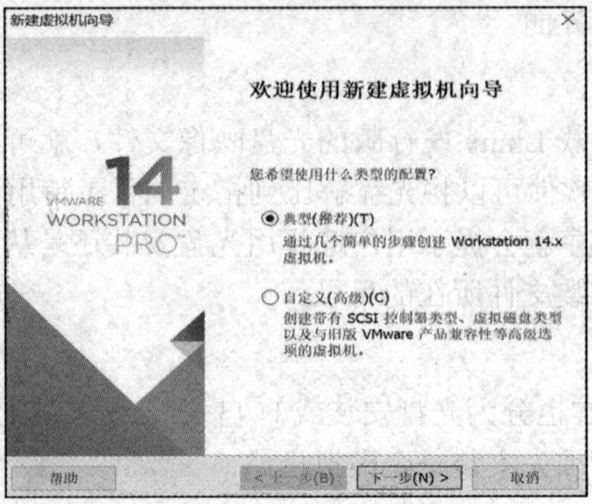

图 1-3　新建虚拟机向导

步骤 3　打开如图 1-4 所示的对话框，选择【稍后安装操作系统】，单击【下一步】按钮。

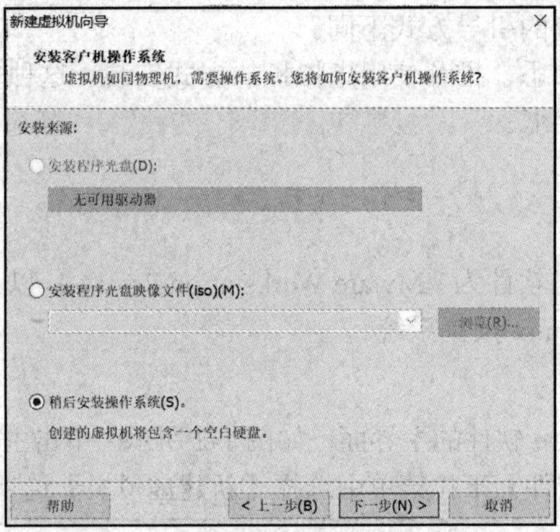

图 1-4　选择安装客户机操作系统的方式

步骤 4　打开如图 1-5 所示的对话框，在【客户机操作系统】中选择【Linux】，在【版本】单击下拉列表中选择【Red Hat Enterprise Linux 7 64 位】，单击【下一步】按钮。

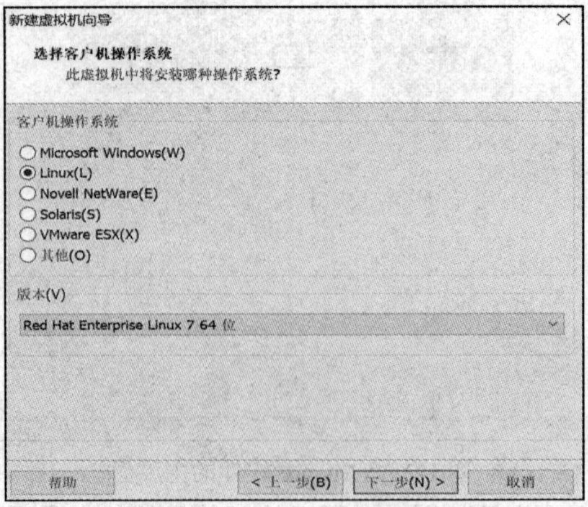

图 1-5　选择要安装的操作系统类型

步骤 5　打开如图 1-6 所示的对话框，这里需要给虚拟机命名，并选择虚拟机文件存放的位置。我们给虚拟机命名为【Red Hat Enterprise Linux 7】，虚拟机存放位置可以根据实际需要进行修改，单击【下一步】按钮。

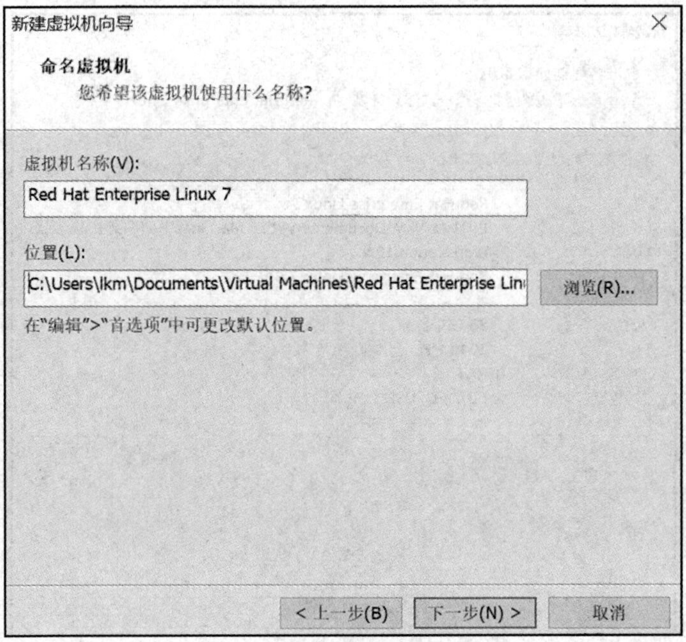

图 1-6　为虚拟机命名

步骤 6　打开如图 1-7 所示的对话框，这里需要给虚拟机分配硬盘空间。建议使用默认的 20GB，其他选项选择默认即可，单击【下一步】按钮。

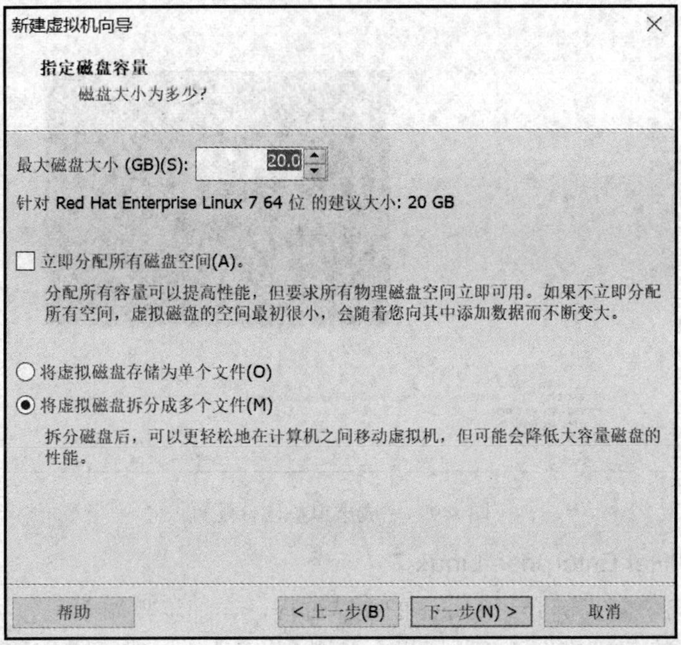

图 1-7　设置磁盘空间

步骤 7　打开如图 1-8 所示的对话框，这里会将前面所配置的虚拟机的硬件信息一一列出来。如果发现配置错误，可以选择【上一步】进行修改；如果确认无误，则单击【完成】按钮，向导会创建一个虚拟机硬件，如图 1-9 所示。

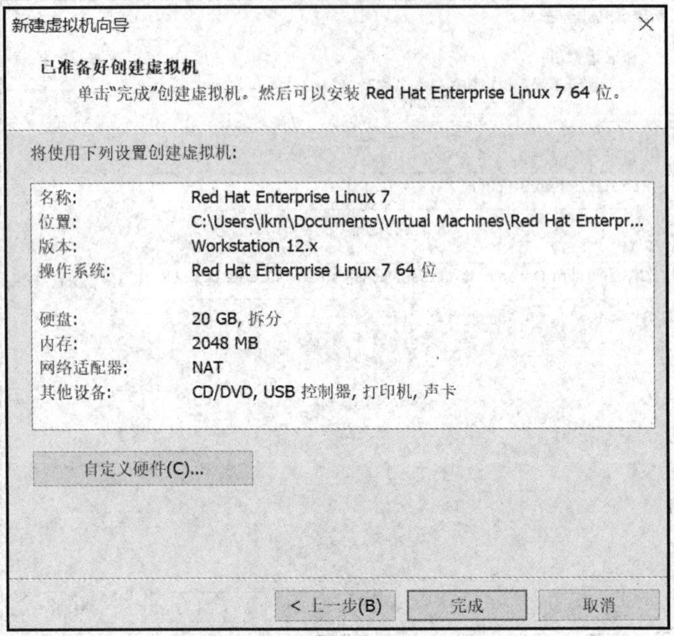

图 1-8　确认虚拟机硬件信息

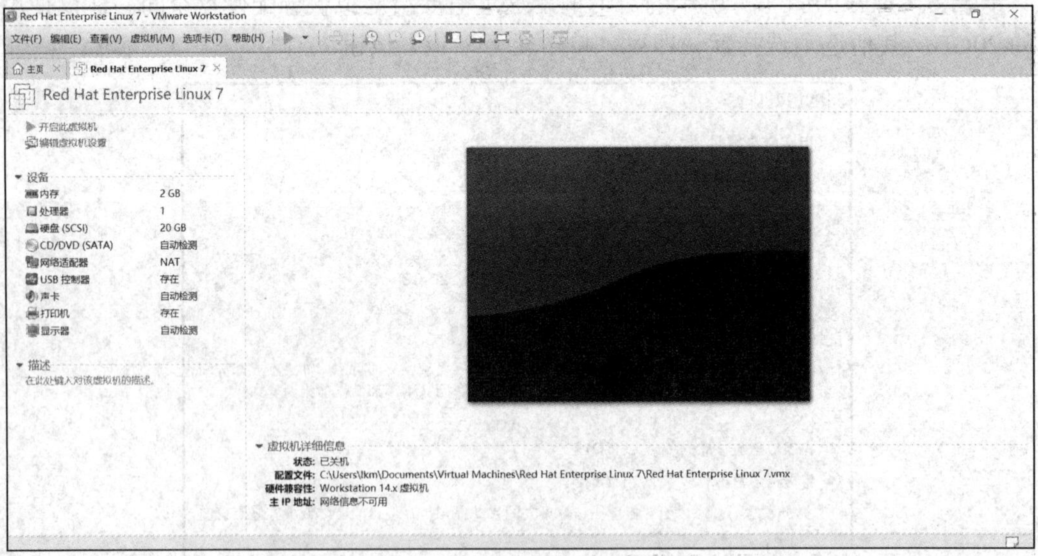

图 1-9　完成虚拟机硬件配置

2. 安装 Red Hat Enterprise Linux 7

我们以从光盘安装为例介绍 Linux 的安装过程，详细步骤如下：

步骤 1　鼠标左键双击图 1-9 所示界面左侧【设备】栏中的第四项【CD/DVD(SATA)】，

打开如图 1-10 所示的窗口。在右侧【连接】栏中，选择【使用 ISO 映像文件】单选按钮，然后单击【浏览】按钮，在弹出的文件选择窗口中选择 RHEL7.3 的 ISO 文件。

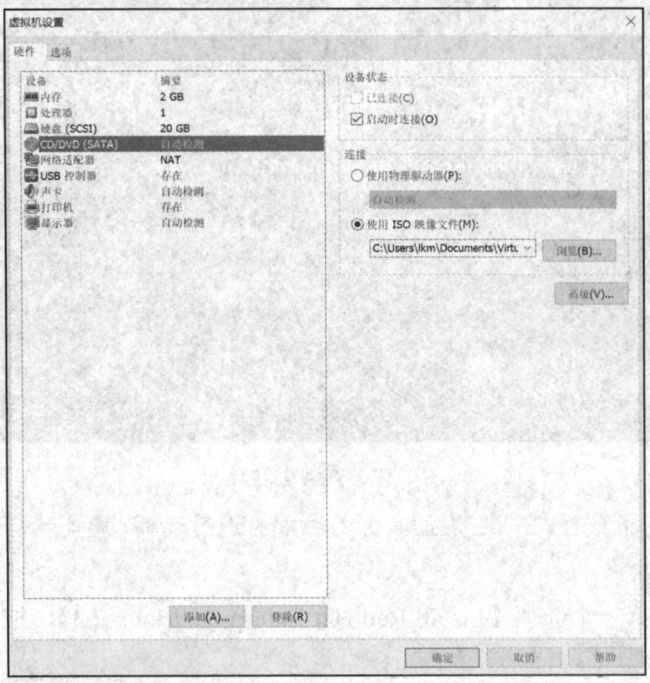

图 1-10　设置 VMware 光驱

步骤 2　通过以上步骤，完成虚拟机光驱的设置。单击【确定】按钮，返回虚拟机界面，如图 1-11 所示。单击窗口左侧第一行【开启此虚拟机】，即可启动虚拟机。

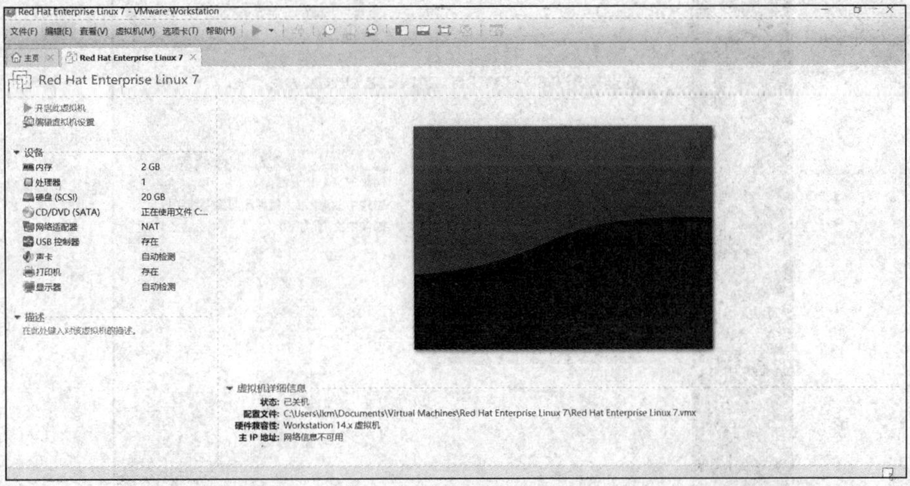

图 1-11　准备开始安装

步骤 3　启动后耐心等待安装程序引导完毕，即进入 Linux 的安装界面，如图 1-12 所示。安装界面的第一个选项【Install Red Hat Enterprise Linux 7.3】表示立即开启安装进程，第二个选项【Test this media & install Red Hat Enterprise Linux 7.3】表示先测试安装介质是否有误，然后再开启安装进程。如果确认光盘没有问题，可使用第一个选项，否则建议使用第二个选项。

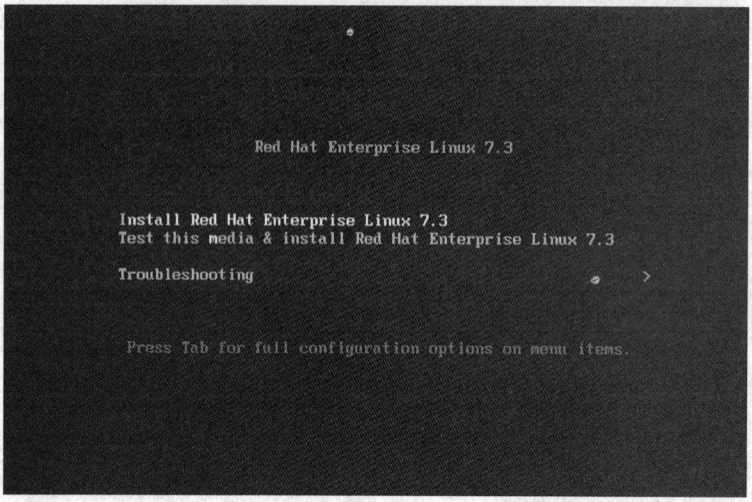

图 1-12　安装引导界面

◈ **小贴士**：使用鼠标在安装界面单击之后才能进行选择，此处选择使用键盘上的↑↓键，确认单击 Enter 键。

步骤 4　选择第一个选项【Install Red Hat Enterprise Linux 7.3】，按照系统提示，单击 Enter 键开始安装。

步骤 5　接下来引导程序会加载安装程序，等数秒后显示图形安装界面，如图 1-13 所示。安装的第一步是选择安装过程中使用的语言，在左侧栏选择【中文】，右侧栏选择【简体中文】，单击【继续】按钮。

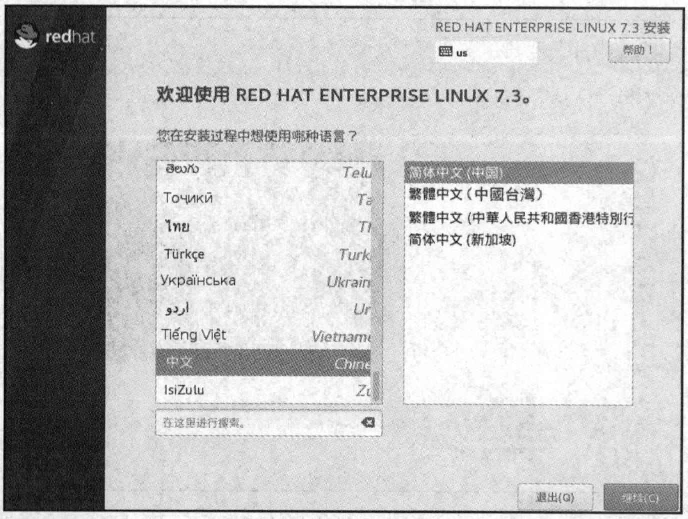

图 1-13　选择安装语言

步骤 6　打开如图 1-14 所示的【安装信息摘要】界面。在该界面中，安装程序会要求用户确认安装的各个细节设置，确认完成后才能继续安装。细节设置分为本地化、软件和系统三个部分。

图 1-14　安装信息摘要界面

步骤 7　系统已经根据之前的语言选择对【本地化】进行了默认设置，一般情况下保持默认即可，也可以单击相关设置进行修改。在语言支持中需要特别注意的是，如果此计算机确定在中国大陆地区使用，就需要【语言支持】安装【简体中文】，否则会出现系统中的中文文件名、中文文本变为乱码的现象。

步骤 8　【软件】设置主要用来定制服务器角色。【安装源】用来选择安装介质位置，该选项在使用硬盘、网络安装方法时使用，使用光盘时无意义，保持默认即可。【软件选择】用来定义需要安装的服务器角色及软件包。默认为最小安装，将来安装好的服务器系统没有图形界面，对于初学者来说，使用起来非常不方便。因此建议单击此项，打开如图 1-15 所示的界面，选择【带 GUI 的服务器】，选择完成后单击左上角的【完成】按钮即可。

返回【安装信息摘要界面】后，安装程序会计算所选服务器角色需要安装软件之间的依赖关系，大约需要几秒钟时间，此期间无法重新进入软件选择界面。

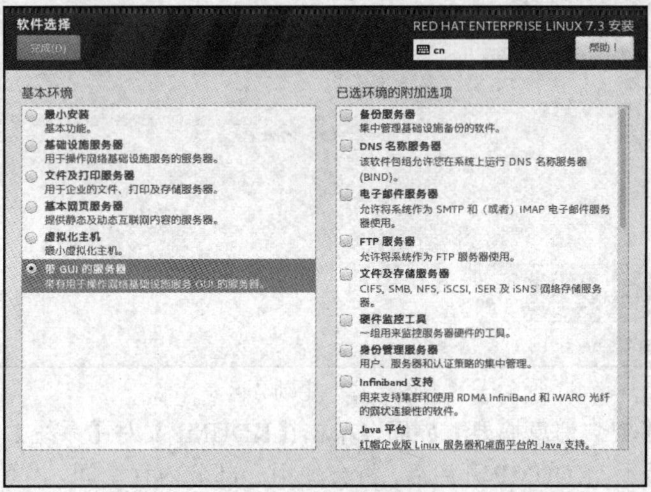

图 1-15　选择安装软件

步骤 9　对【系统】进行设置。首先单击选择【安装位置】，显示如图 1-16 所示的界面。安装位置选择是安装过程中重要的一步。如果是全新的计算机，硬盘上没有任何操作系统或数据，可以选择【自动配置分区】单选按钮，安装程序会自动根据磁盘以及内存的大小分配磁盘空间和 swap 空间，并建立合适的分区。对于初学者来说，建议选择该选项。如果自动分区不能满足需求，也可选择手动分区，选择【我要配置分区】单选按钮，进入如图 1-17 所示的界面进行进一步的分区配置。选择完成后单击左上角的【完成】按钮即可。在此以自动配置分区为例进行安装。

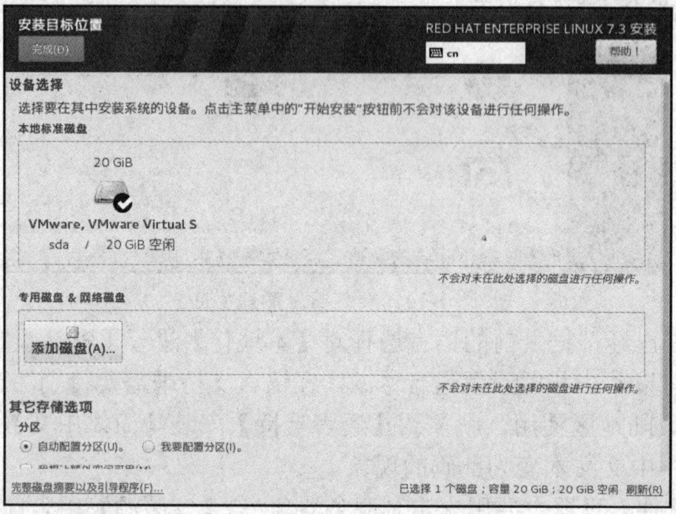

图 1-16　选择安装位置

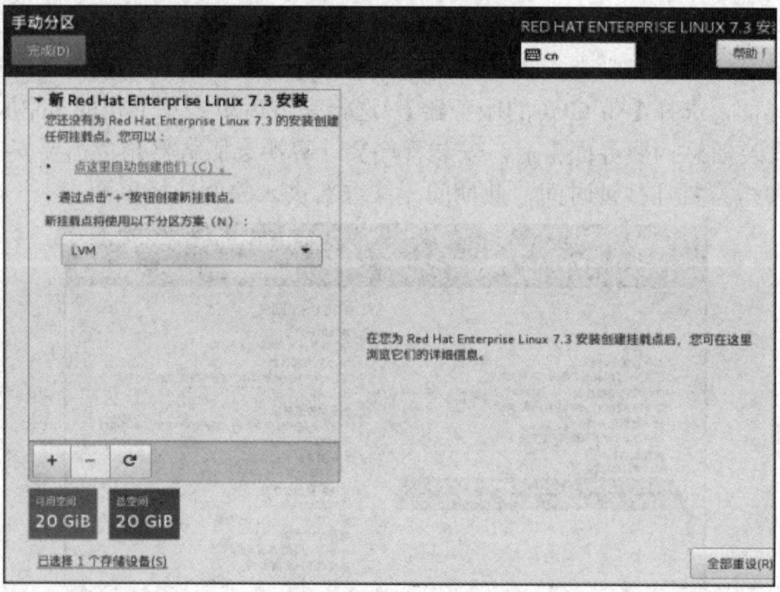

图 1-17　手动分区

步骤 10　在【安装信息摘要】界面，单击【KDUMP】对【系统】中的 KDUMP 进行设置，如图 1-18 所示。KDUMP 开启后，将会使用一部分内存空间，当系统崩溃时 KDUMP 会捕获系统的关键信息，以便分析、查找出系统崩溃的原因。此功能主要是系统相关的程序员使用，对普通用户而言意义不大，建议关闭。去掉【启用 kdump】复选框，单击左上角的【完成】按钮。

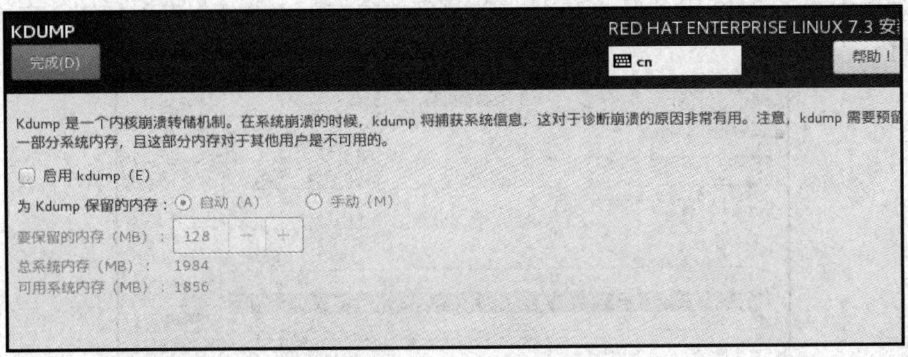

图 1-18　设置 KDUMP

步骤 11　单击【系统】中的【网络和主机名】选项，打开如图 1-19 所示的界面，对网络和主机名进行设置。左侧是网络接口卡列表，右侧是网络接口卡的详细信息，左下部是主机名设置。安装程序默认不会启用网卡，需要将网卡详细信息右边的开关滑块向右拖动，滑块显示“开启”，如图 1-20 所示，表示网卡已经被启用。

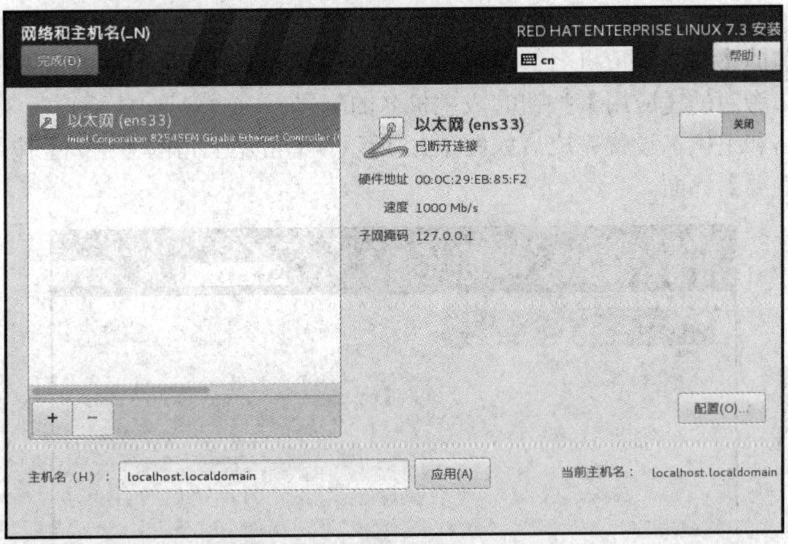

图 1-19　设置网络和主机名

图 1-20　开启网卡

单击【网络和主机名】界面右下角的【配置】按钮，打开如图 1-21 所示的网卡配置界面。单击【IPv4 设置】标签，在【方法】下拉列表中选择【手动】，单击【地址】栏右侧的【Add】按钮，然后在【地址】栏中输入 IP 地址、子网掩码和网关。在【DNS 服务器】

后的文本框中输入 DNS 服务器的 IP 地址。最后单击右下角的【保存】按钮，完成网卡信息的配置。

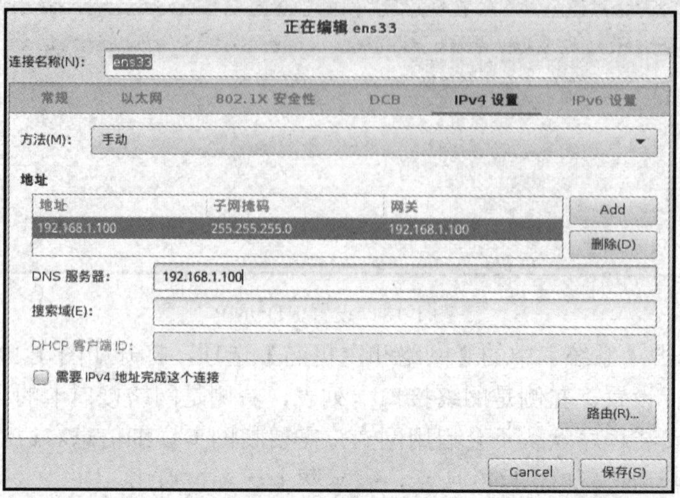

图 1-21　配置网卡

回到之前的【网络和主机名】设置界面，在左下角【主机名】后的文本框中输入主机名称，并单击旁边的【应用】按钮完成主机名的配置。

所有网络和主机名设置完成后如图 1-22 所示。单击左上角的【完成】按钮，即可返回【安装信息摘要】界面。

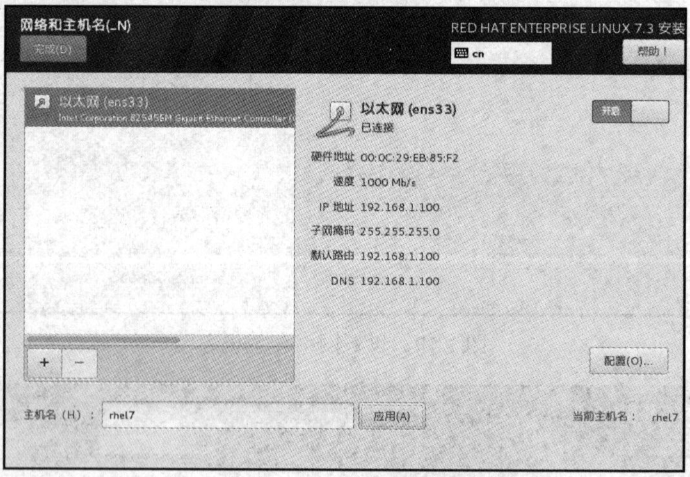

图 1-22　网络和主机名设置完成

步骤 12　在【安装信息摘要】界面，【系统】设置中的【安全选项(Security Policy)】用于定义系统默认的安全规则。默认情况下没有设置安全规则。对于初学者而言，为避免不必要的错误，建议保持默认选项。

◇ **小贴士**：即使所有的安装信息都选择默认，如果有一项带有黄色感叹号的图标，也必须点开进行设置，否则【开始安装】按钮是灰色的，无法进行安装。界面最下方会有一行提示信息："请先完成带有此图标标记的内容再进行下一步。"

步骤 13　设置完上述选项后，就可以单击【安装信息摘要】界面右下角的【开始安装】按钮进行安装。在安装的同时，会显示如图 1-23 所示的界面，要求设置 root 用户密码和创建普通用户账户。

图 1-23　开始安装和用户设置

步骤 14　单击【ROOT 密码】，进入如图 1-24 所示的界面。root 用户通常也称为根用户，是系统中默认的管理员账户，在系统中拥有最高权限，因此必须为其设置密码。密码输入框下的进度条会根据密码的长度和复杂性显示该密码的强度。输入完成后单击左上角的【完成】按钮。

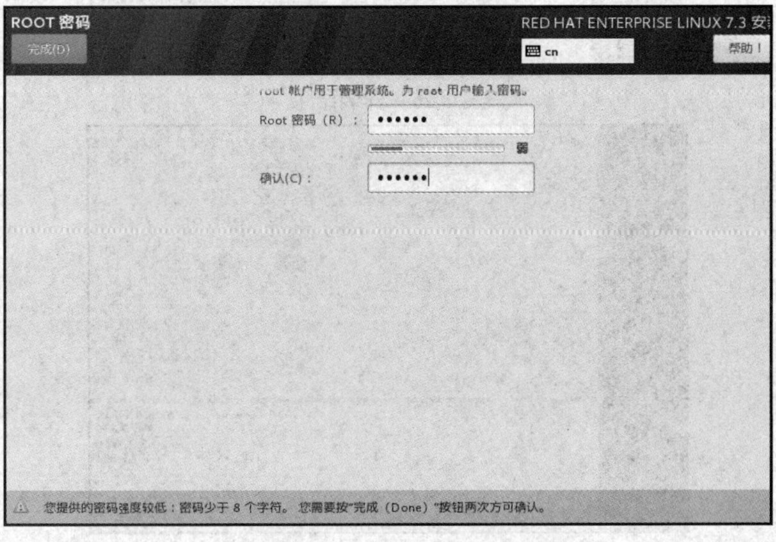

图 1-24　设置 root 密码

步骤 15　单击【创建用户】，进入如图 1-25 所示的界面。输入用户名和密码，创建一个普通用户账户。输入完成后单击左上角的【完成】按钮。

至此，安装过程中的设置已经全部完成，接下来只需要等待操作系统完成安装。根据配置不同，安装过程可能需要 5～15 分钟。安装结束后将显示如图 1-26 所示的界面。单击【完成配置】按钮，系统会做最后的一些配置，直至系统全部安装完成，显示如图 1-27 所示的界面，单击【重启】按钮，重新启动系统，安装过程全部结束。

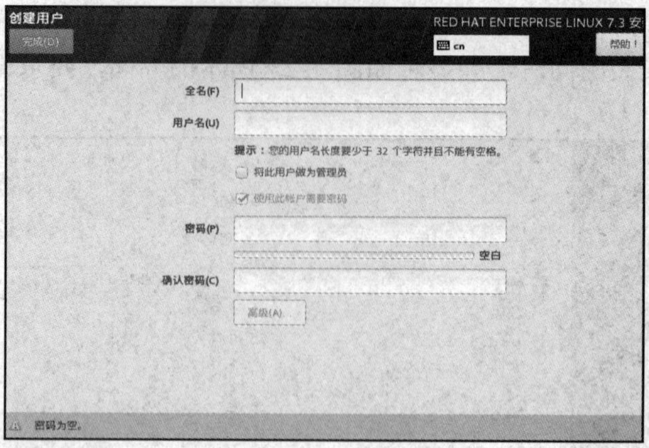

图 1-25　创建用户

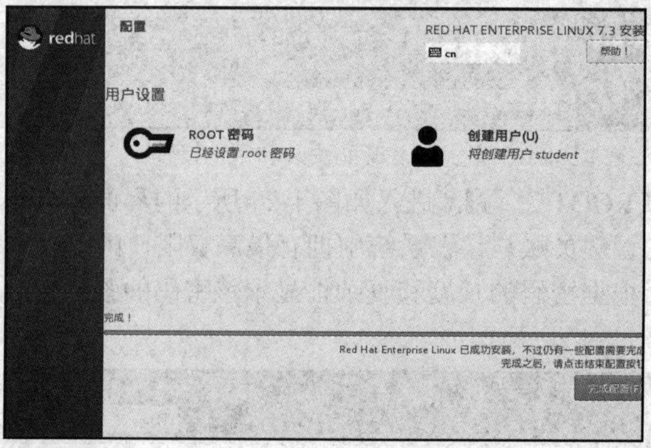

图 1-26　安装结束

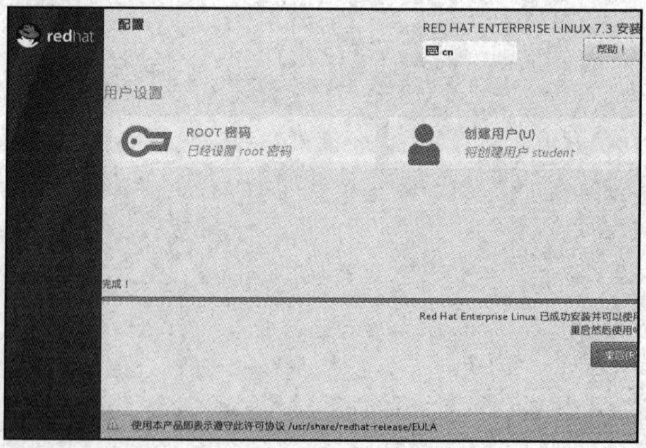

图 1-27　全部安装完成

重新启动过程可能比较慢，引导后还需要接受许可协议。此过程比较简单，留给读者自己完成。

四、任务总结

此任务中，我们学会了如何在 VMware 中安装 RHEL7。安装过程并不复杂，但需要耐心细致。因为是在 VMware 中进行安装，读者完全不必担心对自己的物理计算机造成什么伤害。所以，大胆地行动起来吧！

五、同步训练

不参照书上的步骤，你能自己安装一个 RHEL7 系统吗？试试看。

任务二　熟悉 Red Hat Enterprise Linux 7 的工作界面

一、任务提出

Linux 安装完成后，我们需要熟悉 Linux 的工作界面，以方便后续的操作。此次任务的主要内容包括：

(1) 熟悉登录界面。
(2) 熟悉图形界面。
(3) 熟悉命令行界面。
(4) 熟悉 GRUB 界面。

二、任务分析

1. Linux 的登录界面

Linux 的登录分为本地登录和远程登录。本地登录是指直接在安装 Linux 操作系统的服务器上登录，分为图形界面登录和命令行界面登录两种方式。而远程登录是指在安装 Linux 操作系统的服务器之外的其他设备通过网络登录到 Linux 服务器上，只能是命令行界面登录。

在 Linux 开机启动后，到底是启动图形界面还是命令行界面或者其他的启动方式，是由 Linux 的运行级别决定的。Linux 的运行级别分为 7 级，在 RHEL7 之前的 Linux 版本中用 0～6 的数字表示，在 RHEL7 的 Systemd 中通常以“目标”来表示，如表 1-1 所示。

表 1-1　RHEL7 的运行级别

级别	目　标	说　　明
0	poweroff.target	关机。不能将系统缺省运行级别设置为 0，否则无法启动
1	rescure.target	单用户模式，只允许 root 用户对系统进行维护
2	multi-user.target	多用户模式，但不能使用 NFS
3	multi-user.target	命令行界面的多用户模式
4	multi-user.target	一般不用，在一些特殊情况下使用
5	graphical.target	图形界面的多用户模式。一般发行版的默认级别
6	reboot.target	重启。不能将系统缺省运行级别设置为 6，否则会一直重启

2. Linux 的图形界面

RHEL7 使用最新的 GNOME 3 作为默认图形界面环境。对于不熟悉 Linux 的用户可以和 Windows 的界面对比学习，会更容易上手。

3. Linux 的命令行界面

Linux 操作的最大特点是命令行界面。一般的 Linux 高手都使用命令行界面而非图形界面。但是对于初学 Linux 的用户，或许还不习惯命令行界面的操作，可以将图形界面作为辅助。同时，在图形界面中也可以通过“命令终端”的方式打开命令行界面。

4. GRUB 界面

GRUB(Grand Unified Bootloader)全称为 GNU GRUB，是一个来自 GNU 计划的多操作系统引导器。它可以让用户在安装的多个不同的操作系统之间选择启动哪一个操作系统，同时还可以向操作系统内核传递参数。RHEL7 默认使用 GRUB2 作为系统引导器。

三、任务实施

1-2　熟悉 Red Hat Enterprise Linux 7 的工作界面

1. 熟悉登录界面

Linux 系统执行本地登录分为两种情况，一种是图形界面登录，另一种是命令行界面登录。

1) 图形界面登录

在安装 Linux 系统时如果安装了图形界面，则默认开机后会进入图形登录界面，如图 1-28 所示。

图 1-28　图形登录界面

单击列出的用户，显示密码输入框，如图 1-29 所示。

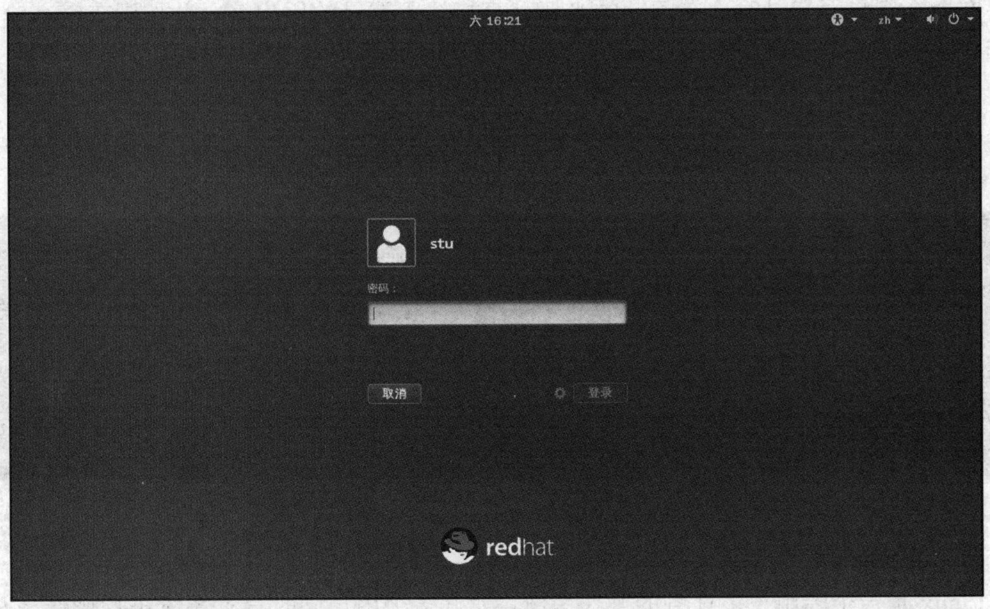

图 1-29　图形界面登录输入密码

如果想要登录的用户名不在列表中，可以单击【未列出？】，系统会打开界面让用户直接输入想要登录的用户名，如图 1-30 所示。

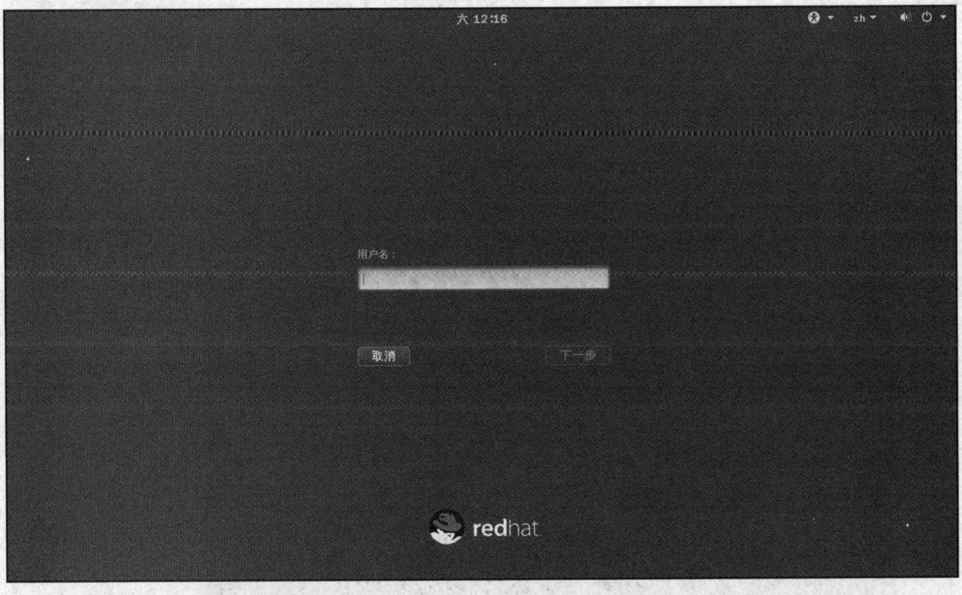

图 1-30　未列出登录用户时输入用户名

◇ **小贴士**：在进行 Linux 配置时，一般会使用 root 用户登录，此用户一般都不会直接列出，需要点击【未列出?】后输入。在输入用户名后，单击【下一步】按钮，然后输入密码。

2) 命令行界面登录

当设置开机运行级别为 3 级时，开机时自动启动命令行登录界面，如图 1-31 所示。

在命令行界面登录时，在闪动的光标处直接输入登录的用户名，并按回车键，输入密码即可。

◇ **小贴士**：命令行界面下 Linux 的密码输入是不显示任何字符的，光标也不移动。如果密码输错，也不能使用退格键修改，只能直接按回车键，待系统提示“Login incorrect”后再重新输入用户名和密码。

图 1-31　命令行登录界面

3) 控制台终端

Linux 是一个多用户多任务的操作系统，允许多个用户同时登录系统进行操作。为此，要为用户提供多个登录的终端。RHEL7 中有 6 个 tty 控制台终端，分别称为 tty1～tty6，其中 tty1 为图形界面终端，tty2～tty6 为命令行终端。不同用户可以同时在这些终端登录使用服务器。从 tty1 切换到 tty2～tty6，使用【Ctrl+Alt+F2～F6】；在 tty2～tty6 之间切换，使用【Alt+F2～F6】；从 tty2～tty6 切换回 tty1，使用【Alt+F1】。

2. 熟悉图形界面

RHEL7 默认安装的图形界面是 GNOME 3。其界面和各部分的功能如图 1-32 所示。

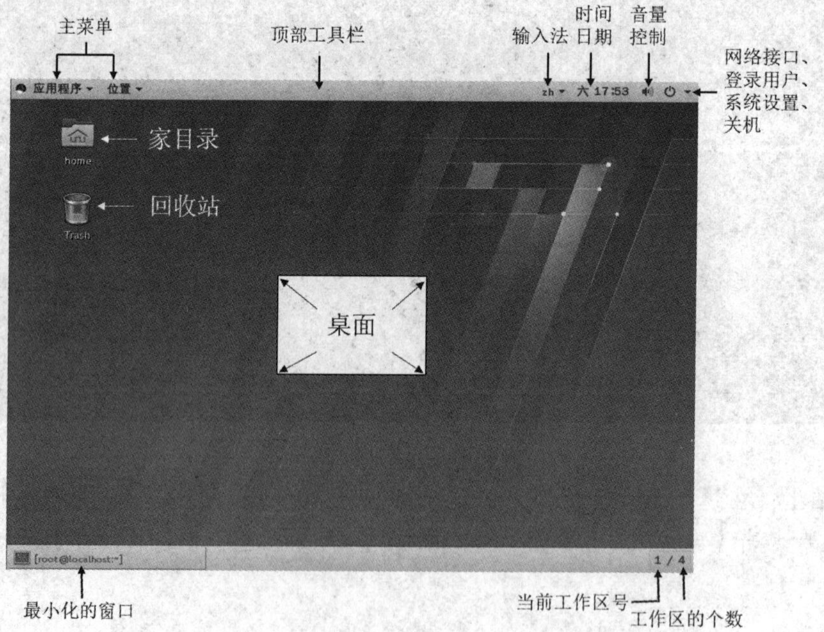

图 1-32　GNOME 界面

GNOME 的界面由上部工具栏和下部工具栏构成。上部工具栏包括主菜单、输入法、时间日期以及其他的控制按钮。

下部工具栏主要是最小化的窗口以及工作区。GNOME 的界面与 Windows 的界面有很多相似的地方，用户很容易上手。其中与 Windows 不同的是工作区的概念。每个工作区对应一个独立的界面。用户可以根据自己处理信息的种类不同，在不同的工作区运行不同的程序，以方便对程序的分类和查找。工作区之间相互不受影响。

3. 熟悉命令行界面

我们对于 Linux 的操作大多数是在命令行界面中进行的，可以通过切换到 tty2～tty6 终端进行命令行操作。也可以在图形界面单击鼠标右键，在弹出的快捷菜单中单击【打开终端】选项，如图 1-33 所示，在图形界面中进行命令行界面的操作。本书中默认使用这种操作。

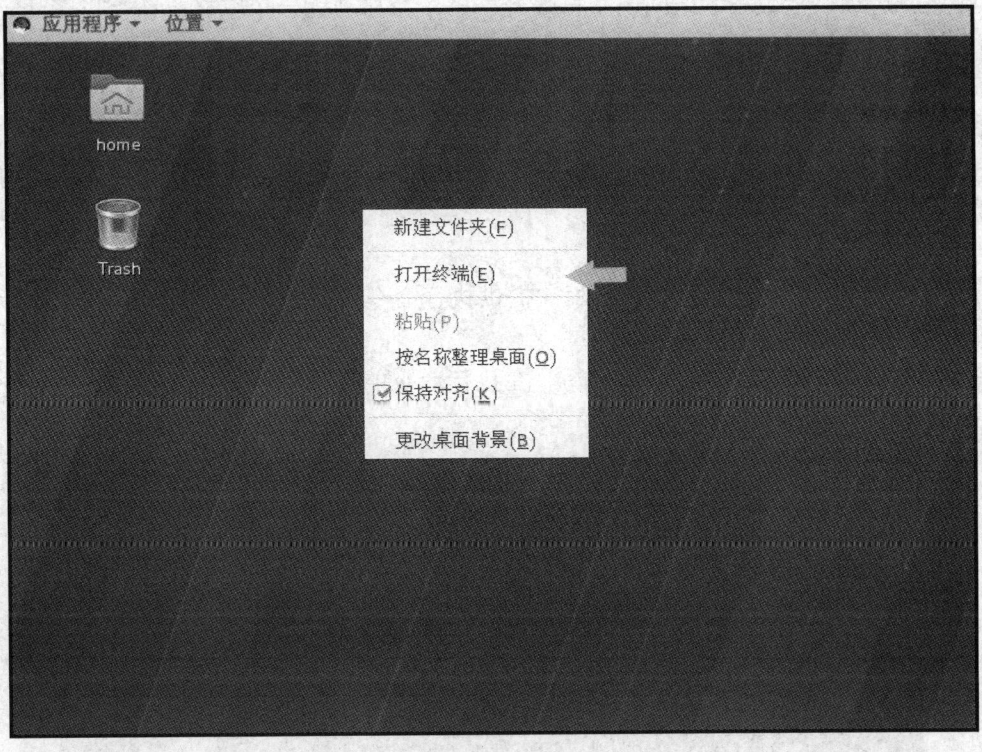

图 1-33　在图形界面打开命令行界面

在图形界面中打开的命令行界面如图 1-34 所示。

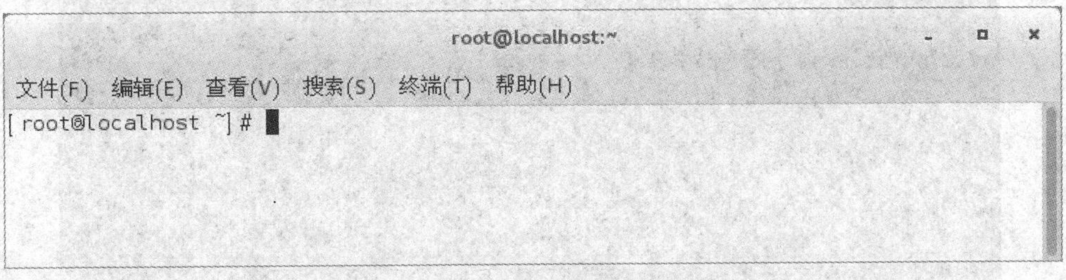

图 1-34　图形界面中的命令行界面

Linux 的每一行命令都有一个固定的开头，包括方括号内部的部分和方括号外部的部分。

方括号内部由三部分内容构成：@符号前的部分，代表当前登录的用户名；@符号后面的部分，代表当前的主机名；主机名后接一个空格，空格后的部分代表当前的目录名。

方括号外的符号一般会有两种：#代表当前的用户是 root；$符号代表当前的用户是普通用户。

在#或$符号后，就是我们要输入的命令。

Linux 命令的一般格式为：

命令名【选项】【参数】

命令名是必须要有的，选项和参数根据命令的不同，可能有，也可能没有。如果有，则命令名、选项、参数三者之间由空格隔开。多个空格视为一个空格。命令以 Enter 键作为输入的结束和执行的开始。

(1) 命令名：决定了这个命令“做什么”。它由小写的英文字母构成，往往是表示相应功能的英文单词或单词的缩写。

(2) 选项：决定了该命令“怎么做”。不同的命令，其能够使用的选项的数量和内容也不相同。选项一般由“-”(半角的减号) 引导，多个选项在一起可以合用一个“-”，也有一些特殊情况不用“-”。

(3) 参数：决定了该命令“对谁做”。提供执行命令所需的一些相关信息或者执行命令过程中所使用的文件名。

命令名、选项和参数均区分大小写。在执行命令的过程中，如果想要终止执行命令，可以输入【Ctrl+C】。

◈ **小贴士**：在输入比较长的命令或者参数时，可以只输入前几个字符，然后按 Tab 键，Linux 系统会自动把剩余的命令或参数补全。

4. 熟悉 GRUB 界面

Linux 每次启动都会显示 GRUB 启动菜单界面，以便让用户选择要启动的操作系统。启动界面如图 1-35 所示。

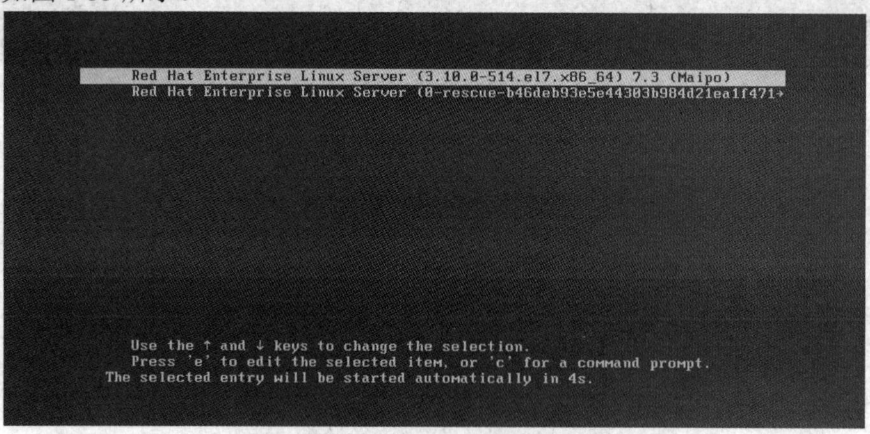

图 1-35　GRUB 启动菜单界面

在 GRUB 启动菜单界面中，可以使用↓、↑键选择需要启动的选项，按 Enter 键即可启动相应的选项。默认情况下 RHEL7 提供了两个启动选项：第一个为正常启动系统的选项；第二个为启动系统的救援模式。通常只有系统出现问题时才需要启动救援模式进行修复。

除此之外，还可以在启动菜单界面选择其他启动选项，按"e"键选择编辑启动选项。编辑启动选项通常是为了向内核传递参数，例如进入紧急模式时，需要向内核传递参数 rd.break，内核接收到此参数后会自动进入紧急模式。

在 GRUB 启动菜单界面中还可以按"c"键进入 GRUB 命令行界面，在命令行界面中可以使用一些命令自定义启动系统等。

四、任务总结

在此任务中，我们初步认识了 RHEL7 的各种工作界面，为后续的操作打下了基础。要想充分熟悉这些工作界面，还要多练习、多摸索，所谓"熟能生巧"。只有对界面非常熟悉，才能找到使用的窍门，便于后续更快捷地操作。

五、同步训练

1. 图形界面操作

(1) 用 root 账户登录系统。
(2) 更换自己喜欢的桌面壁纸。
(3) 在桌面新建一个文件夹，并命名为 myfolder。
(4) 在桌面打开命令行界面。
(5) 切换到 tty2 的命令行界面并登录。
(6) 从 tty2 切换回 tty1。

2. 命令行界面操作

(1) 在命令行界面查看现在登录的用户名、主机名和当前目录。
(2) 尝试输入命令 reboot，观察命令的效果。

项 目 总 结

通过本项目，我们了解了 Linux 的发展历史，学会了如何安装 RHEL7，熟悉了 RHEL 7 的基本操作界面。在网络中有非常多的关于 RHEL7 的资料，读者可以自行查阅，进行更深入地学习。

项 目 训 练

一、选择题

1. Linux 的产生与______操作系统有关。

A. Windows　B. UNIX　C. Macintosh　D. DOS

2. Linux 最初是由________编写的。

A. Ken　Thompson 和 Dennis　Ritchie　B. Andrew S. Tanenbaum

C. Richard Stallman　D. Linus Torvalds

3. 以下________是 Linux 的发行版本。

A. Red hat　B. CentOS　C. Ubuntu　D. Red Flag

4. Linux 中要想从图形界面切换到命令行界面终端，需要按________键。

A. Ctrl+F2　B. Alt+F2　C. Ctrl+Alt+F2　D. F2

二、填空题

1. Linux 的版本包括_______版本和________版本两种。

2. Linux 的系统架构包括________、________、________和________四个层次。

3. RHEL7 默认有_______个控制台终端。

4. RHEL7 命令行中的“#”代表___________，“$”代表_____________。

5. Linux 中如果想要中止命令的执行需要按___________ 键。

三、实践操作题

1. 在 VMware 中安装一个 Red Hat Enterprise Linux 7 系统，其中主机名设置为 myrhel7，IP 地址设置为 192.168.0.1，并添加普通用户账户 student。

2. 以 root 账户登录 RHEL7 系统，更改桌面背景。

3. 在四个不同的工作区中分别创建四个文本文档。

4. 将本机的 IP 地址修改为 192.168.1.1。

项目 2　Linux 服务器的基本操作

【项目描述】

公司的 Linux 服务器已经搭建成功。作为服务器的运维人员，需要掌握对服务器的基本操作，包括对文件系统的操作、用户管理、网络配置等。本项目中需要完成这些任务。

【学习目标】

(1) 了解 Linux 文件系统的基本概念。

(2) 掌握 Linux 文件管理的基本方法。

(3) 掌握 Linux 用户管理的基本方法。

(4) 掌握 Linux 网络管理的基本方法。

(5) 掌握 root 用户密码丢失的解决方法。

预备知识　Linux 系统的文件管理

1. Linux 的文件类型

在 Linux 系统中，所有的目录、文档、设备都被当作文件来看待。Linux 的文件类型主要有：

1) 普通文件

普通文件是 Linux 中最常见的文件，包括纯文本文件、二进制文件、打包压缩文件、数据格式文件等。纯文本文件的内容可以直接读取，如数字字母等，服务器中的配置文件几乎都是这种文件；二进制文件是 Linux 中的可执行文件，如命令文件；打包压缩文件类似于 Windows 中的压缩文件；数据格式文件比较少见，是一种具有特定格式的文件。

2) 目录文件

Linux 系统中把目录(在 Windows 中称为“文件夹”)当作普通文件来看待。所有对目录的操作与普通文件相同。

3) 链接文件

链接文件有点类似于 Windows 的所谓快捷方式，但并不完全一样。链接有两种方式，软链接和硬链接。

(1) 软链接文件：又叫符号链接，这个文件包含了另一个文件的路径名。

(2) 硬链接文件：硬链接就像一个文件有多个文件名。

硬链接必须在同一文件系统中，而软链接可以跨文件系统。

4) 设备文件

Linux 系统将设备也当作文件来看待，并放在/dev 目录下。设备文件又可以分为字符设备和块设备。

(1) 字符设备：是串行端口设备，如键盘、鼠标就是字符设备。

(2) 块设备：是存储数据的接口设备，供系统及程序访问，如磁盘，光驱等都是块设备。

5) 管道文件

Linux 系统中的管道是从 UNIX 继承过来的进程间的通信机制，它是 UNIX 早期的一个重要通信机制。其思想是，在内存中创建一个共享文件，从而使通信双方利用这个共享文件来传递信息。由于这种方式具有单向传递数据的特点，所以就把这个作为传递消息的共享文件叫做“管道”。

管道文件有时候也被叫做 FIFO 文件(FIFO 是先进先出的意思)，从字面上理解，管道文件就是从一头流入，从另一头流出，其原理如图 2-1 所示。

图 2-1 管道文件原理

6) 套接字文件

这类文件通常用在网络数据连接中。系统可以启动一个程序来监听客户端的要求，客户端就可以通过套接字来进行数据通信。

2. Linux 文件系统结构

Linux 文件系统是一个树型结构，如图 2-2 所示。最顶层为根目录，在根目录下是一级目录，包含各种系统目录和用户自定义的目录。在一级目录下还可以定义二级目录、三级目录等。

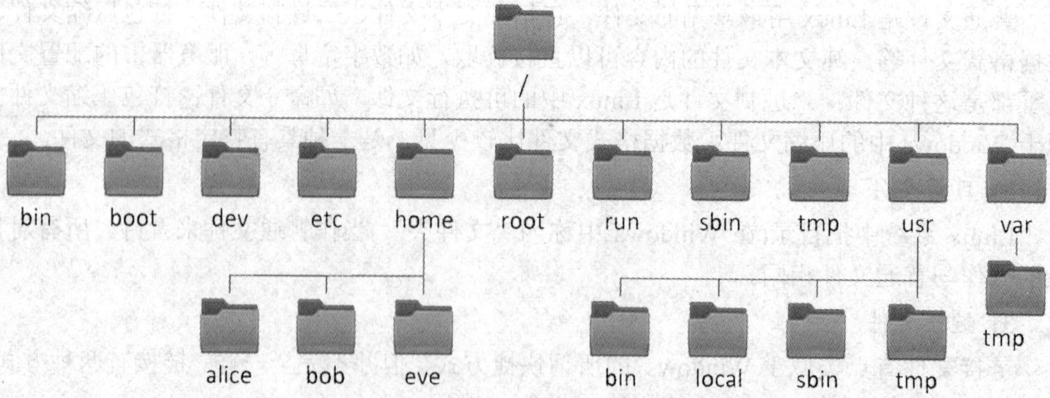

图 2-2 Linux 的目录结构

1) 各种系统目录及其功能

(1) /usr：主要存放安装软件、共享库、包括文件和静态只读数据的程序，重要的子目录包括：

① /usr/bin：存放用户命令。

② /usr/sbin：存放系统管理命令。

③ /usr/local：存放本地自定义软件。

(2) /etc：主要存放各种配置文件。

(3) /var：主要存放数据库、缓存目录、日志文件、打印假脱机文件和网站内容，会根据应用发生变化。

(4) /run：存放自上一次系统启动以来启动进程运行时的数据。包括进程 ID 文件和锁定文件等等。此目录中的内容在重启时重新创建。这是 RHEL7 中新增的目录，整合了旧版中的/var/run、/var/lock。

(5) /home：普通用户的家目录，用于存放普通用户的个人数据和配置文件。

(6) /root：超级用户的家目录。

(7) /tmp：临时文件使用的全局可写空间。10 天内未访问、未更改或未修改的文件将自动从该目录中删除。另一个临时目录/var/tmp 中的文件如果在 30 天内未曾访问、更改或修改过，也将自动被删除。

(8) /boot：存放启动所需要的文件目录。

(9) /dev：存放设备文件与文件系统。

(10) /proc：存放 Kernel 进程与配置交互目录。

2) 绝对路径和相对路径

在 Linux 文件系统中，从一个目录切换到另一个目录所经过的文件夹线路，称为“路径”。要想从一个目录找到另一个目录，可以有两种方法，根据所经过的路径不同，分为“相对路径”和“绝对路径”。

(1) 绝对路径：从根目录开始，到需要的目录所经过的路径，称为绝对路径。

(2) 相对路径：从当前目录开始，到需要的目录所经过的路径，称为相对路径。也就是相对于当前目录的路径。

所谓“当前目录”，是指当前的工作目录。在 Linux 环境中，任何一个操作都要在一个目录环境中进行，称为工作目录。可以使用 pwd 命令来查看当前的工作目录。

3) 挂载和卸载

在 Linux 系统中任何一个独立的存储设备都有一个类似于图 2-2 的目录树。一个独立的硬盘有这样的一个目录树，一个独立的光盘也有一个这样的目录树。如果想要在系统中使用光盘中的目录和文件，就要把光盘这个目录树连接到硬盘的目录树上，这样 Linux 系统才能像读取硬盘的目录一样读取光盘中的文件和目录。将光盘、U 盘这样的移动存储设备的文件系统加入到 Linux 系统的主文件系统的过程就称为挂载。

在使用完移动存储设备后，需要将设备从系统中移除，这样的过程称为卸载。

3. Linux 的用户和组

1) Linux 的用户

Linux 系统是一个多用户多任务的系统，可能会有多人同时使用这台计算机来处理事务，考虑到每个人的隐私，我们需要区分不同的用户，以明确每个文件对于不同用户的不同使用权限。

Linux 的用户分为三种，分别为：

(1) root 用户：也就是系统管理员，或称为超级用户。

(2) 普通用户：具有一般的权限，或者被 root 用户赋予一定的特殊权限。

(3) 程序用户：为执行某些特定的程序而创建的用户。

每个用户除了用户名，都有一个 ID 值，称为 UID。在 RHEL7 中，root 用户的 UID 值为 0，程序用户的 UID 值都小于 1000，普通用户的 UID 值大于等于 1000。

2) 查看 Linux 的用户

查看 /etc/passwd 文件可以看到系统中的所有用户。每个用户在 /etc/passwd 文件中都有一个对应的记录行，记录了该用户的一些基本属性，如图 2-3 所示。每一行中不同的属性用“:”隔开，总共有 7 个字段。

(1) 字段 1：用户账号的名称。

(2) 字段 2：用户密码(使用占位符“x”代替)。

(3) 字段 3：用户账号的 UID 号。

(4) 字段 4：所属基本组账号的 GID 号。

(5) 字段 5：用户全名。

(6) 字段 6：用户的主目录。

(7) 字段 7：登录 Shell。

```
root: x: 0: 0: root: /root: /bin/bash
bin: x: 1: 1: bin: /bin: /sbin/nologin
daemon: x: 2: 2: daemon: /sbin: /sbin/nologin
adm: x: 3: 4: adm: /var/adm: /sbin/nologin
lp: x: 4: 7: lp: /var/spool/lpd: /sbin/nologin
sync: x: 5: 0: sync: /sbin: /bin/sync
shutdown: x: 6: 0: shutdown: /sbin: /sbin/shutdown
halt: x: 7: 0: halt: /sbin: /sbin/halt
mail: x: 8: 12: mail: /var/spool/mail: /sbin/nologin
operator: x: 11: 0: operator: /root: /sbin/nologin
games: x: 12: 100: games: /usr/games: /sbin/nologin
```

图 2-3　/etc/passwd 文件的部分内容

知识链接

为了安全起见，用户密码并不放在此文件中，而是存放在 /etc/shadow 文件中。用户可以通过查看该文件了解与用户密码有关的信息。

3) Linux 的组

对于权限相同的用户，可以划为一个用户组。这样我们可以对这一组用户分配权限，减少了为每个用户分配相同权限的重复性工作。

用户组分为两类：基本组和附加组。一个用户必须属于一个基本组。默认情况下，用户属于跟自己用户账号相同名字的基本组。除了基本组外，用户还可以属于其他的组，这些组均为该用户的附加组。一个用户可以属于多个附加组。

每个用户组也有一个 ID，称为 GID。RHEL7 中的 root 组 GID 值为 0，系统用户组的

GID 值小于 1000，普通用户组的 GID 大于等于 1000。

查看/etc/group 文件可以查看组账号的基本信息，每个组对应一行记录，如图 2-4 所示，同样使用“：”分隔，共有 4 个字段，分别为：组名、组密码(使用占位符 x 代替)、组 GID 号和成员的账号名称。

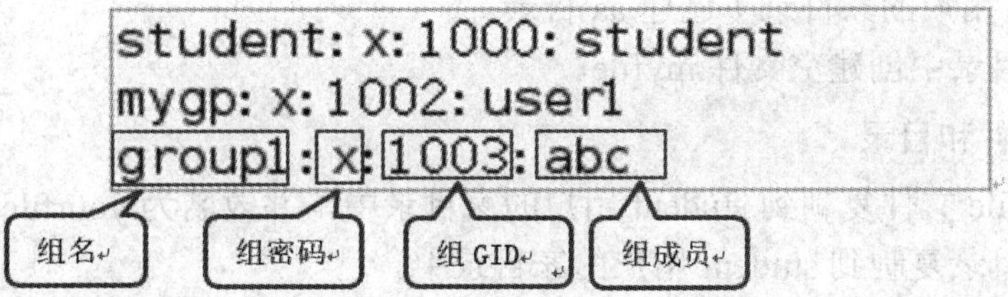

图 2-4　/etc/group 文件的部分内容

知识链接

同样是为了安全起见，组密码并不存放在此文件中，而是存放在/etc/gshadow 文件中。组密码一般使用得较少。

4. Linux 文件的权限

权限设置是保证 Linux 系统文件安全的重要措施。Linux 文件系统的基本权限包括读、写和执行三种。针对文件和目录的权限含义略有不同，具体内容如表 2-1 所示。

表 2-1　文件和目录的权限

权限	文件的权限	目录的权限
读(r)	可读取此文件的实际内容，如读取文本文件的文字内容等	具有读取目录结构列表的权限
写(w)	可以编辑、新增或者是修改该文件的内容(但不包括删除该文件)	具有改变该目录结构列表的权限，包括： (1) 建立新的文件与目录； (2) 删除已经存在的文件与目录； (3) 将已存在的文件与目录进行更名； (4) 搬移该目录内的文件、目录的位置
执行(x)	该文件具有可以被系统执行的权限	用户能够进入该目录成为工作目录

任务一　操作文件和目录

一、任务提出

作为一个服务器运维人员，掌握对文件和目录的基本操作是必备技能。此次任务的主要内容包括：

1. 查看文件和目录

(1) 查看当前所在目录的绝对路径。

(2) 查看当前目录下的文件和目录。

2. 创建文件和目录

(1) 在 root 用户的家目录下创建 aa 目录。

(2) 在 aa 目录中创建空文件 myfile。

3. 复制文件和目录

(1) 将 myfile 文件复制到 student 用户的家目录中，并改名为 yourfile。

(2) 将 aa 目录复制到 student 用户的家目录中。

4. 编辑和查看文本文件

(1) 用 vi 编辑器打开 myfile 文件，并写入“This is my file.”。

(2) 查看 myfile 文件的内容。

5. 修改文件的权限和属主

(1) 将 myfile 文件的权限修改为：文件主可读、写、执行，同组用户可读、写，其他用户只可读。

(2) 修改 umask，使得新建文件夹的权限为 700。

(3) 将 myfile 文件的文件主改为 student。

(4) 将 aa 目录所属的组改为 student 组。

6. 删除、重命名文件和目录

(1) 将 student 用户的家目录中的 yourfile 文件删除。

(2) 将 student 用户的家目录中的 aa 目录改名为 bb。

(3) 将 student 用户的家目录中的 bb 目录删除。

二、任务分析

1. 查看文件和目录

1) 查看当前所在目录的绝对路径

【命令】 pwd

2) 查看当前目录下的文件和目录

【命令】 ls [-adl] [文件或目录名]

【选项】 -a：显示所有文件和子目录，包括隐藏文件和隐藏子目录。

-l：显示文件和子目录的详细信息。

-d：如果参数是目录，则只显示目录本身的信息而不显示其中所包含文件的信息。

【说明】 当我们用 ls -l 命令查看文件和目录时，会看到如图 2-5 所示的内容。能看到的文件信息包括 8 个部分，分别为：文件类型、文件权限、硬链接数、文件主、文件所属的组、文件大小、文件最后修改的时间和文件名。

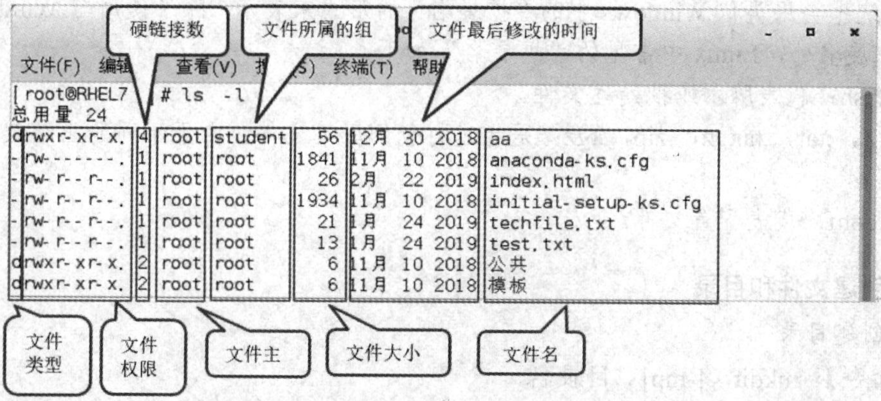

图 2-5　文件和目录详细信息

(1) 文件类型：在预备知识中我们提到 Linux 的文件有 7 种类型，文件属性的第一个字符分别表示这 7 种类型：

① -：普通文件。

② d：目录文件。

③ p：管道文件。

④ l：链接文件。

⑤ c：字符设备文件；

⑥ b：块设备文件。

⑦ s：套接字文件。

(2) 文件权限：文件权限由 9 个字符组成，每三个字符一组，分别代表文件主、同组用户和其他用户的权限。“r”代表读权限；“w”代表写权限；“x”代表执行权限；“-”代表没有权限。

(3) 文件名：Linux 的文件名命名规则有以下几点：

① 单个文件或目录的名字长度不能超过 255 个字符，包括完整路径名称及目录(/)的完整文件名不能超过 4096 个字符。

② 文件名严格区分大小写。

③ 可以使用除斜线(/)以外的任意字符，但不建议使用一些特殊字符如空格符、制表符、退格符、单引号、双引号和“:”“?”“@”“#”“&”“\”“;”“<>”“()”“*”“!”等。最好也避免使用“+”或“-”来作为文件名的第一个字符。

④ 文件名以“.”开头表示该文件是隐藏文件，一般情况下是看不到的，除非使用选项“-a”才能看到。但是单独一个“.”表示当前目录，“..”表示上一级目录。

知识链接

Linux 的扩展名

Linux 的文件是没有“扩展名”的概念的。不像 Windows 系统中扩展名即表示了文件类型，Linux 系统中的“扩展名”与文件类型没有任何关系。但为了表示该文件的用途，

Linux 系统也会用类似 Windows 中的“扩展名”的形式来表示，除了使用与 Windows 系统相似的扩展名外，Linux 中常见的“扩展名”如下：

① *.sh：代表脚本或批处理文件。

② .Z，.tar，.tar.gz，.zip，.tgz：是经过打包的压缩文件，由于不同的压缩软件，取不同的扩展名。

③ .conf：代表配置文件。

2. 创建文件和目录

1) 创建目录

【命令】 mkdir　[-mp]　目录名

【选项】 -m：配置目录的权限。

-p：将该目录以及目录下的子目录(如果有的话)递归建立。

2) 切换目录

【命令】 cd 目录名(包括相对路径或绝对路径)

【说明】

(1) 一些特殊的目录名表示形式：“.”代表当前目录；“..”代表上一级目录；“-”代表前一个工作目录；“~”代表当前用户的家目录；“~user”代表 user 用户的家目录。

◇ **小贴士**：如果 cd 命令后面没有任何目录，默认回到自己的家目录。

(2) 家目录：在 Linux 系统中，每个用户都有一个存放自己文件的目录，称为“家目录”。之所以称为“家”目录，是因为默认情况下，每个用户的家目录都在/home 下。系统在创建用户账户时，默认会在/home 目录下创建一个与用户名同名的目录作为用户的“家目录”，用户对自己的家目录有完全控制权限。而其他用户对别人的家目录没有操作权限。

◇ **小贴士**：root 用户作为一个特殊用户，其家目录也比较特殊，为 /root，并不在 /home 目录下。

3) 创建空文件

【命令】 touch　文件名

3. 复制文件和目录

【命令】 cp　[-pr] 源文件或源目录　目的文件或目录

【选项】 -p：连同文件的属性一起复制，而不是使用默认属性。

-r：将该目录下的子目录一起复制。

【说明】 若保留原有文件名，则只需要写目的目录即可，若要更改文件名，则目的目录下要重新写上新文件名。

4. 编辑和查看文本文件

1) 编辑文本文件

【命令】 vim　文件名

【说明】 Linux 中所有的系统管理与配置都是以文本文件的形式存在的，因此编辑文本文件的工具是否好用也至关重要。

几乎所有的 Linux 系统中都会默认安装 vi 编辑器作为文本编辑软件，许多 Linux 指令默认也会使用 vi 编辑器作为数据编辑的接口。vim 编辑器是 vi 编辑器的增强版本，可以用颜色或底线等方式来显示一些特殊的信息。

vim 编辑器分为三种工作模式：执行模式、命令模式和编辑模式。

(1) 命令模式：当 vim 命令后面接文件名，就打开了一个文本文件，此时，vim 处于命令模式，如图 2-6 所示。在这个模式中，可以使用↑、↓、←、→键来移动光标，可以删除字符或删除整行，可以查找字符，也可以复制、粘贴文字。命令模式下常用的按键及功能如表 2-2 所示。

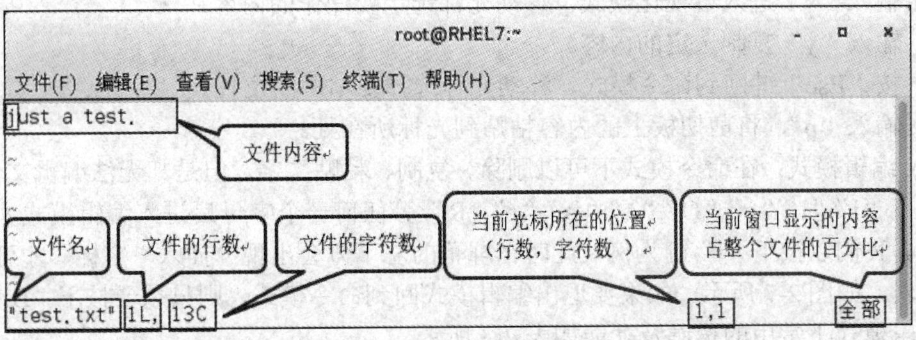

图 2-6　使用 vim 编辑器打开文本文件

表 2-2　命令模式下的常用按键及功能

操作类型	操作键	功　能
光标方向移动	↑、↓、←、→	上、下、左、右移动光标
翻页	Page Down 或 Ctrl+F	向下翻动一整页内容
	Page Up 或 Ctrl+B	向上翻动一整页内容
行内快速跳转	Home 键或数字“0”	跳转至行首
	End 键或“$”键	跳转到行尾
行间快速跳转	1G 或者 gg	跳转到文件的首行
	G	跳转到文件的末尾行
	#G	跳转到文件中的第#行
删除	x 或 Del	删除光标处的单个字符
	dd	删除当前光标所在行
	#dd	删除从光标处开始的#行内容
	d^	删除当前光标之前到行首的所有字符
	d$	删除当前光标处到行尾的所有字符
查找	/word	从上而下在文件中查找字符串“word”
	?word	从下而上在文件中查找字符串“word”
	n	定位下一个匹配的被查找字符串
	N	定位上一个匹配的被查找字符串

续表

操作类型	操作键	功　能
撤销编辑及保存退出	u	按一次取消最近的一次操作 多次重复按 u 键，恢复已进行的多步操作
	U	取消对当前行所做的所有编辑
	ZZ	保存当前的文件内容并退出 vim 编辑器

在命令模式下复制粘贴文字的操作为：

① 输入“v”进入可视化模式，移动光标选定要操作的内容。

② 输入“y”复制选定的内容。

③ 按“Esc”键回到命令模式，移动光标选择要粘贴的位置。

④ 输入“p”，将剪切板上的内容粘贴到光标所在处。

(2) 编辑模式：在命令模式下可以删除、复制、粘贴文字，但是却无法编辑文件内容。只有按下“i”“I”“o”“O”“a”“A”“r”“R”等任何一个字母后进入编辑模式才可以编辑文本。我们以按下“i”键为例，此时在屏幕的左下方会出现“插入”字样，才可以进行文字编辑，如图 2-7 所示。如果要退出编辑模式回到命令模式，则只须要按下“Esc”键即可。编辑模式下常用的按键及功能如表 2-3 所示。

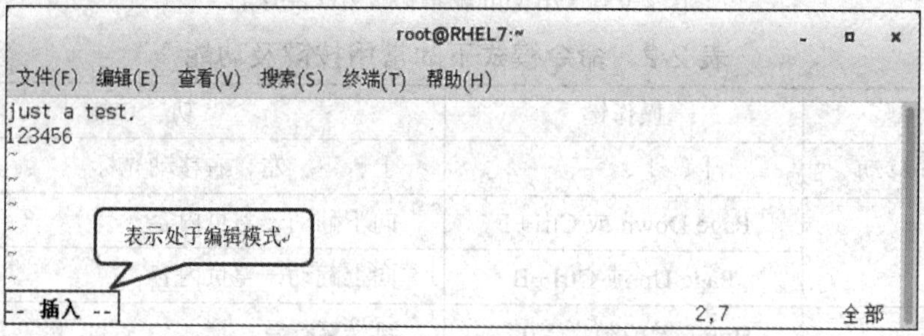

图 2-7　vim 编辑器的编辑模式

表 2-3　编辑模式下常用的按键及功能

操作类型	操作键	功　能
进入插入模式	i 或 I	i：从目前光标所在处插入 I：在目前所在行的第一个非空格符处开始插入
	a 或 A	a：从目前光标所在的下一个字符处开始插入 A：从目前光标所在行的最后一个字符处开始插入
	o 或 O	o：在目前光标所在的下一行处插入新的一行 O：在目前光标所在处的上一行插入新的一行
进入取代模式	r 或 R	r：取代光标所在的那一个字符一次 R：一直取代光标所在的文字，直到按下“Esc”为止

(3) 执行模式：在命令模式下输入“:”进入执行模式。在执行模式下可以进行存盘、设置行号等功能。执行模式下命令执行结束后，一般会回到命令模式。在执行模式下输入字母“q”，会退出 vim 编辑器。执行模式下常用的按键及功能如表 2-4 所示。

表 2-4　执行模式下常用的按键及功能

操作类型	操作键	功　能
存盘	w	将编辑的数据保存到硬盘
	q	退出 vim 编辑器
	q!	不保存文档，强制退出 vim 编辑器
	wq	保存文档并退出 vim 编辑器
	w 文件名	将文档保存为另一个文件名
设置行号	set nu	设置行号，每一行的开始位置会显示当前行的行号
	set nonu	取消行号

三种模式之间的转换如图 2-8 所示。

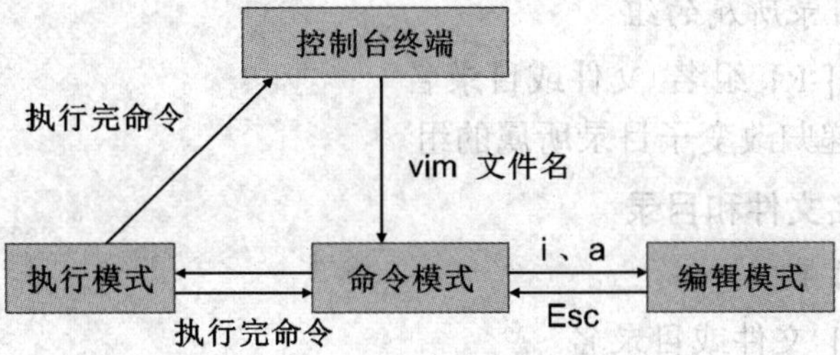

图 2-8　vim 编辑器三种模式及其转换

2) 查看文本文件的内容

【命令】 cat　[-n] 文件名

【选项】 -n：在每一行前显示行号。

5. 修改文件的权限和属主

1) 修改文件或目录的权限

【命令】 chmod 权限值 文件或目录名

【说明】 权限值有两种表示形式：一种是用字符表示，一种是用数字表示。

(1) 字符表示权限值：前面我们提到，在用 ls -l 命令时，可以查看一个文件或目录的信息，其中第二个字段用 9 个字符来代表文件或目录的权限。每三个字符一组，分别代表文件主、同组用户和其他用户的权限。“r”代表读权限；“w”代表写权限；“x”代表执行权限。

修改文件或目录的权限时，以“u”代表文件主、“g”代表同组用户、“o”代表其他用户。如果要增加权限，就以“用户代表的字符+权限字符”表示。例如同组用户要增加写权限，就用“g+w”表示。如果要取消权限，就以“用户代表的字符-权限字符”表示。例如其他用户要取消执行的权限，就用“o-x”表示。

(2) 数字表示权限值：将“读”权限用数字“4”表示，“写”权限用数字“2”表示，“执行”权限用数字“1”表示，没有权限用数字“0”表示。同一类用户的权限数字值相加的和就是这个用户的权限值，每一个文件或目录的权限值用三位数字表示。

如某一文件的权限为 rwxrw-r--，则文件主的权限为 rwx，权限值为 4+2+1=7，同组用户的权限为 rw-，权限值为 4+2+0=6，其他用户的权限为 r--，权限值为 4+0+0=4，所以该文件的权限值为 764。

如果要修改文件的权限，只需要写出修改后的权限值的三位数字即可。

2) 修改 umask 值

【命令】 umask　[权限掩码]

【说明】umask 的作用原理是用权限的最大值减去权限掩码即是新建文件或目录的权限值。对目录而言最大值是 777，对文件而言，最大值是 666。可以用 umask 命令查看当前用户的权限掩码，普通用户默认的权限掩码是 002，root 默认的权限掩码是 022。

3) 修改文件或目录的拥有者

【命令】 chown　[-R]　文件主名文件或目录名

【选项】 -R：递归改变子目录的拥有者。

4) 修改文件或目录所属的组

【命令】 chgrp [-R] 组名　文件或目录名

【选项】 -R：递归改变子目录所属的组。

6. 删除、重命名文件和目录

1) 删除文件和目录

【命令】 rm [-r] 文件或目录名

【选项】 -r：如果要删除目录，需要加此选项，否则无法删除目录。

2) 重命名文件或目录

【命令】 mv [-f] 源文件或源目录　目的文件或目的目录

【选项】 -f：强制覆盖同名文件。

◇ **小贴士**：此命令的本来功能是将文件或目录移动到另一个目录中，但如果在同一目录中移动，则具有重命名的效果。我们一般都用它来进行文件的重命名。

三、任务实施

2-1　操作文件和目录

1. 查看文件和目录

(1) 查看当前所在目录的绝对路径。

```
[root@RHEL7 ~]# pwd
```

运行结果如图 2-9 所示。

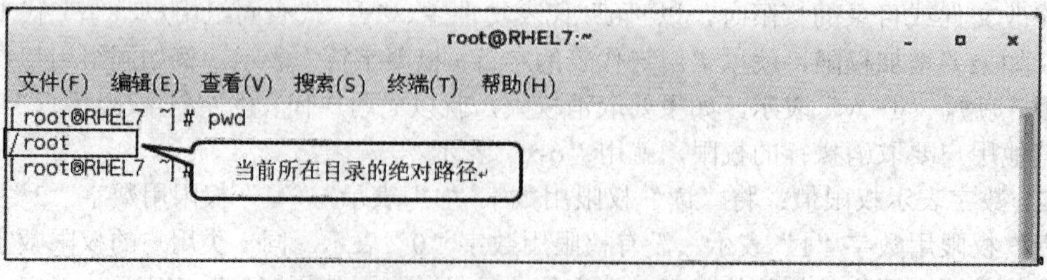

图 2-9　查看当前所在目录的绝对路径

可以看出当前所在的工作目录为 root 用户的家目录。

(2) 查看当前目录下的文件和目录。

[root@RHEL7 ~]# ll

仅使用 ls 命令，不加任何的选项，只能查看当前目录下的文件和目录的名字，无法区分哪些是文件哪些是目录，因此，还要通过加选项-l，来查看文件和目录的详细信息，查看结果如图 2-10 所示。

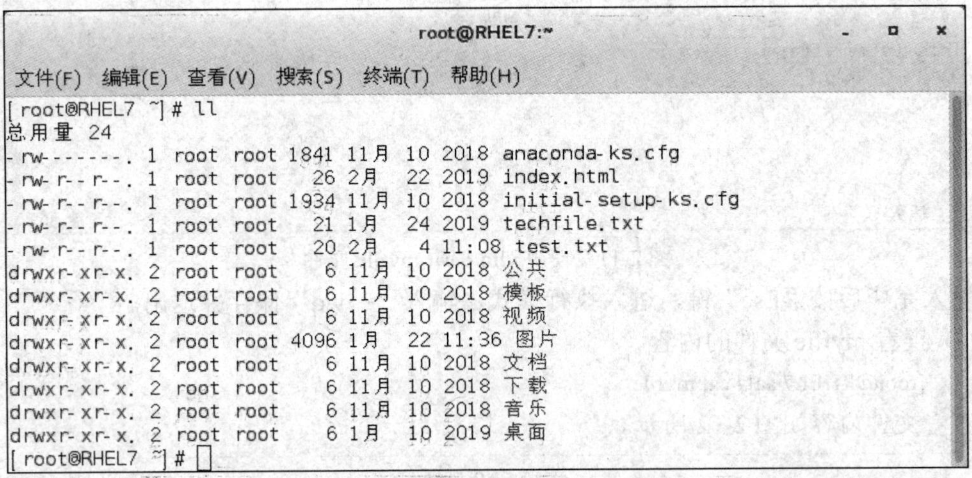

图 2-10　查看当前目录下的文件和目录

◇ 小贴士：因为“ls -l”命令特别常用，所以系统将它缩写为 ll(两个小写的 L)。在实际操作中我们可以使用“ll”来代替“ls -l”。

2. 创建文件和目录

(1) 在 root 用户的家目录下创建 aa 目录。

[root@RHEL7 ~]# mkdir aa

[root@RHEL7 ~]# ls

(2) 在 aa 目录中创建空文件 myfile。

[root@RHEL7 ~]# cd aa

[root@RHEL7 aa]# touch myfile

3. 复制文件和目录

(1) 将 myfile 文件复制到 student 用户的家目录中，并改名为 yourfile。(假设有 student 用户，若没有，可以用其他用户代替。)

[root@RHEL7 aa]# cp myfile /home/student/yourfile

(2) 将 aa 目录复制到 student 用户的家目录中。

[root@RHEL7 aa]# cd /home/student

[root@RHEL7 student]# cp -r /root/aa .

4. 编辑和查看文本文件

(1) 用 vim 编辑器打开 myfile 文件，并写入“This is my file.”。

[root@RHEL7 student]# cd

[root@RHEL7 ~]# cd　aa

[root@RHEL7 aa]# vim　myfile

使用 vim 编辑器打开 myfile 文件，首先进入命令模式，按下“i”键进入插入模式，输入“This is my file.”，如图 2-11 所示。

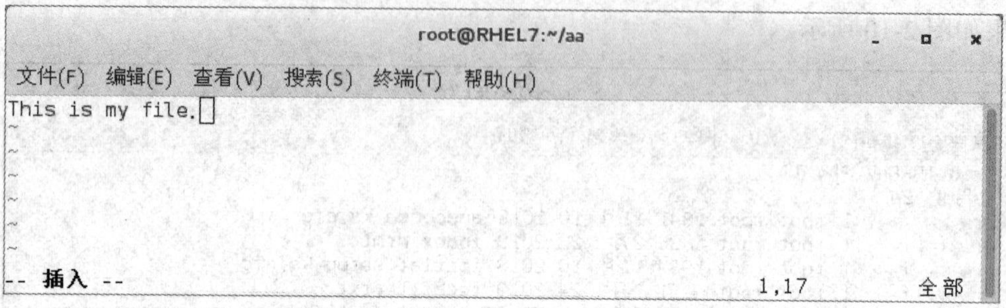

图 2-11　使用 vim 编辑 myfile 文件

输入完毕后按“Esc”键，进入执行模式，输入“：wq”保存并退出。

(2) 查看 myfile 文件的内容。

[root@RHEL7 aa]# cat myfile

查看文件内容如图 2-12 所示。

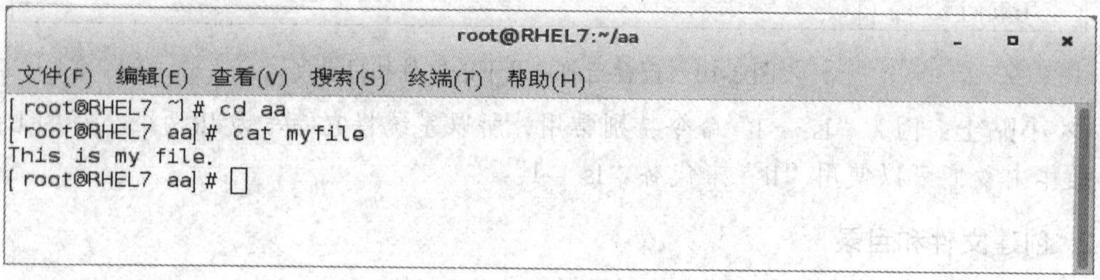

图 2-12　查看 myfile 文件的内容

5. 修改文件的权限和属主

(1) 将 myfile 文件的权限修改为：文件主可读、写、执行，同组用户可读、写，其他用户只可读。

根据要求的权限，文件主的权限值为 4+2+1=7，同组用户的权限为 4+2+0=6，其他用户的权限为 4+0+0=4，所以 myfile 文件的权限值将被修改为 764。

我们先查看修改之前的文件权限，修改后再查看其权限，操作结果如图 2-13 所示。

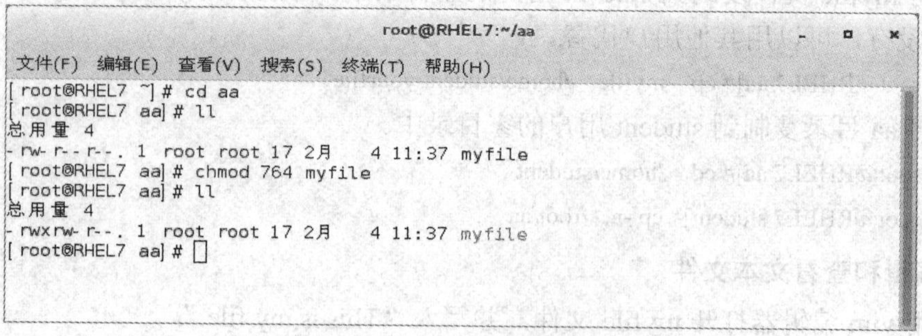

图 2-13　修改 myfile 的权限

[root@RHEL7 aa]# ll

[root@RHEL7 aa]# chmod　764　myfile

[root@RHEL7 aa]# ll

(2) 修改 umask，使得新建目录的权限为 700。umask 值=777－700=077，我们先创建一个目录 newfolder1，并查看其默认权限值，将 umask 值修改为 077 后再创建目录 newfolder2 并查看其默认权限值，两者相对比，即可了解 umask 值的作用。最后不要忘记把 umask 值改为 022，否则以后再创建目录将会非常不便，如图 2-14 所示。

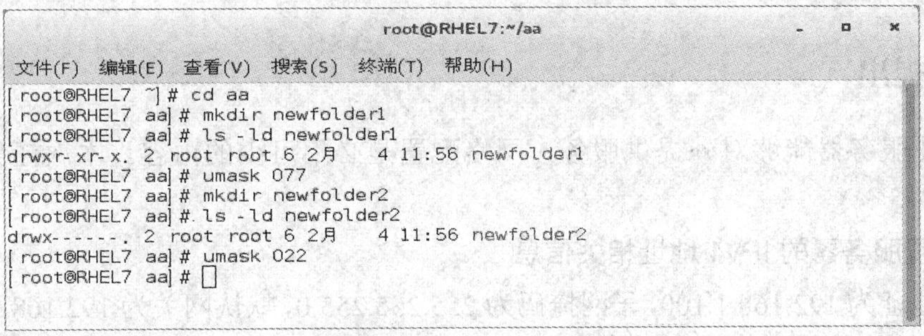

图 2-14　修改 umask 值

(3) 将 myfile 文件的文件主改为 student。

[root@RHEL7 aa]# chown student myfile

(4) 将 aa 目录所属的组改为 student 组。

[root@RHEL7 ~]# chgrp student aa

6. 删除、重命名文件和目录

(1) 将 student 用户的家目录中的 yourfile 文件删除。

[root@RHEL7 ~]# cd /home/student

[root@RHEL7 student]# rm yourfile

rm：是否删除普通空文件 "yourfile"？y

(2) 将 student 用户的家目录中的 aa 目录改名为 bb。

[root@RHEL7 student]# mv　aa　bb

(3) 将 student 用户的家目录中的 bb 目录删除。

[root@RHEL7 student]# rm　-r　bb

四、任务总结

关于文件和目录的操作非常灵活，读者在学习的时候，首先需要明确自己当前的工作目录是什么，其次，明确自己要操作的文件或目录的路径是什么。这样才能准确找到自己所要操作的目标。

在操作过程中，要多用 ls 命令来查看自己的操作效果，减少误操作的情况。

五、同步训练

(1) 在 root 用户家目录下创建 dir 目录，在其中创建文件 stu，并写入："welcome to Linux world！"。

(2) 进入根目录，将 root 用户家目录中的 dir 目录移动到某一个普通用户的家目录下。

(3) 将 dir 目录权限改为：所有人都可读可写可执行。

(4) 将 stu 文件的文件主和所属组都改为某一普通用户。

(5) 删除 dir 目录。

任务二　配 置 网 络

一、任务提出

要想使服务器能够对外提供服务，网络配置是必不可少的内容。本次任务的主要内容包括：

1. 配置服务器的 IPv4 地址相关信息

IPv4 地址为 192.168.1.100，子网掩码为 255.255.255.0，默认网关为 192.168.1.100，DNS 服务器 IP 地址配置为 192.168.1.100。

2. 测试网络环境

(1) 测试与 192.168.1.200 主机的连通性。

(2) 查看当前服务器端口的运行情况。

3. 修改主机名

修改主机名为 RHEL7。

二、任务分析

1. 配置服务器的 IPv4 地址相关信息

配置服务器的 IPv4 相关信息有两种方法：一种是使用命令，另一种是直接修改配置文件。

1) 使用命令

【命令】 ifconfig　网络接口名　IP 地址　[netmask 子网掩码]

【说明】 只使用 ifconfig 命令后面不接任何参数可以查看当前网络的配置情况。如图 2-15 所示。

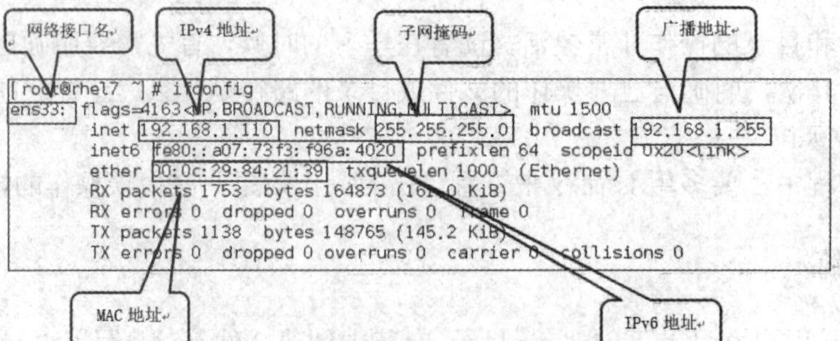

图 2-15　使用 ifconfig 命令查看网络配置情况

2) 修改配置文件

通过上面的命令我们可以看到当前的网络接口名为 ens33，这个名字很重要。在 Linux 系统的/etc/sysconfig/network-scripts 目录下，有一个名为【ifcfg-网络接口名】的文件，针对本实验环境中该文件名即为 ifcfg-ens33，此文件即为相应网卡的配置文件。可以使用 vim 编辑器打开来查看和修改，配置文件如图 2-16 所示。根据系统配置不同，可能会略有差异，我们只需要关注重点的几项即可。

```
[root@RHEL7 ~]# vim    /etc/sysconfig/network-scripts/ifcfg-ens33
```

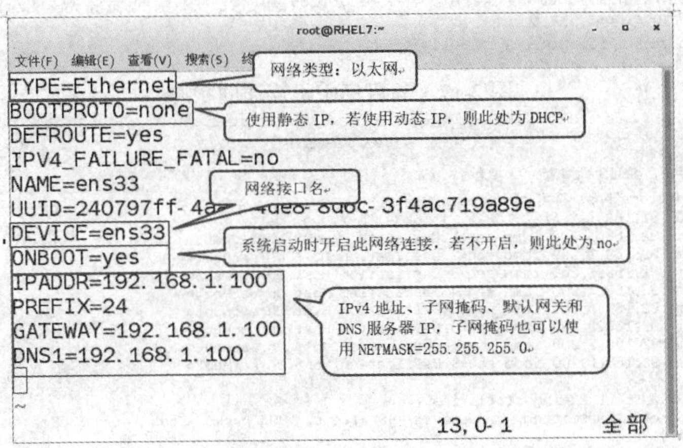

图 2-16　网络配置文件

◇ 小贴士：

① 如果有多个 DNS 服务器，可以一一列出。

② 修改文件"/etc/resolv.conf"也可以配置 DNS 服务器 IP，两个文件的区别在于："/etc/sysconfig/network-scripts/ifcfg-网络接口名"文件是针对相应的网络接口，不同的网络接口对应的 DNS 服务器可能会不同。而"/etc/resolv.conf"文件是作用于所有的网络接口。另外，一个网络接口配置文件中的 DEFROUTE 选项设置为 yes，则 reslov.conf 文件中的设置对该网络接口无效。

修改完配置文件后，需要重启网络服务才能生效。

```
[root@RHEL7 ~]# systemctl    restart    network
```

重启网络服务后可以再用 ifconfig 命令查看 IP 地址修改情况。

2. 测试网络环境

1) 测试与其他主机的连通性

【命令】 ping [-c] 目标主机 IP 地址

【选项】 -c：在发送指定数目的包后停止。

【说明】 Linux 下的 ping 命令在不加选项的时候不会自动终止，需要按【Ctrl+c】键终止或使用选项-c 指定发送的 ICMP 包的数量。如图 2-17 所示表示与目标主机是连通的。如图 2-18 所示表示与目标主机是无法连通的。无法连通的原因可能是因为自身 IP 地址或网络有问题，也可能是目标主机的 IP 地址有问题，要根据实际情况进行排查。

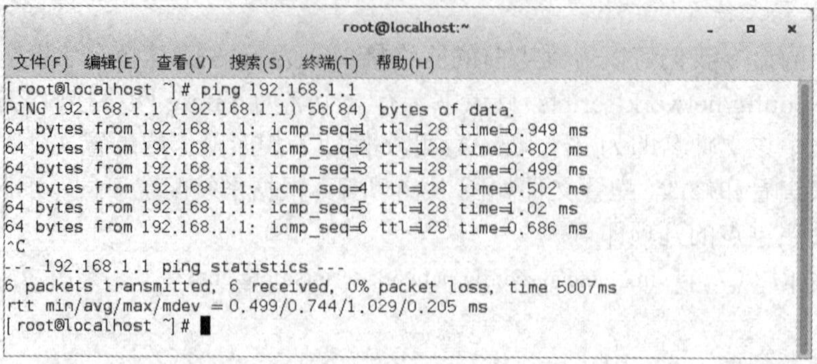

图 2-17　与目标主机连通的状态

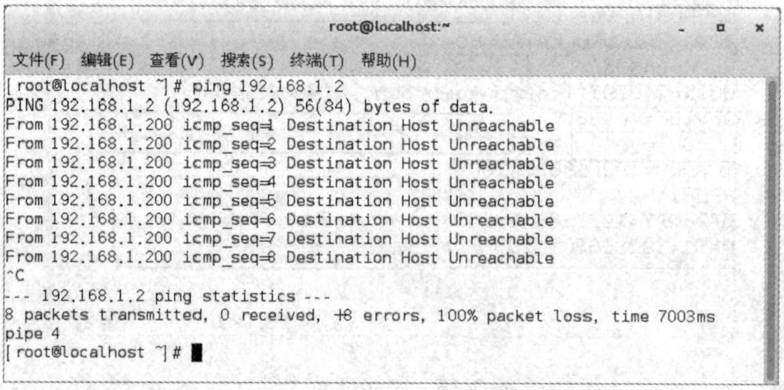

图 2-18　与目标主机无法连通的状态

2) 查看当前服务器端口的运行情况

【命令】 netstat [选项]

【选项】 -a：显示所有连接信息。

-n：使用数字方式显示地址和端口号。

-t：显示 TCP 传输协议的连接情况。

-p：显示正在使用 Socket 的进程 ID 和名称。

【说明】 查看当前服务器端口运行情况如图 2-19 所示。

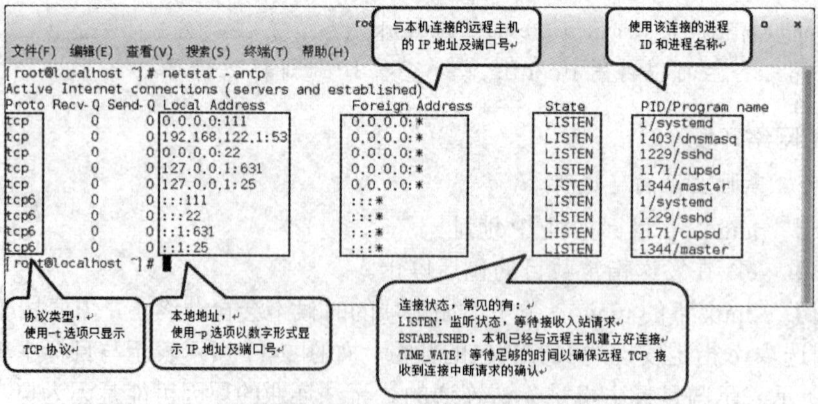

图 2-19　显示服务器端口的运行情况

3. 修改主机名

修改主机名有两种方法：

1) 使用命令修改

【命令】 hostname 主机名

【说明】 单独使用此命令，后面不加主机名，可以查看当前的主机名。此命令只能临时修改主机名，当计算机重启后，主机又变回修改之前的名字。

2) 修改【/etc/hostname】文件

如图 2-20 所示，将文件内容直接修改成相应的主机名即可。

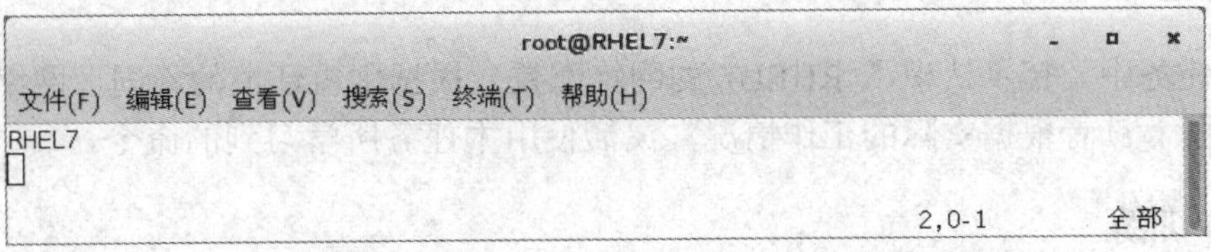

图 2-20　利用/etc/hostname 文件修改主机名

三、任务实施

1. 配置服务器的 IPv4 地址相关信息

IPv4 地址为 192.168.1.100，子网掩码为 255.255.255.0，默认网关为 192.168.1.100，DNS 服务器 IP 为 192.168.1.100。

2-2　配置网络

(1) 查看当前的 IP 地址。

```
[root@RHEL7 ~]# ifconfig
```

(2) 修改/etc/sysconfig/network-scripts/ifcfg-ens33 配置文件。

```
[root@RHEL7 ~]# vim /etc/sysconfig/network-scripts/ifcfg-ens33
```

在打开的文件中添加或修改如下内容：

```
TYPE=Ethernet                  #网络类型为以太网
BOOTPROTO=none                 #使用静态 IP 地址
ONBOOT=yes                     #开机即启动该网络连接
IPADDR=192.168.1.100           #IP 地址
PREFIX=24                      #子网掩码
GATEWAY=192.168.1.100          #默认网关
DNS1=192.168.1.100             #DNS 服务器 IP
```

(3) 重启网络服务。

```
[root@RHEL7 ~]# systemctl    restart    network
```

2. 测试网络环境

(1) 测试与 192.168.1.200 主机的连通性。

```
[root@RHEL7 ~]# ping 192.168.1.200
```

(2) 查看当前服务器端口的运行情况。

```
[root@RHEL7 ~]# netstat    -antp
```

3. 修改主机名

修改主机名为 RHEL7。

```
[root@RHEL7 ~]# vim    /etc/ hostname
```

将打开的文件修改为如下内容：

```
RHEL7
```

重启计算机机后，再次查看主机名。

```
[root@RHEL7 ~]# hostname
```

四、任务总结

在此任务中，初步认识了 RHEL7 的网络配置。根据主机环境的不同，网络配置的情况各不相同，读者根据实际的工作情况，灵活使用本任务所学习到的命令。

五、同步训练

(1) 修改本机 IP 地址为 192.168.XX.1/24，默认网关为 192.168.XX.100，DNS 服务器 IP 为 192.168.1.1，其中 XX 代表自己学号的最后两位数字。

(2) 修改主机名为 zhangsan，zhangsan 代表自己名字的全拼。

(3) 查看本机端口运行情况。

任务三　管理用户和组

一、任务提出

在进行服务器运维的过程中，免不了对用户账户进行管理。本次任务的主要内容包括：

1. 管理用户账户

(1) 添加用户 redhat。

(2) 修改 redhat 的密码。

(3) 修改用户 redhat 的家目录为/var/tmp，登录 Shell 为/sbin/nologin。

(4) 将 redhat 账户删除。

2. 管理用户组

(1) 添加用户组 ngp。

(2) 添加用户 stu，使其附加组为 ngp。

(3) 删除 ngp 组。

二、任务分析

1. 管理用户账户

1) 添加用户账户

【命令】 useradd　[-dgGs]　用户名

【选项】 -d：指定用户家目录，默认为 /home/用户名。

-g：指定用户的基本组名(或 GID 号)，默认与用户名相同。

-G：指定用户的附加组名(或 GID 号)，默认无附加组。

-s：指定用户的登录 Shell，默认为/bin/bash。

【说明】 不加任何选项时，创建的用户账户都使用默认值，只有需要修改默认值时才添加选项。

知识链接

Shell 是一个命令程序，它将用户输入的命令翻译成机器指令并且把它们送到内核去执行。Linux 的 Shell 有多种不同的版本，主要版本有：

① Bourne Shell：是贝尔实验室开发的。

② BASH：是 GNU 的 Bourne Again Shell，是 GNU 操作系统上默认的 Shell。

③ Korn Shell：是对 Bourne Shell 的发展，大部分内容与 Bourne Shell 兼容。

④ C Shell：是 SUN 公司 Shell 的 BSD 版本。

⑤ Z Shell：Z 是最后一个字母，也就是终极 Shell。它集成了 BASH、Korn Shell 的重要特性，同时又增加了自己独有的特性。

2) 修改用户账户密码

【命令】 passwd [-lud] 用户名

【选项】 -l：锁定账号。

-u：账号解锁。

-d：清空用户的密码，使之无需密码即可登录。

【说明】 不加任何选项的功能就是修改密码，如果没有用户名，则默认修改当前账号的密码。普通用户只能修改自己账号的密码。

◇ **小贴士**：刚创建的用户账号是没有密码的，因而是被系统锁定的，无法登录，必须为其指定密码后才可以使用。

3) 修改用户账户属性

【命令】 usermod [-dgGs] 用户名

【选项】 -d：指定用户家目录。

-g：指定用户的基本组名(或 GID 号)。

-G：指定用户的附加组名(或 GID 号)。

-s：指定用户的登录 Shell。

【说明】 所有选项的意义跟 useradd 完全相同。

4) 删除用户账户

【命令】 userdel [-r] 用户名

【选项】 -r：删除与用户帐号相关的文件。

【说明】 虽然 -r 参数是可选项，但是建议一定要加上，否则下次再创建同名的账号时可能会提示用户目录已经存在而无法创建用户。

2. 管理用户组

1) 添加用户组

【命令】 groupadd [-g GID] 用户组名

【选项】 -g：指定用户组 GID。

2) 改变用户组中的成员

【命令】 gpasswd [-adM] 组账号名

【选项】 -a：向组内添加一个用户成员。

-d：从组内删除一个用户成员。

-M：定义组成员列表，以逗号分隔。

3) 删除用户组

【命令】 groupdel 用户组名

【说明】 要删除的组不能是任何用户的主要组，否则无法删除。

三、任务实施

1. 管理用户账户

2-3　管理用户和组

(1) 添加用户 redhat。

```
[root@RHEL7 ~]# useradd redhat
```

(2) 修改 redhat 的密码。

```
[root@RHEL7 ~]# passwd redhat
更改用户 redhat 的密码。
新的 密码：
重新输入新的 密码：
passwd：所有的身份验证令牌已经成功更新。
```

◇ **小贴士**：输入密码时不会显示任何信息，也不会像 Windows 一样显示“•”或“*”，输入错误也不能用退格键删除，只能按【Enter】键后按提示重新输入。

(3) 修改用户 redhat 的家目录为/var/tmp，登录 Shell 为/sbin/nologin。

```
[root@RHEL7 ~]# usermod   -d   /var/tmp   -s   /sbin/nologin   redhat
```

(4) 将 redhat 账户删除。

```
[root@RHEL7 ~]# userdel -r redhat
userdel：/var/tmp 并不属于 redhat，所以不会删除
```

2. 管理用户组

(1) 添加用户组 ngp。

```
[root@RHEL7 ~]# groupadd   ngp
```

(2) 添加用户 stu，使其附加组为 ngp，有三种方法：

方法一：在添加用户的时候直接使用-G 选项指定其附加组为 ngp。

```
[root@RHEL7 ~]# useradd   –G   ngp   stu
```

方法二：先添加用户，再修改其附加组为 ngp。

```
[root@RHEL7 ~]# useradd   stu
[root@RHEL7 ~]# usermod    -G   ngp   stu
```

方法三：先添加用户，再在 ngp 组中添加该用户。

```
[root@RHEL7 ~]# useradd   stu
[root@RHEL7 ~]# gpasswd   –a   stu   ngp
```

(3) 删除 ngp 组

```
[root@RHEL7 ~]# groupdel   ngp
```

四、任务总结

在 Linux 服务器的管理中，账户管理虽然不是很复杂，但在特定情况下会很有用。我们在后面的服务器配置中还会用到。

五、同步训练

(1) 添加用户账号 zhangsan，并尝试用该账号登录系统(zhangsan 代表你名字的全拼)。

(2) 添加用户组 zs，并将 zhangsan 加入到该组中(zs 代表你名字拼音的首字母)。

(3) 锁定账号 zhangsan，并尝试用该账号登录，观察其效果。

(4) 删除组 zs，删除账号 zhangsan (记得顺序是先删除用户组，再删除用户，这其中有隐含的操作)。

任务四　忘记 root 密码怎么办?

一、任务提出

在 Linux 系统中，root 用户账号具有非常高的权限。普通用户忘记密码可以由 root 用户修改密码，但如果 root 账号的密码忘记了该怎么办?

二、任务分析

如果在 root 用户已经登录的情况下忘记密码，可以使用 passwd 命令修改密码。如果在关机的情况下忘记密码，则需要进入单用户模式修改密码。

三、任务实施

2-4　忘记 root 密码怎么办

1. root 用户已经登录情况

```
[root@RHEL7 ~]# passwd
更改用户  root  的密码。
新的  密码：
重新输入新的密码：
passwd：所有的身份验证令牌已经成功更新。
```

◇ **小贴士**：修改密码时，如果密码过于简单，会提示“无效的密码”，此时可不予理会。root 用户有特权可以不使用强密码，但普通用户必须使用强密码，否则密码不能修改。

知识链接

Linux 的强密码

Linux 的强密码要求密码长度不少于 8 位，且应选择包含字母、数字和特殊符号组合。

2. 关机的情况

(1) 开启电源，进入启动界面，如图 2-21 所示。

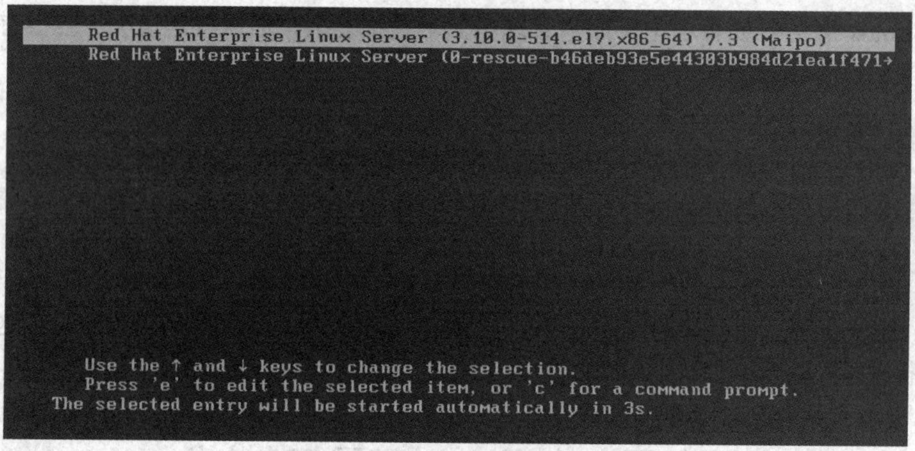

图 2-21　开机启动界面

(2) 在图 2-21 所示的界面中点击一下鼠标，使虚拟机获得键盘焦点，然后快速按【e】键，进入 GRUB 编辑界面。在编辑界面环境中按键盘的【↓】键，找到以【linux16】开始的那一行，在行尾加上一个空格，并输入【re.break】，如图 2-22 所示。

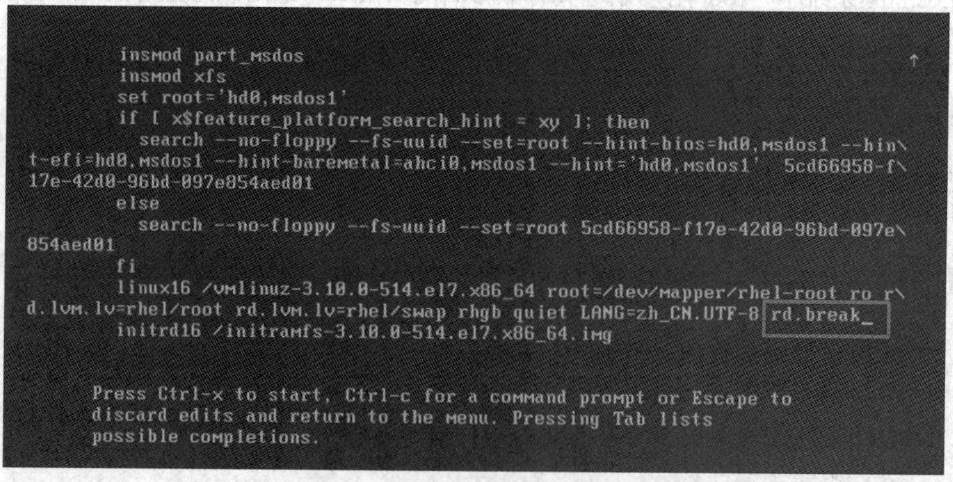

图 2-22　编辑 GRUB 界面

(3) 输入完成后按【Ctrl+x】进入单用户界面，并依次输入如图 2-23 所示的命令。在

【New password】后输入新的 root 密码。

```
Entering emergency mode. Exit the shell to continue.
Type "journalctl" to view system logs.
You might want to save "/run/initramfs/rdsosreport.txt" to a USB stick or /boot
after mounting them and attach it to a bug report.

switch_root:/# mount -o remount,rw  /sysroot
switch_root:/# chroot /sysroot
sh-4.2# LANG=
sh-4.2# passwd root
Changing password for user root.
New password:
BAD PASSWORD: The password is shorter than 8 characters
Retype new password:
passwd: all authentication tokens updated successfully.
sh-4.2# touch  /.autorelabel
sh-4.2# exit
exit
switch_root:/# reboot_
```

图 2-23　在单用户模式下修改 root 密码

四、任务总结

root 密码非常重要，最好还是妥善保管，尽量不要忘记和频繁修改密码。

项 目 总 结

通过本项目，我们学习了 Linux 服务器管理中的一些基本操作，为后续的服务器配置与管理打下了基础。在 Linux 中有关用户、用户组、网络管理的命令还有很多，我们这里只介绍了最基本最常用的几个命令。其他需要用到的命令，大家可以自行查阅资料进行学习。

项 目 训 练

一、选择题

1. 下面_______命令可以查看目录 /var/tmp 的权限。

A. ls －l /var/tmp　　B. cd　/var/tmp

C. ls －ld　/var/tmp　　D. chmod　/var/tmp

2. 某文件的权限为 rwxr-xr-x，则该权限用数字表示为______。

A. 722　　B. 744　　C. 755　　D. 777

3. 如果我们把 umask 值改为 000，则新建文件的权限为______。

A. rw-rw-rw-　　B. rwxrwxrwx　　C. ---------　　D. rw-r—r—

4. 下面________命令可以修改用户的登录 Shell。

A. chmod　　B. usermod　　C. chgrp　　D. chown

二、填空题

1．Linux 系统的管理员账户是________。

2. 网络接口 ens33 的配置文件是______________________。

3. 查看本机端口的运行情况使用的命令是______________。

4. 如果忘记了管理员密码，可以在开机时编辑 GRUB，找到____________开头的那一行，并在行尾加上______________。

三、实践操作题

1. 某管理员忘记了本机的密码，无法以管理员身份登录系统，帮他解决这个问题。

2. 建立 4 个目录 ：my、your、old、newdir。

3. 删除空目录 old。

4. 将 newdir 目录改名为 new。

5. 用 vim 在 new 中建立文件 file1，文件的内容为"ID: *** (学号后 3 位)"。

6. 用 echo 在 new 中建立一个文件 file2，并写入内容"name:*** (名字的缩写)"。

7. 用 cat 命令将 file1、file2 合并为文件 filenew，查看 filenew 的文件内容。

8. 在 your 目录中建立空文件 text1。

9. 将 new 目录的所有文件、目录名定向输出到文件 your/text1。

10. 新建组 group1，group2。

11. 更改组 group2 的 GID 为 103，更改组名为 grouptest。

12. 删除组 grouptest。

13. 新建用户 user1，指定 UID 为 1777，主目录为/home/user1，主要组为 group1，附加组为 root，指定 Shell 为/sbin/nologin。

14. 修改用户 user1 的备注为"This is a test"。

15. 更改用户 user1 的密码为 111111，将用户 user1 锁定，并通过/etc/shadow 查看锁定效果，最后将 user1 解锁。

16. 更改用户 user1 的主目录为/home/user11。

17. 列出用户 user1 的 UID、GID 以及用户所属的组列表。

18. 配置本机 IP 地址为 192.168.0.1，子网掩码 255.255.255.0，默认网关 192.168.0.1，DNS 服务器 IP 为 192.168.0.100，主机名为 myhost。

项目 3　Telnet 和 SSH 服务器配置与管理

【项目描述】

公司的 Linux 服务器放在中央机房，由于机房环境复杂，不方便运维人员经常出入。因此，我们需要配置可以远程访问的服务器，使得运维人员在自己的办公室里通过网络即可访问和管理服务器。常见的远程访问服务器有 Telnet 和 SSH 两种。

本项目中我们就来完成这两种服务器的配置与管理任务。

【学习目标】

(1) 了解远程访问的概念。

(2) 掌握在 Linux 系统中安装软件包的方法。

(3) 掌握 Telnet 的配置与使用。

(4) 掌握 SSH 的配置与使用。

预备知识　认识 Telnet 和 SSH

1. 远程访问服务

服务器设备一般放置在有特殊环境要求的中央机房中。出于对机房的安全性等因素的考虑，一般不允许运维人员频繁出入。那么，运维人员如果要对服务器进行管理怎么办？只能通过远程访问的形式。通过在服务器上配置远程访问服务，运维人员在自己的办公室里即可通过网络连接到服务器，对服务器进行配置和管理，就像亲自到服务器前操作一样。

远程访问服务就是向用户提供通过网络远程登录系统的命令行或图形接口，让用户能够在远程的客户端登录服务器主机以取得可操控服务器的界面。

常用的远程访问服务有 Telnet、SSH、Web GUI 以及其他远程管理软件等。

2. Telnet 服务

Telnet 协议是 TCP/IP 协议族中的一员，是 Internet 远程登录服务的标准协议和主要方式，最初由 ARPANET 开发，现在主要用于 Internet 会话，它的基本功能是允许用户登录进入远程主机系统。

Telnet 可以让我们坐在自己的计算机前通过 Internet 网络登录到另一台远程计算机上，这台计算机可以是在隔壁的房间里，也可以是在地球的另一端。当登录上远程计算机后，本地计算机就等同于远程计算机的一个终端，我们可以用自己的计算机直接操纵远程计算机，享有远程计算机本地终端同样的操作权限。

虽然 Telnet 较为简单实用也很方便，但是在格外注重安全的现代网络技术中，Telnet 并不被重用。原因在于 Telnet 是一个明文传送协议，它将用户的所有内容，包括用户名和密码都使用明文在互联网上传送，具有一定的安全隐患，因此许多服务器都会选择禁用 Telnet 服务。如果我们要使用 Telnet 的远程登录，使用前应在远端服务器上检查并设置允许 Telnet 服务的功能。

3. SSH 服务

SSH 为 Secure Shell 的缩写，由 IETF 的网络小组制定。SSH 是建立在应用层基础上的安全协议，是目前较为可靠、专为远程登录会话和其他网络服务提供安全保障的协议。利用 SSH 协议可以有效防止远程管理过程中的信息泄露问题。SSH 最初是 UNIX 系统上的一个程序，后来又迅速扩展到其他操作平台。

传统的网络服务程序，如 FTP、POP 和 Telnet，在本质上都是不安全的，因为它们在网络上用明文传送密码和数据，别有用心的人截获这些密码和数据后可以非常容易得到他需要的信息。而且，这些服务程序的安全验证方式也有其弱点，很容易受到“中间人”攻击。通过使用 SSH，可以把所有传输的数据进行加密，这样既能防止“中间人攻击”，而且也能够防止 DNS 欺骗和 IP 欺骗。另外，SSH 协议能将传输数据进行压缩，可以加快传输的速度。SSH 有很多功能，它既可以代替 Telnet，又可以为 FTP、POP 甚至 PPP 提供一个安全的“通道”。

知识链接

中间人攻击

所谓“中间人攻击”(man-in-the-middle)，就是攻击者冒充服务器拦截客户机传给服务器的数据，然后再冒充客户机把修改后的数据传给真正的服务器。服务器和客户机之间的数据传送被“中间人”进行了修改，就会出现很严重的问题。

4. Linux 中软件安装的种类

目前在 Linux 中软件安装方式最常见的有两种，分别是：

(1) dpkg：这个机制最早是由 Debian Linux 社区所开发出来的。通过 dpkg 的机制，Debian 提供的软件就能够简单地安装起来，同时还能提供安装后的软件信息。只要是衍生于 Debian 的其他 Linux 发行版本大多使用 dpkg 这个机制来管理软件，包括 B2D、Ubuntu 等。

(2) RPM：这个机制最早是由 Red Hat 公司开发出来的，因为方便好用，因此很多 Linux 的发行版本都使用这个机制作为软件安装的管理方式，包括 Fedora，CentOS，SuSE 等知名的 Linux 版本。

知识链接

解决软件依赖关系

由于 Linux 是一个开源的系统，软件也会由不同的组织进行开发。为了加快开发的速度，很多其他软件已有的功能，在此软件中就很可能不再有。同时此软件的运行又需要其他软件的功能，因此就出现了软件的依赖关系。

在 Linux 系统中安装软件时，首先会进行关系依赖性检查。例如软件 A 依赖 B 和 C，而软件 B 又依赖 D 和 E，那么当安装 A 时，需要先安装 D 和 E，再安装 B 和 C，最后才能安装 A。如果让用户自己去将这些需要依赖的软件一个个地安装，会非常麻烦。

为此，不同的 Linux 发行版本均提供了自动解决依赖关系的机制。在 dpkg 管理机制上就开发出 APT 的在线升级机制，RPM 则依发行版本的不同，有 Red Hat 系统的 YUM、SuSE 系统的 Yast Online Update (YOU)、Mandriva 的 urpmi 软件等。

任务一　安装软件包

一、任务提出

在服务器配置的过程中，很多软件包需要额外安装。本任务以安装 Telnet 服务软件包为例，练习在 Linux 系统中安装软件包。

二、任务分析

1. RPM 软件包管理

RPM 的全名是 Red Hat Package Manager，是由 Red Hat 开发的 Linux 系统软件包安装和管理程序。

RPM 的功能包括：

(1) 安装、删除、升级和管理以 RPM 软件包形式发布的软件。

(2) 查询某个 RPM 软件包中包含哪些文件，以及某个指定文件属于哪个 RPM 软件包。

(3) 查询系统中某个 RPM 软件包是否已安装及其版本。

(4) 把自己开发的软件打包成 RPM 软件包并发布。

(5) 关系依赖性检查。

使用 RPM 管理软件包的常用命令格式为：

【命令】 rpm　[选项]　[rpm 软件包]

【选项】 -ivh：安装软件包。

-qa：查询软件包。

-e：卸载软件包。

-Uvh：升级软件包。

【说明】 当使用 -qa 选项查询软件包时，会将系统中所有的 RPM 软件包一一列出，不便于用户查找特定的软件包。为了方便查找，可以配合管道和 grep 命令进行过滤，常见的形式如图 3-1 所示。

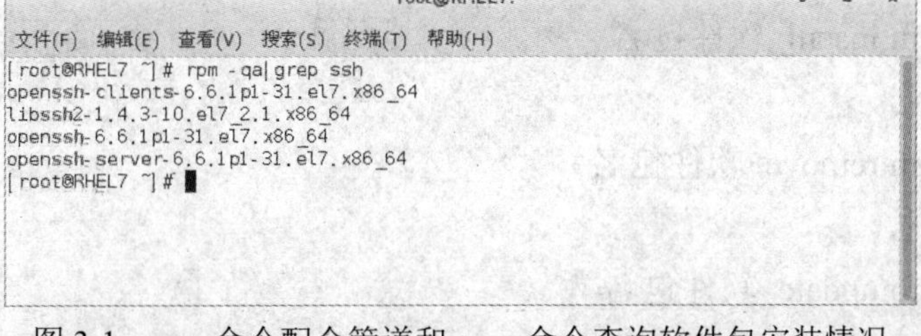

图 3-1　rpm 命令配合管道和 grep 命令查询软件包安装情况

2. YUM 软件包管理

YUM 是 Yellow Dog Updater Modified 的简称，起初是由 Yellow Dog 这一发行版的开发者用 Python 写成，那时叫 YUP。后经杜克大学的 Linux@Duck 开发团队进行改进，并改名为 YUM。

YUM 是一个强大的命令行工具，可用于更加自动灵活地管理(安装、更新、删除、查询) 软件包。

YUM 工具的工作依赖于一个 YUM 源。YUM 源中包含了许多软件包和软件包相关索引数据。当用户使用 YUM 工具安装软件包时，YUM 将通过索引数据搜索软件包的依赖关系，再从 YUM 源中下载依赖的软件包并安装。

通常 YUM 源位于 Internet 上的主机中。如果无网络连接则无法使用 Internet 中提供的 YUM 源。用户可以使用安装光盘自建一个本地 YUM 源，从而能够使用 YUM 工具解决复杂的软件包依赖关系。

YUM 的配置文件分为两部分：main 和 repository。

main 部分定义了全局配置选项，整个 YUM 配置文件应该只有一个 main，常位于 /etc/yum.conf 中。

repository 部分定义了每个源/服务器的具体配置，可以有一到多个。常位于 /etc/yum.repo.d 目录下的各文件中，配置文件的内容如图 3-2 所示。

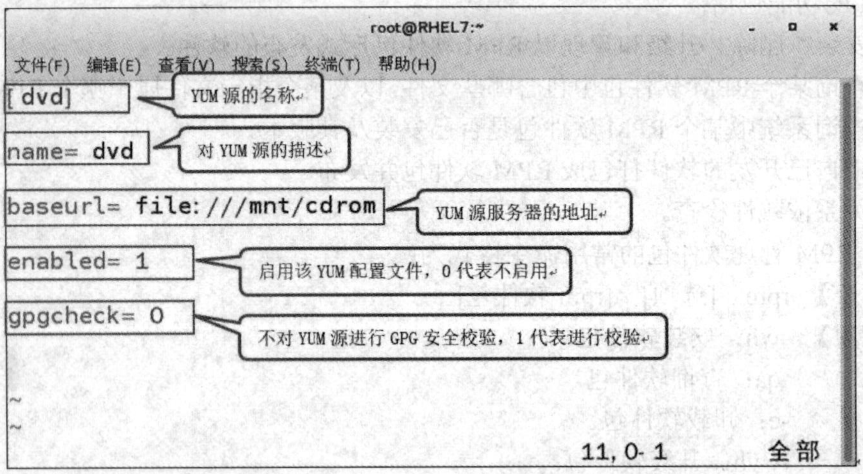

图 3-2　YUM 配置文件

常用的 YUM 命令包括：

1) 安装软件包

【命令】 yum install 软件包名

2) 删除软件包

【命令】 yum remove 软件包名

3) 升级软件包

【命令】 yum update 软件包名

3. 挂载与卸载光盘

我们在项目 2 的预备知识中介绍过有关文件系统挂载与卸载的概念。我们要安装的软件包都在 RHEL7 的发行光盘中，在虚拟机的环境中以 ISO 文件的形式存在，可以看作虚拟光盘。光盘作为一个独立的文件系统，要想被 Linux 主机访问，必须先进行挂载。

1) 挂载光盘

【命令】 mount　/dev/cdrom　挂载点

【说明】 挂载点是指一个可以将光盘文件挂载在其下面的目录，一般为/mnt 目录。由于/mnt 目录下可以挂多个文件系统，如光盘、U 盘等，为了区分不同的文件系统，我们可以在/mnt 目录下再创建子目录，将不同的文件系统挂载在不同的子目录下。

2) 卸载光盘

【命令】 umount　/dev/cdrom

【说明】 在卸载光盘前，一定要先从光盘所在的目录中退出，否则无法卸载。

三、任务实施

1. 使用 RPM 安装 Telnet 服务端软件包

(1) 查看当前系统中是否安装了 Telnet 服务端软件包。

```
[root@RHEL7 ~]# rpm –qa|grep telnet
```

如果系统没有任何显示，说明当前没有与 Telnet 有关的软件包。

3-1　安装软件包

(2) 创建挂载点。

```
[root@RHEL7 ~]# mkdir   /mnt/cdrom
```

◇ 小贴士：此挂载点只需要在第一次使用时创建，以后就直接使用，不必每次使用都创建一次。

(3) 挂载光盘。

```
[root@RHEL7 ~]# mount    /dev/cdrom    /mnt/cdrom
```

挂载结果如图 3-3 所示。

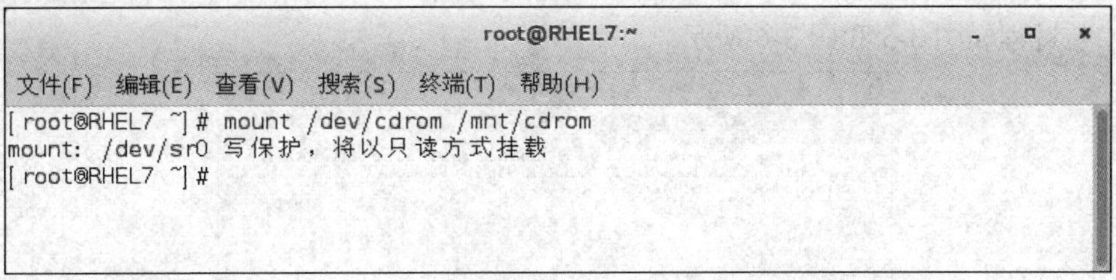

图 3-3　挂载光盘

(4) 进入安装目录。

```
[root@RHEL7 ~]# cd    /mnt/cdrom/Packages
```

(5) 安装软件包。

```
[root@RHEL7 Packages]# rpm   -ivh    telnet-server-0.17-60.el7.x86_64.rpm
```

安装结果如图 3-4 所示。

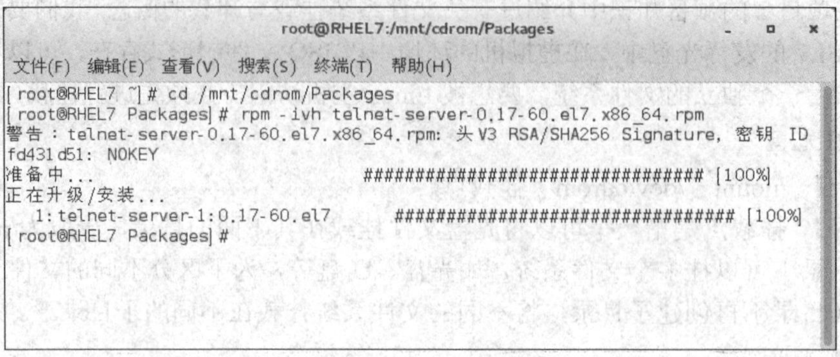

图 3-4　安装 Telnet 服务端软件包

(6) 退出目录，卸载光盘。

[root@RHEL7 Packages]# cd

[root@RHEL7 ~]# umount　/dev/cdrom

2. 使用 YUM 安装 Telnet 客户端软件包

(1) 挂载光盘。

[root@RHEL7 ~]# mount　/dev/cdrom　/mnt/cdrom

(2) 修改 YUM 配置文件。

[root@RHEL7 ~]# vim　/etc/yum.repos.d/dvd.repo

文件内容为：

```
[dvd]
name= dvd
baseurl= file:///mnt/cdrom
enabled= 1
gpgcheck= 0
```

(3) 安装软件包。

[root@RHEL7 ~]# yum　install　telnet

安装过程如图 3-5 和图 3-6 所示。

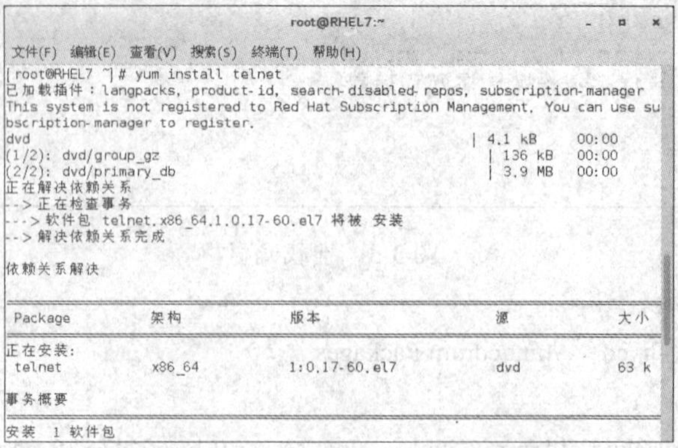

图 3-5　YUM 安装 Telnet 软件包(一)

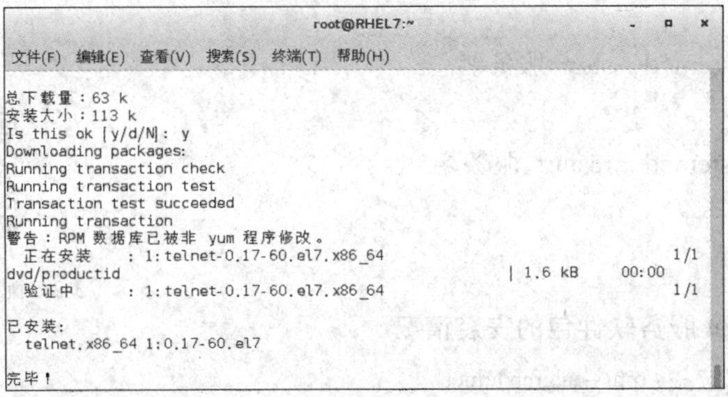

图 3-6　YUM 安装 Telnet 软件包(二)

四、任务总结

安装软件包是一个非常实用的操作。此次任务中的两个工具可以配合起来使用。由于 RPM 在安装软件包时经常要解决依赖关系，非常繁琐，因此通常用于查询系统中的软件包安装情况。一般使用 YUM 来进行软件包的安装工作。

五、同步训练

检查当前系统中是否安装了 SSH 的软件包，如果没有，则安装此软件包。

任务二　配置和使用 Telnet

一、任务提出

Telnet 服务虽然有一定的局限性，但在一些服务器调试的场合非常有用。本次任务是在 Linux 服务器上配置和使用 Telnet 服务。

二、任务分析

1. Telnet 服务需要的软件包

(1) Telnet 服务端：RHEL7.3 中 Telnet 服务端需要的软件包是 telnet-server-0.17-60.el7.x86_64。

(2) Telnet 客户端：RHEL7.3 中 Telnet 客户端需要的软件包是 telnet-0.17-60.el7.x86_64

2. Telnet 服务运行的条件

Telnet 服务运行需要守护进程 xinetd。

3. 启动、停止和重启服务

1) *启动服务*

【命令】 systemctl　start 服务名

2) 停止服务

【命令】 systemctl　stop　服务名

3) 重启服务

【命令】 systemctl　restart　服务名

三、任务实施

3-2　配置和使用 Telnet

1. 查看 Telnet 服务软件包的安装情况

[root@RHEL7 ~]# rpm –qa|grep telnet

显示如图 3-7 所示的结果，表示 Telnet 服务所需要的软件包已经安装。若没有安装，可参照任务一中的步骤进行安装。

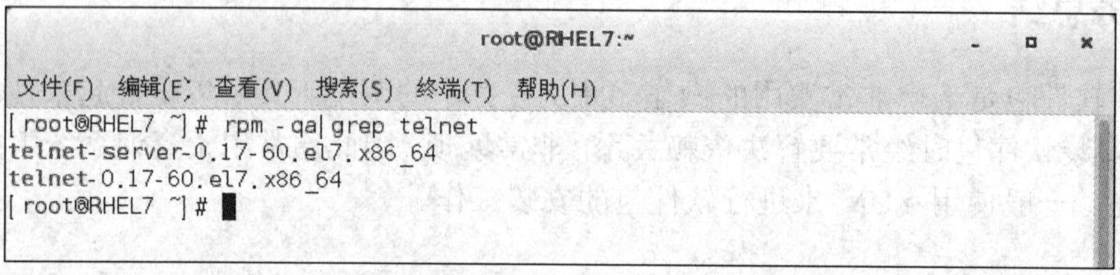

```
root@RHEL7:~
文件(F) 编辑(E) 查看(V) 搜索(S) 终端(T) 帮助(H)
[root@RHEL7 ~]# rpm -qa| grep telnet
telnet-server-0.17-60.el7.x86_64
telnet-0.17-60.el7.x86_64
[root@RHEL7 ~]#
```

图 3-7　查询 Telnet 软件包已安装

2. 查看守护进程 xinetd 的安装情况

[root@RHEL7 ~]# rpm -qa|grep xinetd

若没有显示任何结果，说明此软件还未安装。在此，我们使用 YUM 工具进行安装。YUM 配置文件的修改参照任务一中的步骤。

[root@RHEL7 ~]#　yum　install　xinetd

安装过程如图 3-8 和图 3-9 所示。

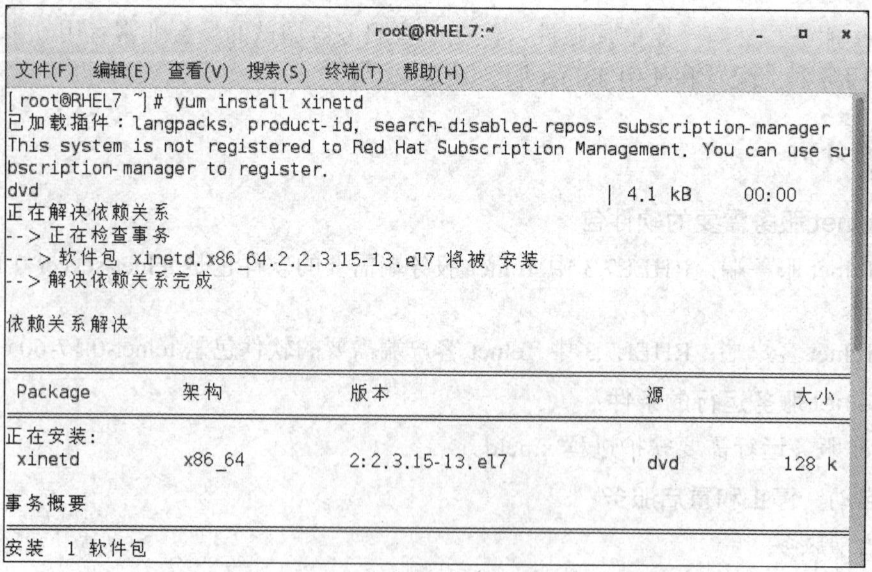

```
root@RHEL7:~
文件(F) 编辑(E) 查看(V) 搜索(S) 终端(T) 帮助(H)
[root@RHEL7 ~]# yum install xinetd
已加载插件：langpacks, product-id, search-disabled-repos, subscription-manager
This system is not registered to Red Hat Subscription Management. You can use su
bscription-manager to register.
dvd                                                    | 4.1 kB     00:00
正在解决依赖关系
--> 正在检查事务
---> 软件包 xinetd.x86_64.2.2.3.15-13.el7 将被 安装
--> 解决依赖关系完成

依赖关系解决

 Package          架构          版本                      源          大小

正在安装:
 xinetd           x86_64        2:2.3.15-13.el7           dvd         128 k

事务概要

安装  1 软件包
```

图 3-8　xinetd 安装过程(一)

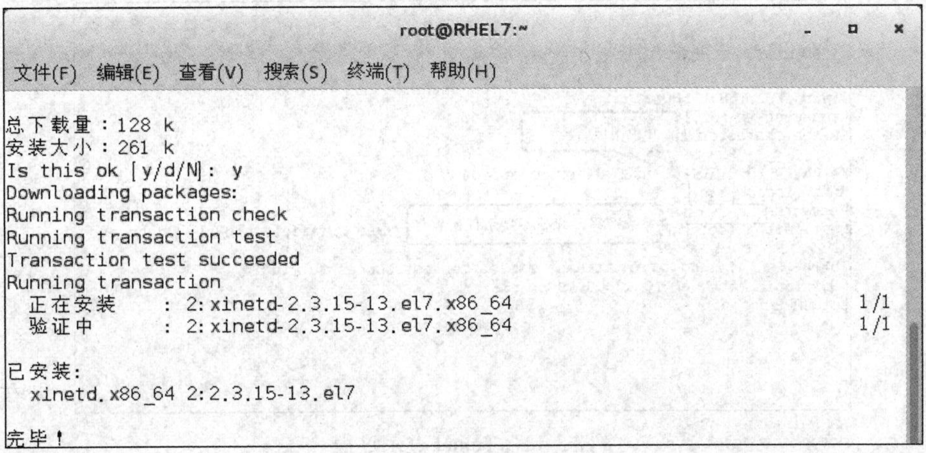

图 3-9　xinetd 安装过程(二)

安装完成后可以再次查询一下，确认安装是否成功。

```
[root@RHEL7 ~]# rpm -qa|grep xinetd
```

xinetd 安装成功的界面如图 3-10 所示。

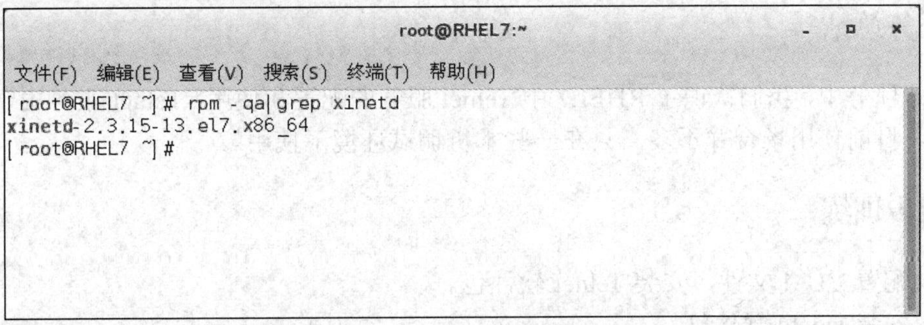

图 3-10　xinetd 安装成功界面

3. 启动 xinetd 服务和 Telnet 服务

(1) 启动 xinetd 服务。

```
[root@RHEL7 ~]# systemctl   start   xinetd
```

(2) 启动 Telnet 服务。

```
[root@RHEL7 ~]# systemctl   start   telnet.socket
```

◇ **小贴士：**可以使用 netstat -antp 命令查看 Telnet 服务所使用的 23 号端口是否处于监听状态。如果系统配置有防火墙，很可能 Telnet 服务的 23 号端口被禁用。解决的方法是在防火墙中添加 23 号端口，或者禁用防火墙。作为初学者，建议禁用防火墙，这样可以减少不必要的麻烦。关闭防火墙的命令为：systemctl stop firewalld。

4. 测试 Telnet 服务

我们在 Linux 环境中进行测试。

```
[root@RHEL7 ~]# telnet 192.168.1.100（Telnet 服务器 IP）
```

Telnet 的登录过程如图 3-11 所示。

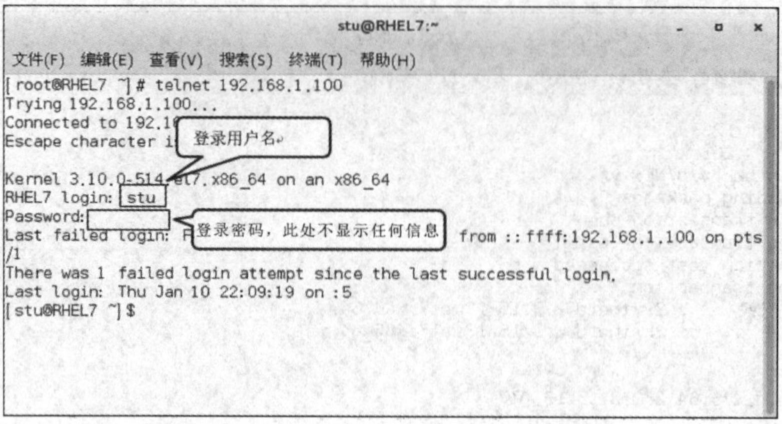

图 3-11　Telnet 登录过程

◈ **小贴士**：出于安全目的，Telnet 默认不允许以 root 身份直接登录。如果需要 root 权限执行任务，可以先以普通用户身份登录，再使用【su - root】命令切换到 root 账户。

课堂讨论：怎样在 Windows 客户端登录 Telnet 服务器？读者可自行研究。

四、任务总结

在此任务中，我们认识了 RHEL7 中 Telnet 服务的配置和使用。Telnet 服务由于其安全性问题，目前使用场合并不多。只在一些本机调试环境下使用。

五、同步训练

(1) 配置 YUM 文件，安装 Telnet 软件包。

(2) 安装 xinetd 软件包。

(3) 启动 xinetd 服务和 Telnet 服务。

(4) 在 Windows 客户端使用 Telnet 服务登录 Linux 服务器，并在服务器上创建一个目录 telentuser。

任务三　SSH 服务配置与管理

一、任务提出

SSH 服务是 Linux 系统中最常用到的远程访问服务。本次任务是在 Linux 服务器上配置和使用 SSH 服务。

二、任务分析

OpenSSH 是目前 Linux 系统中使用最为广泛的 SSH 软件，包括 RHEL 在内的多数 Linux 系统都默认安装了 OpenSSH。

1. SSH 服务需要的软件包

默认情况下 RHEL7.3 已经将 OpenSSH 作为系统的必要组件安装到系统中了。这些组件包括 openssh-clients-6.6.1p1-31.el7.x86_64、libssh2-1.4.3-10.el7_2.1.x86_64、openssh-6.6.1p1-31.el7.x86_64、openssh-server-6.6.1p1-31.el7.x86_64。可以看出这些组件包括了 OpenSSH 的服务端和客户端。

2. OpenSSH 配置文件

OpenSSH 服务端配置文件是 /etc/ssh/sshd_config。OpenSSH 客户端配置文件是 /etc/ssh/ssh_config。在 /etc/ssh 目录中还有一些密钥文件(通常文件名中有 rsa 字符串)。OpenSSH 配置文件的选项非常多，通常情况下无须修改就可以满足大多数场景的需求。

三、任务实施

3-3　SSH 服务配置与管理

1. 查看 SSH 服务软件包的安装情况

```
[root@RHEL7 ~]# rpm -qa|grep ssh
```

显示如图 3-12 所示的结果，表示 SSH 服务所需要的软件包已经安装。若没有安装，可参照任务一中的步骤进行安装。

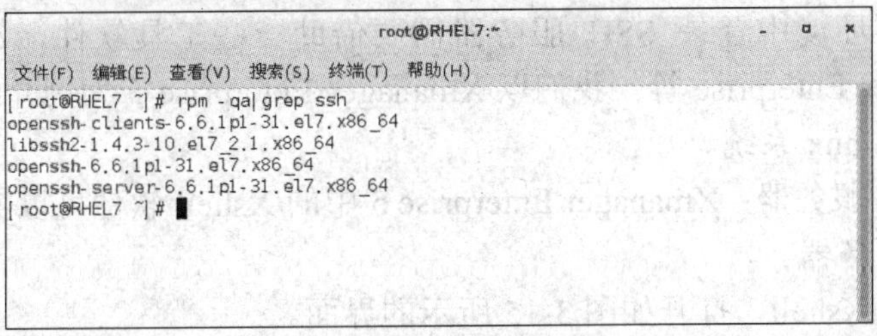

图 3-12　SSH 软件包已安装

2. 启动 SSH 服务

```
[root@RHEL7 ~]# systemctl start sshd
```

SSH 服务运行在 22 号端口。通过查看系统正在监听的端口号可以确认 SSH 服务是否正常运行。

```
[root@RHEL7 ~]# netstat  -antp
```

运行结果如图 3-13 所示。

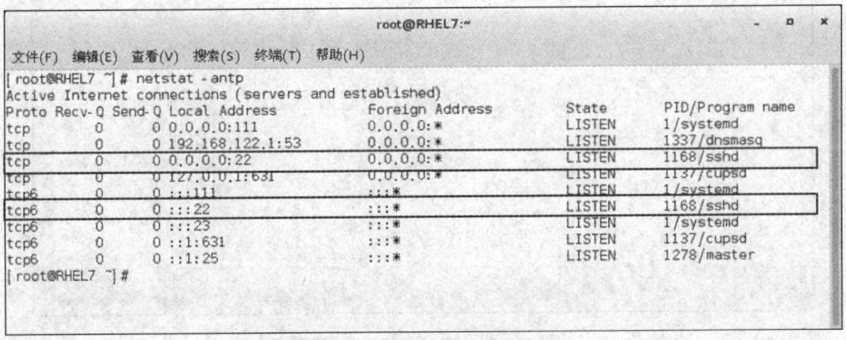

图 3-13　SSH 服务运行端口

3. 使用 SSH 服务

1) 在 Linux 环境中使用 SSH 服务

在 Linux 系统中，如果安装了 openssh-client 软件包，可以直接使用 SSH 命令登录。

```
[root@RHEL7 ~]# ssh 192.168.1.100（SSH 服务器 IP）
```

登录过程如图 3-14 所示。

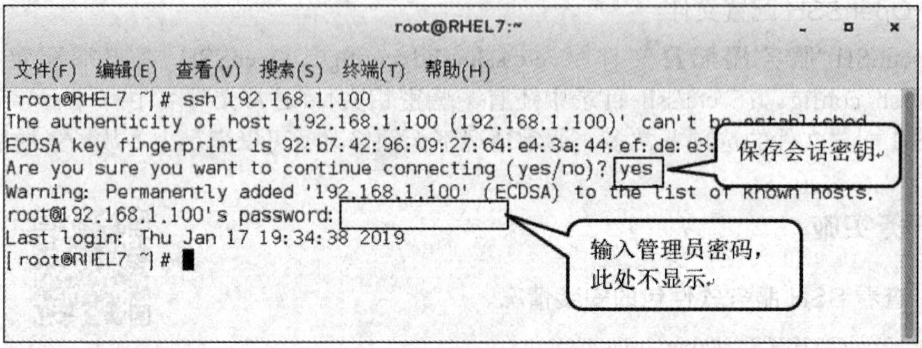

图 3-14　Linux 环境中登录 SSH 服务器

2) 在 Windows 环境中使用 SSH 服务

在 Windows 环境中登录 SSH 服务器需要借助一些工具软件，常见的工具软件有 PuTTY、Xmanager Enterprise 等。我们以 Xmanager Enterprise 5 为例介绍如何在 Windows 环境中远程使用 Linux 系统。

(1) 登录 SSH 服务器：Xmanager Enterprise 5 中的 Xshell 软件可以实现通过 SSH 服务远程登录 Linux 服务器。

步骤 1　运行 Xshell，打开如图 3-15 所示的界面。

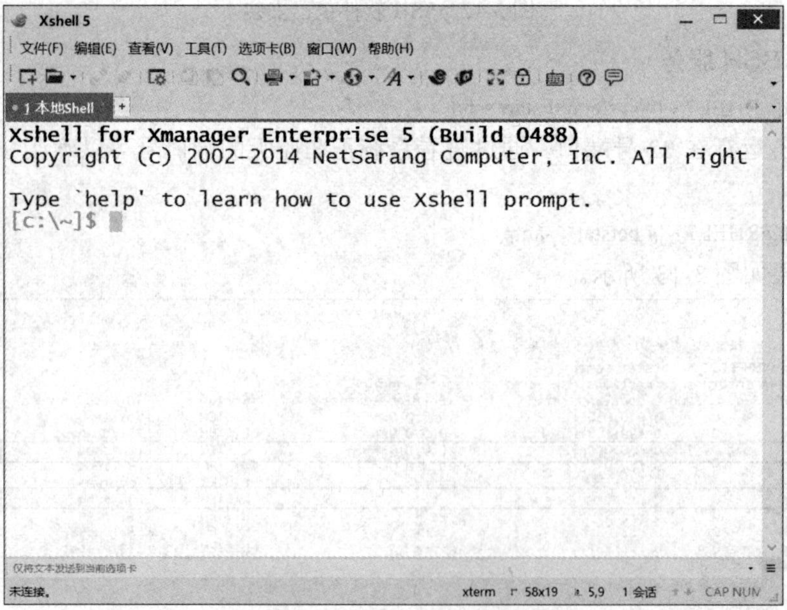

图 3-15　打开 XShell 界面

步骤 2　在图 3-15 所示的界面中单击工具栏中的第一个图标【新建】，打开【新建会话属性】窗口，在【名称】框中输入本次会话的名称，【主机】框中输入 SSH 服务器的 IP 地址，单击【确定】按钮，如图 3-16 所示。

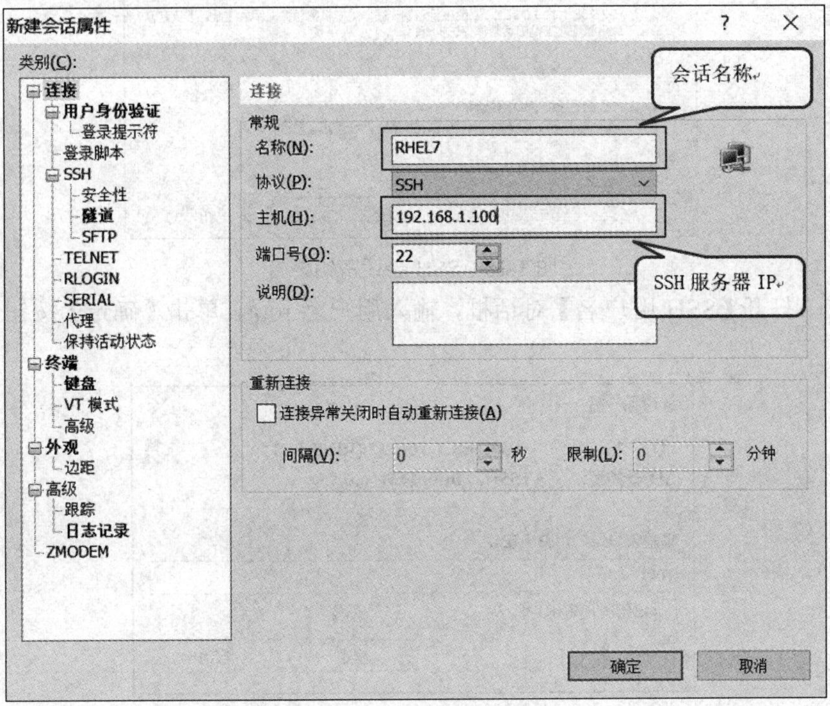

图 3-16　SSH 服务会话配置信息

步骤 3　打开【会话】窗口，可以看到刚建立的会话，之前建立的会话也会在此列出。选择刚建立的会话，单击【连接】按钮，如图 3-17 所示。

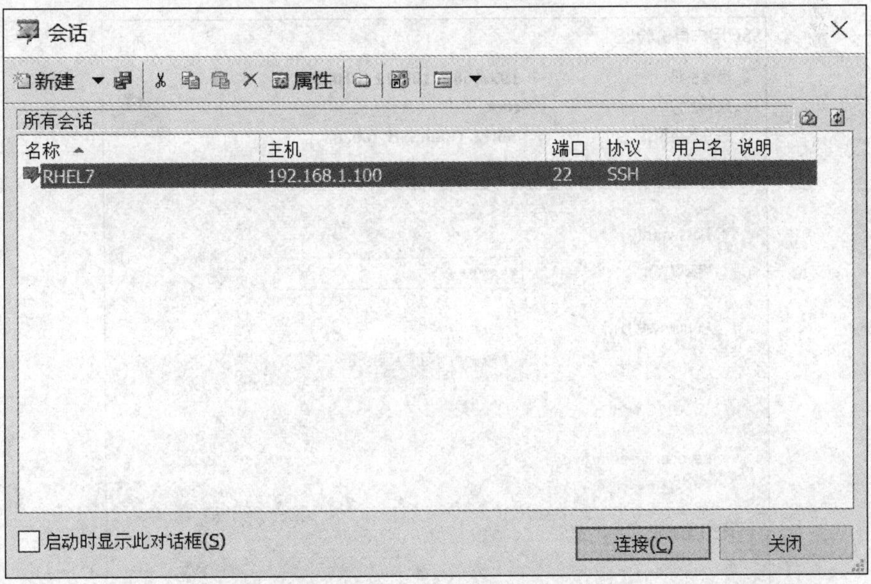

图 3-17　SSH 会话列表窗口

步骤 4　首次建立连接会弹出【SSH 安全警告】对话框，告知此次 SSH 会话的密钥，单击【接受并保存】按钮，如图 3-18 所示。

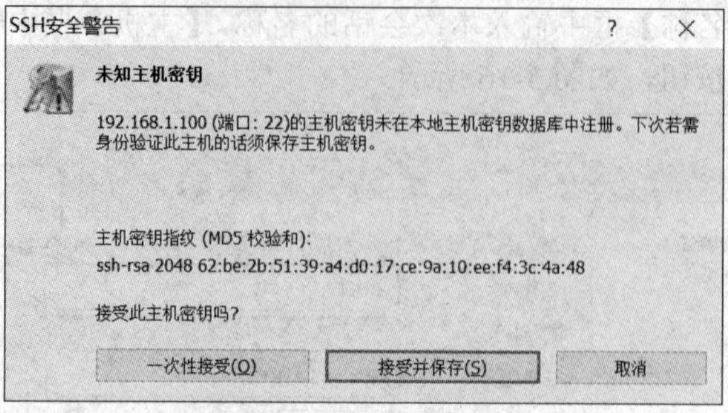

图 3-18　SSH 会话密钥警告

步骤 5　打开【SSH 用户名】对话框，输入用户名 root，单击【确定】按钮，如图 3-19 所示。

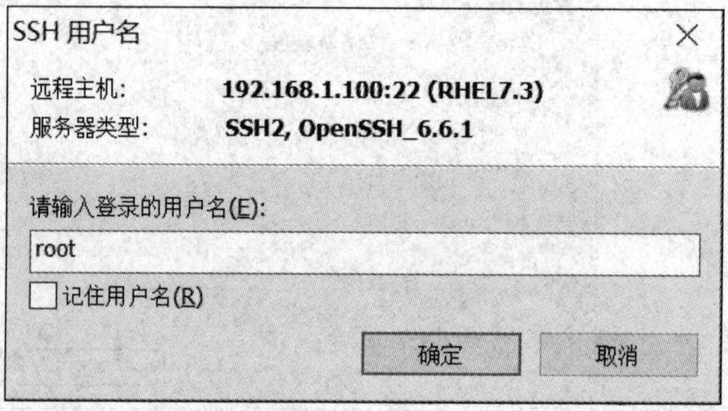

图 3-19　SSH 会话登录输入用户名

步骤 6　打开【SSH 用户身份验证】对话框，输入 root 用户的密码，单击【确定】按钮，如图 3-20 所示。

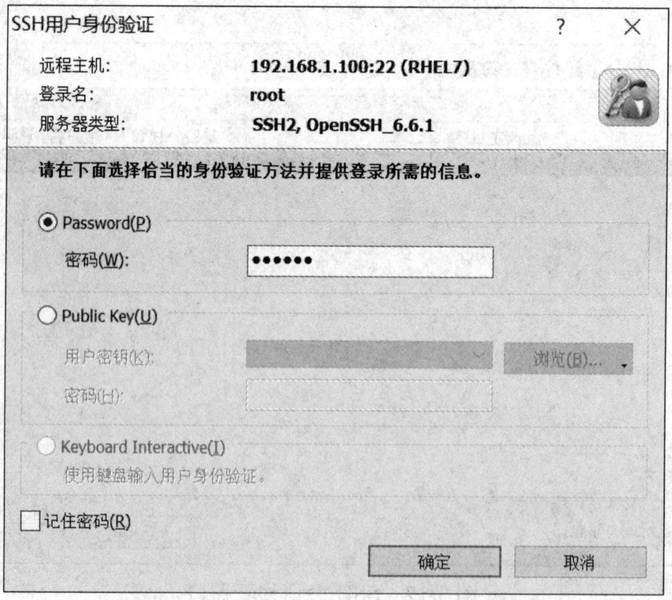

图 3-20　SSH 会话登录输入密码

步骤 7　登录成功，就可以在窗口中通过命令远程管理 Linux 服务器了，如图 3-21 所示。

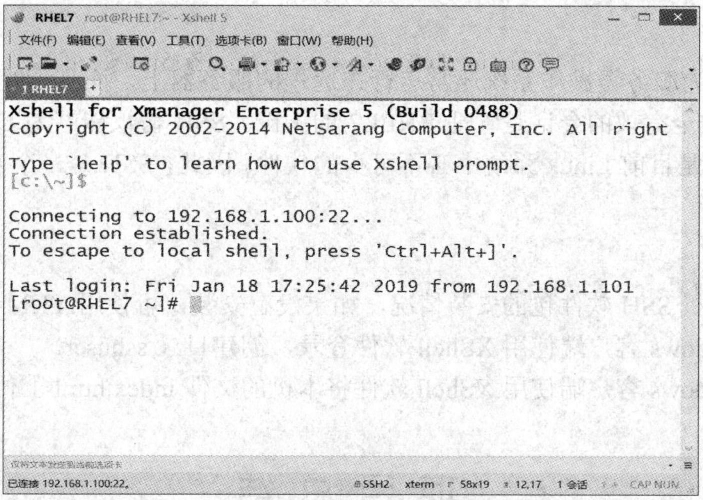

图 3-21　SSH 会话窗口

(2) 与 Linux 服务器进行文件交互：Xmanager Enterprise 5 中的 Xftp 软件可以实现向 Linux 服务器上传和下载文件。

步骤 1　在运行的 Xshell 窗口工具栏上单击【新建文件传输】图标，会自动关联打开 Xftp 会话窗口，如图 3-22 所示。左边窗口为 Windows 的资源管理，右边窗口为 Linux 的资源管理。

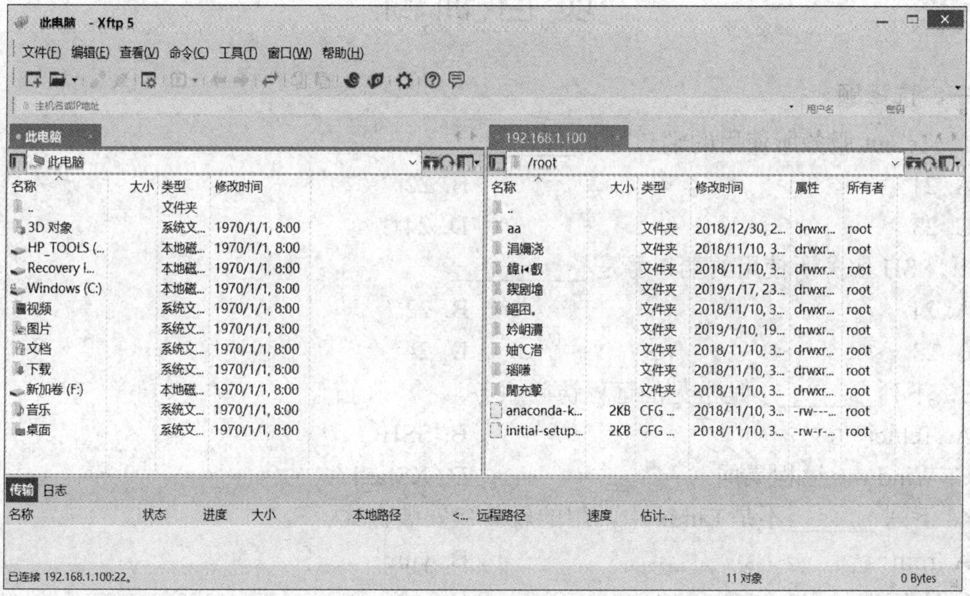

图 3-22　Xftp 会话窗口

步骤 2　将需要上传到 SSH 服务器的文件从 Windows 窗口拖曳到 Linux 窗口，即可实现文件上传功能。

步骤 3　将需要从 SSH 服务器上下载的文件从 Linux 窗口拖曳到 Windows 窗口即可实

现文件下载功能。

四、任务总结

RHEL7 作为服务器操作系统通常运行在远程的服务器上，而且一般不会安装桌面系统，因此建立安全有效的会话是管理 RHEL7 的关键。SSH 协议能够为 Linux 系统提供安全的通信通道，是目前 Linux 系统中必不可少的软件。因此，SSH 是一个非常重要的内容。

五、同步训练

(1) 查看本机 SSH 软件包的安装情况，如果没有安装，可使用 YUM 安装。

(2) 在 Windows 客户端使用 XShell 软件登录，创建目录 sshuser。

(3) 在 Windows 客户端使用 XShell 软件将本机的文件 index.html 上传到 SSH 服务器。

项 目 总 结

本项目中我们学会了如何在 Linux 系统中安装和管理软件包，了解了两种远程访问服务——Telnet 和 SSH 的使用。这对于 Linux 运维人员来说是必不可少的技能。尤其是 SSH 服务是目前最常用的远程访问服务，读者一定要熟练掌握其使用。

项 目 训 练

一、选择题

1．Telnet 服务所使用的端口号是__________。

A. 21　　B. 22

C. 23　　D. 24

2．SSH 服务所使用的端口号是__________。

A. 21　　B. 22

C. 23　　D. 24

3．下列_______不是常见的远程访问服务。

A. Telnet　　B. SSH

C. Windows 远程桌面　　D. XShell

4. 下列_______不是 Linux 中常用的软件包安装方式。

A. rpm　　B. yum

C. dpkg　　D. grep

二、填空题

1. YUM 配置文件 repository 部分存放在__________________目录中。

2. 使用 Telnet 登录服务器 192.168.1.1 的命令是______________________。

3. 查看服务端口是否打开的命令是____________________。

4. 启动 SSH 服务的命令是______________________。

三、实践操作题

1. 查看本机是否安装 Telnet 服务端和客户端，如果未安装，可使用 YUM 进行安装。

2. 启用 Telnet 服务，分别在 Windows 客户端和 Linux 客户端登录 Telnet 服务器，查看登录之后默认进入什么目录。

3. 查看本机是否安装 SSH 服务端和客户端，如果未安装，可使用 YUM 进行安装。

4. 启用 SSH 服务，分别在 Windows 客户端和 Linux 客户端登录 Telnet 服务器，查看登录之后默认进入什么目录。

项目 4　Samba 服务器配置与管理

【项目描述】

公司局域网中的计算机有 Windows 操作系统和 Linux 操作系统两种。要使这两种类型的操作系统之间能够共享文件，需要搭建一台服务器，既能被 Windows 客户端访问，又能被 Linux 客户端访问。这台服务器就是 Samba 服务器。

本项目中我们就来完成 Samba 服务器的配置与管理任务。

【学习目标】

(1) 了解 Samba 工作原理。

(2) 掌握 Samba 服务器的基本配置方法。

(3) 掌握 Windows 客户端和 Linux 客户端共享 Samba 服务器资源的方法。

预备知识　认识 Samba 服务器

1. SMB 协议

SMB(Server Message Block) 通信协议是微软(Microsoft) 和英特尔(Intel)在 1987 年制定的协议，主要是作为 Microsoft 网络的通讯协议。SMB 是在 OSI 参考模式的会话层和表示层以及小部分应用层的协议。

在 NetBIOS 出现之后，Microsoft 就使用 NetBIOS 实现了一个网络文件/打印服务系统，这个系统基于 NetBIOS 设定了一套文件共享协议，Microsoft 称之为 SMB 协议。这个协议被 Microsoft 用在它们的 Lan Manager 和 Windows NT 服务器系统中，Windows 系统均包括这个协议的客户端软件，因而这个协议在局域网系统中影响很大。

与其他标准的 TCP/IP 协议不同，SMB 协议是一种复杂的协议，因为随着 Windows 计算机的开发，越来越多的功能被加入到协议中，很难区分哪些概念和功能属于 Windows 操作系统本身，哪些概念属于 SMB 协议。其他网络协议由于是先有协议，再开发相关的软件，从而结构上就清晰简洁一些，而 SMB 协议一直是与 Microsoft 的操作系统混在一起进行开发的，因此协议中就包含了大量的 Windows 系统中的概念。

2. Samba 工作原理

为了让 Windows 和 Linux 计算机相集成，最好的办法即是在 Linux 中安装支持 SMB 协议的软件，这样 Windows 客户不需要更改设置就能如同使用 Windows NT 服务器一样，使用 Linux 计算机上的资源。这个软件就是 Samba。

Samba 软件通过 SMB 协议搭建文件服务器，使得 Windows 用户和 Linux 用户均可以访问。Samba 软件的功能包括：

(1) 共享 Linux 的文件系统。

(2) 共享安装在 Samba 服务器上的打印机。

(3) 支持 Windows 客户机通过网上邻居浏览网络资源。

(4) 使用 Windows 系统共享的文件和打印机。

(5) 支持 Windows 域控制器和 Windows 成员服务器对使用 Samba 资源的用户进行认证。

Samba 的核心是两个守护进程：smbd 和 nmbd，在服务器启动到停止期间持续运行，smbd 监听 TCP139 端口，nmbd 监听 UDP137 和 138 端口。smbd 进程的作用是处理到来的 SMB 数据包，用来管理 Samba 服务器上的共享目录、打印机等，对网络上的共享资源进行管理，nmbd 进程主要进行 NetBIOS 名称解析，使其他主机能浏览 Linux 服务器上的共享资源。

任务一　安装 Samba 服务器

一、任务提出

要想使 Samba 服务器顺利运行，首先要安装好需要的软件包。本次任务主要安装 Samba 服务器需要的软件包。

二、任务分析

RHEL7.3 中与 Samba 服务有关的软件包有：

(1) Samba 主程序软件包：samba-4.4.4-9.el7.x86_64.rpm。

(2) Samba 客户端软件包：samba-client-4.4.4-9.el7.x86_64.rpm、samba-client-libs-4.4.4-9.el7.i686.rpm、samba-client-libs-4.4.4-9.el7.x86_64.rpm。

(3) Samba 通用工具和库文件软件包：samba-common-4.4.4-9.el7.noarch.rpm、samba-common-libs-4.4.4-9.cl7.x86_64.rpm、samba-common-tools-4.4.4-9.cl7.x86_64.rpm、samba-libs-4.4.4-9.el7.i686.rpm、samba-libs-4.4.4-9.el7.x86_64.rpm。

我们可以根据需要安装相应的软件包。主程序包是一定要安装的。

三、任务实施

4-1　安装 Samba 服务器

1. 查看系统中当前已经安装的 Samba 软件包

```
[root@RHEL7 ~]# rpm   –qa| grep   samba
```

如果主程序包没有安装，则需要安装主程序包。

2. 安装主程序包

步骤 1　挂载光盘。

```
[root@RHEL7 ~]# mount   /dev/cdrom   /mnt/cdrom
```

步骤 2　使用 YUM 安装软件包。

```
[root@RHEL7 ~]# yum   install   samba
```

YUM 配置文件见项目 3 中的任务一，安装过程如图 4-1～图 4-3 所示。

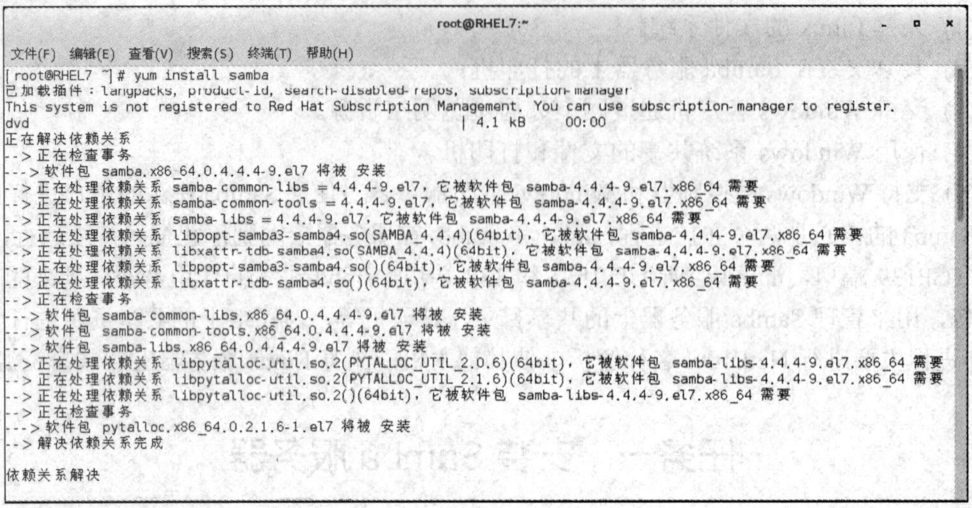

图 4-1　Samba 安装过程(一)

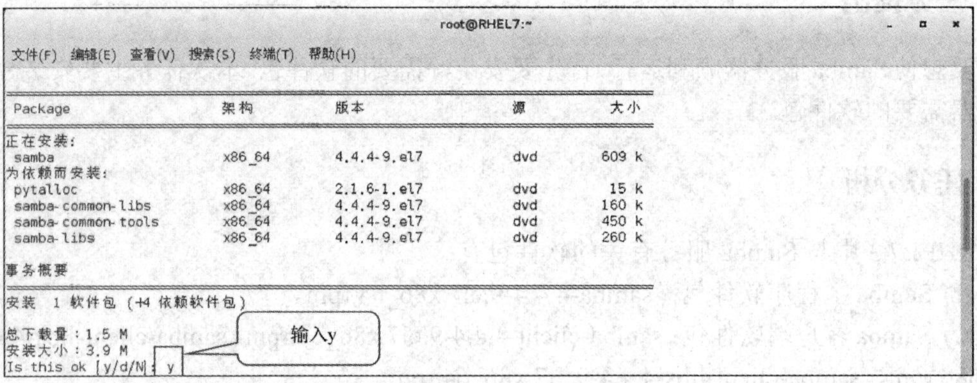

图 4-2　Samba 安装过程(二)

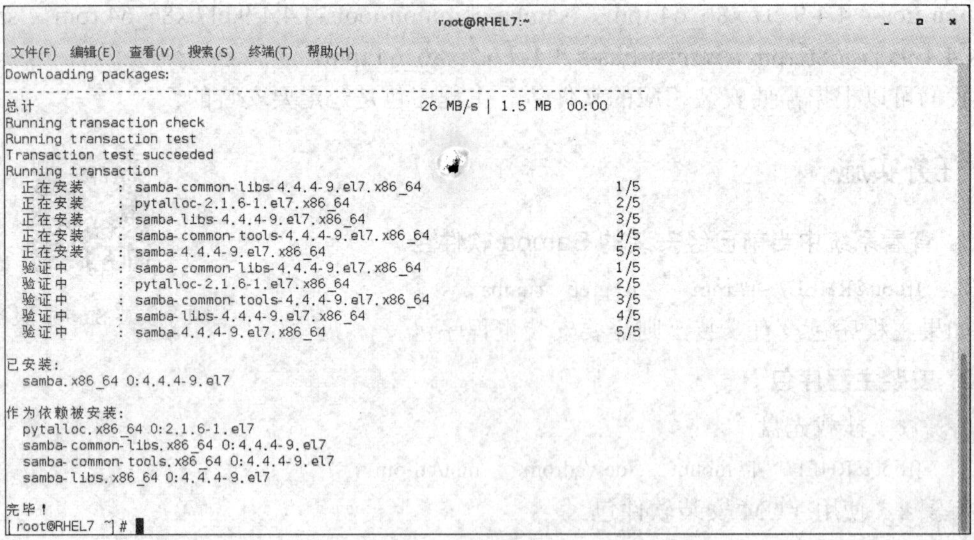

图 4-3　Samba 安装过程(三)

四、任务总结

如果在前面项目的任务中已经完成了 YUM 文件的配置，那么本任务中 Samba 的安装将会非常轻松。因此，还需要把基础工作做扎实，才能很好地完成本次任务。

五、同步训练

检查当前系统中是否安装了 Samba 的软件包，如果没有，试安装此软件包。

任务二　配置共享级 Samba 服务器

一、任务提出

公司需要添加 Samba 服务器作为文件服务器，服务器 IP 地址为 192.168.1.100，工作组名为 zzgroup，发布的共享目录为/companydata/share，共享名为 zzpub，这个目录允许公司所有员工匿名访问。

二、任务分析

1. Samba 服务器的安全模式

RHEL7.3 中安装的 Samba 软件包为 Samba4.4.4，在 Samba4.x 以后版本中有 3 种安全模式，以适应不同的企业服务器需求。之前版本中的 share、server 模式在新版本中已经不再使用。

1) user 安全级别模式

客户端登录 Samba 服务器，需要提交合法账号和密码，经过服务器验证才可以访问共享资源，服务器默认为此级别模式。

2) domain 安全级别模式

如果 Samba 服务器加入 Windows 域环境中，验证工作将由 Windows 域控制器负责，domain 级别的 Samba 服务器只是成为域的成员客户端，并不具备服务器的特性。

3) ads 安全级别模式

当 Samba 服务器使用 ads 安全级别加入到 Windows 域环境中，其就具备了 domain 安全级别模式中所有的功能并具备域控制器的功能。

在本任务中，使用 user 安全级别，配合相关字段设置，让所有用户登录时采用匿名账户访问，实现起来非常简单。

2. Samba 服务器配置文件的格式

RHEL7 中 Samba 服务器的配置文件位于/etc/samba/smb.conf，如图 4-4 所示。

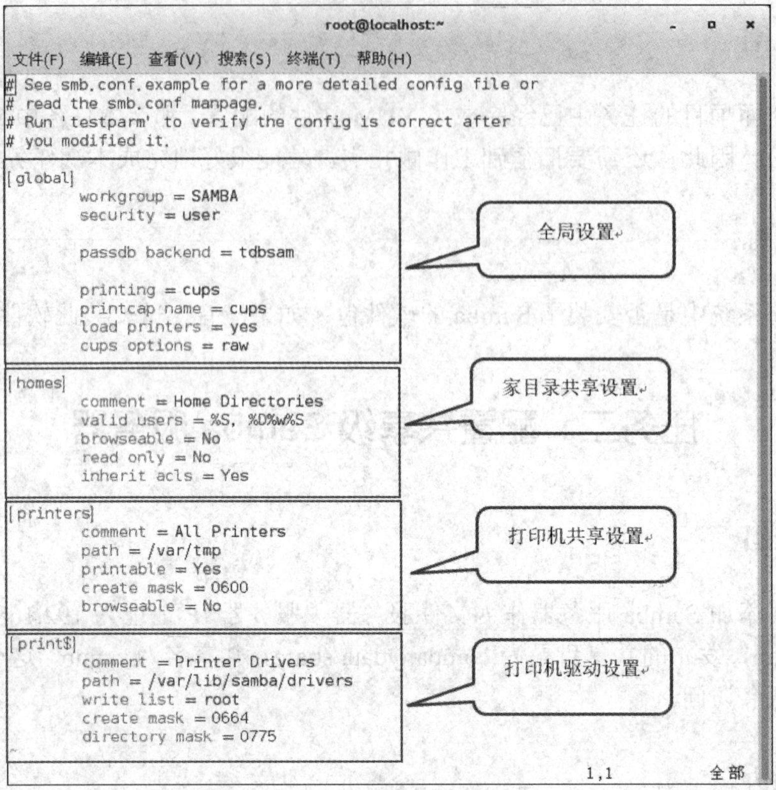

图 4-4　Samba 配置文件

配置文件的结构如下：

1) 全局设置

[global] 标签是全局设置的起始，常用的设置字段有：

(1) workgroup：设置工作组名称。

(2) security：设置安全模式。

(3) interface：设置 Samba 服务器可以使用的网络接口。

(4) hosts allow：设置允许访问 Samba 服务器的 IP 或网段。

2) 共享设置

以[homes]标签开始表示用户家目录共享的设置，以[printers]标签开始表示用户共享打印机设置，以[public]标签开始表示公共目录共享设置，用户也可定义自己的共享标签设置自己的共享目录。常用的设置字段有：

(1) comment：设置对此共享的一个描述。

(2) path：设置共享目录的绝对路径。

(3) browseable：设置共享目录能否在网络中被看到。

(4) read only：设置共享目录是否只读。

(5) writable：设置共享目录是否可写，与 read only 是互斥的关系，二者选一个即可。

(6) valid users：设置能够访问该共享目录的用户或组。

(7) public：设置是否允许匿名共享。

三、任务实施

4-2　配置共享级 Samba 服务器

步骤 1　创建共享目录和共享文件。

```
[root@RHEL7 ~]# mkdir    /companydata
[root@RHEL7 ~]# cd    /companydata
[root@RHEL7 companydata]# mkdir share
[root@RHEL7 companydata]# cd share
[root@RHEL7 share]# echo "just a test.">> test.txt
```

步骤 2　修改 Samba 主配置文件/etc/samba/smb.conf。

```
[root@RHEL7 ~]# vim      /etc/samba/smb.conf
```

配置内容如图 4-5 所示。

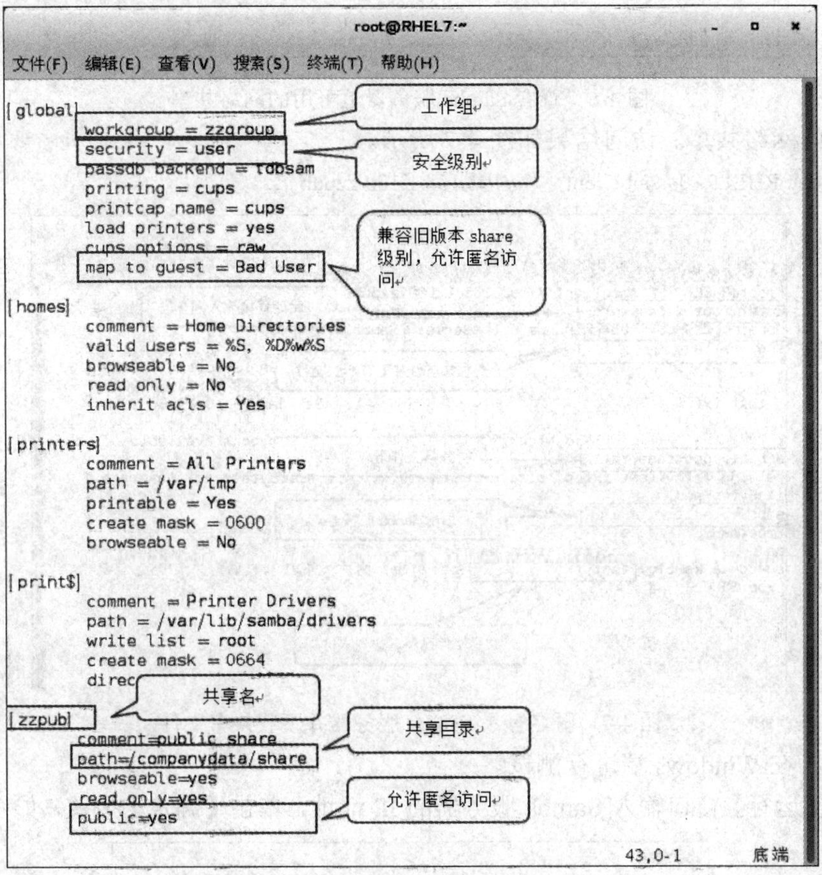

图 4-5　共享级 Samba 服务器配置文件

步骤 3　启动服务。

```
[root@RHEL7 ~]# systemctl start smb
[root@RHEL7 ~]# systemctl start nmb
```

步骤 4　在 Linux 端进行测试。

(1) 查看可用的网络共享，查看结果如图 4-6 所示。

```
[root@RHEL7 ~]# smbclient      –L      192.168.1.100
```

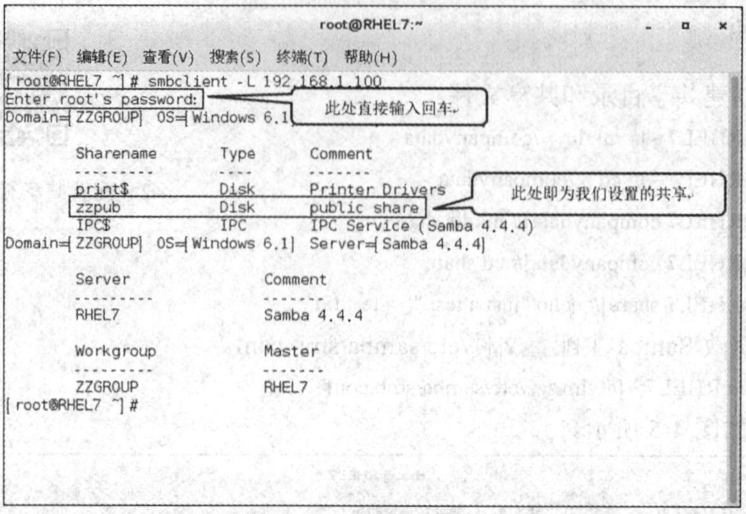

图 4-6　查看 Samba 服务器上可用的网络共享

(2) 访问网络共享。访问结果如图 4-7 所示。

[root@RHEL7 ~]# smbclient　　//192.168.1.100/zzpub

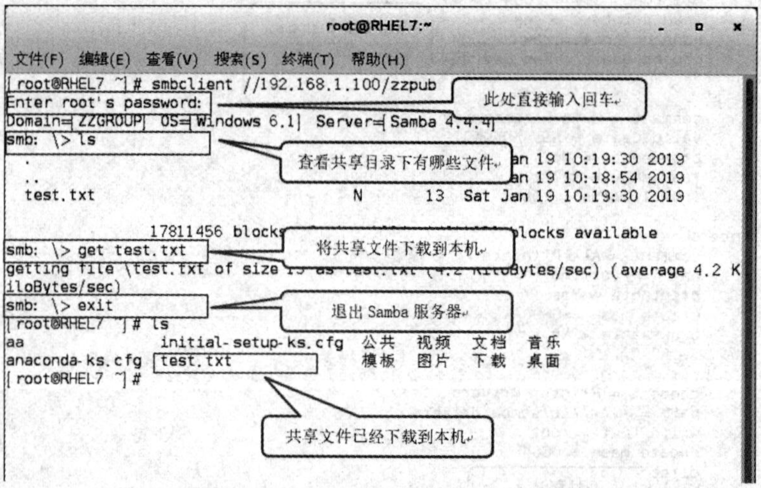

图 4-7　匿名登录 Samba 服务器并下载共享文件

步骤 5　在 Windows 端进行测试。

(1) 在【运行】窗口输入 Samba 服务器的 IP 地址，单击【确定】按钮，如图 4-8 所示。

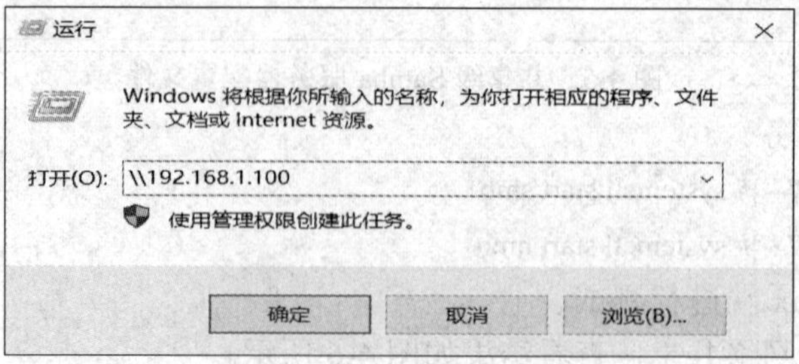

图 4-8　在运行窗口中输入 Samba 服务器 IP 地址

(2) 打开输入用户名和密码对话框，如图 4-9 所示，用户名输入 anonymous，密码为空，单击【确定】按钮。

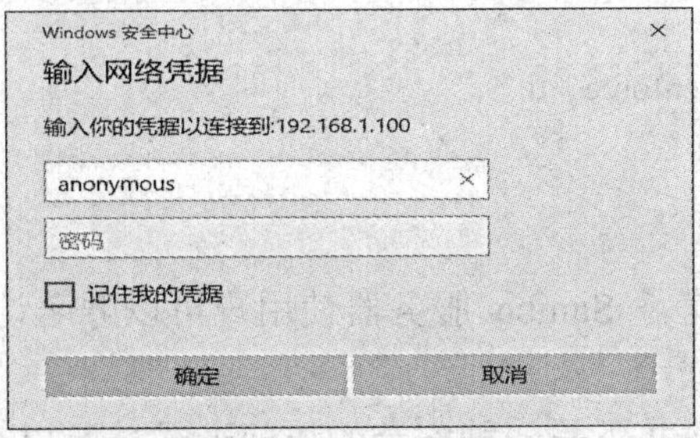

图 4-9　输入用户名

(3) 打开共享文件夹窗口，如图 4-10 所示。

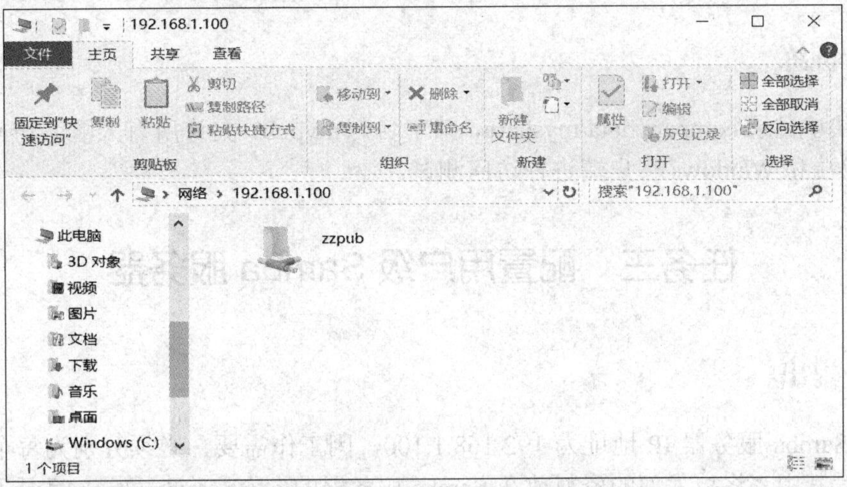

图 4-10　打开共享文件夹窗口

(4) 双击其中的【zzpub】文件夹，即可看到共享文件夹中的文件，如图 4-11 所示。

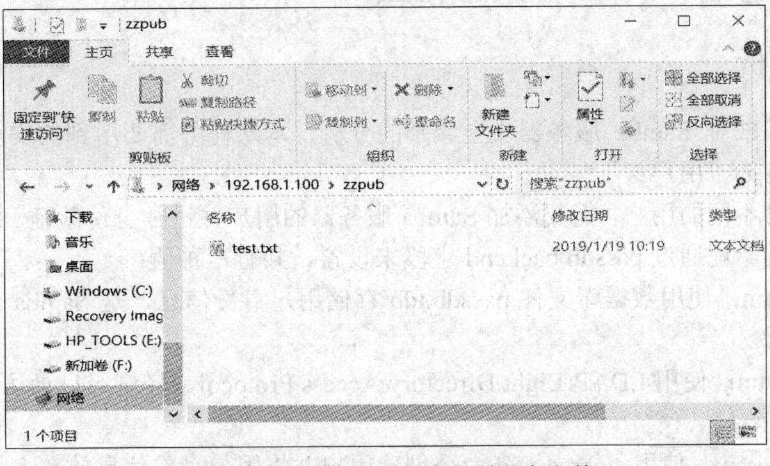

图 4-11　打开共享文件夹查看共享文件

◇ 小贴士：为了防止防火墙和 SELinux 对系统访问造成影响，建议关闭防火墙和 SELinux。

关闭防火墙的方法：

```
[root@RHEL7 ~]# systemctl    stop    firewalld
```

关闭 SELinux 的方法：

```
[root@RHEL7 ~]# setenforce    0
```

四、任务总结

在此任务中，我们配置了 Samba 服务器使用户可以匿名访问，并在 Linux 客户端和 Windows 客户端进行了测试。

需要注意的是匿名访问并不是一种安全的访问形式，所以在 RHEL7 中，已经取消了原有的 share 安全级别，必须配合相关字段设置才可以实现。还要注意对允许匿名访问的目录的权限控制，尽量只允许读取，不允许写入，否则可能会带来更大的安全隐患。

五、同步训练

配置共享目录/companydata/myshare，共享名为 mypub，允许所有人匿名访问，分别在 Linux 客户端和 Windows 客户端进行访问测试。

任务三　配置用户级 Samba 服务器

一、任务提出

公司 Samba 服务器 IP 地址为 192.168.1.100，因工作需要，必须分别为每个部门建立共享目录。其中，将技术部的资料放在 Samba 服务器的/companydata/tech 目录下，共享名为 zztech，以便技术部的人员(同属于 gtech 组) 访问，并且该目录仅允许技术部的人员读写。试以技术部用户账户 user1 为例进行测试。

二、任务分析

根据任务二对 Samba 服务器安全级别的分析，本次任务需要用到的安全级别为 user 级。我们称它为“用户级”。

为了区分不同的用户，需要添加 Samba 服务器的用户并进行身份验证。Samab 服务器中用户身份的验证通过 passdb backend 字段来设置，共有三种值：

(1) tdbsam：使用数据库文件 passdb.tdb 存储用户身份信息，是 Samba 服务器默认的身份验证方式。

(2) ldapsam：使用 LDAP(Light Directory Access Protocol，轻量级目录访问协议) 方式进行身份验证。

(3) smbpasswd：使用 smbpasswd 命令创建用户并将用户身份信息放在 smbpasswd 文件中。使用这种方式进行用户管理，所创建的 Samba 用户首先必须是 Linux 系统中的用户，可以创建 smbpasswd 文件，将创建的用户放入该文件中。管理 Samba 用户账户的命令为：

【命令】 smbpasswd [选项]#samba 用户名

【选项】 -a：添加用户(该用户必须是 Linux 系统用户)。

-d：冻结用户，使该用户暂时不能登录 Samba 服务器(可以继续登录 Linux 系统)。

-e：恢复用户，使冻结的用户可以继续登录 Samba 服务器。

-x：删除用户，使该用户不能再登录 Samba 服务器(可以继续登录 Linux 系统)。

三、任务实施

步骤 1　创建共享目录 tech，并在其中创建共享文件 techfile.txt。

```
[root@RHEL7 ~]# mkdir /companydata/tech
[root@RHEL7 ~]# cd    /companydata/tech
[root@RHEL7 ~]# echo "This is tech's file.">>techfile.txt
```

4-3　配置用户级 Samba 服务器

步骤 2　创建 gtech 组，并将用户 user1(系统中已有用户) 添加到该组中。

```
[root@RHEL7 ~]# groupadd     gtech
[root@RHEL7 ~]# gpasswd     –a     user1   gtech
```

步骤 3　修改配置文件。

```
[root@RHEL7 ~]# vim     /etc/samba/smb.conf
```

配置结果如图 4-12 所示。

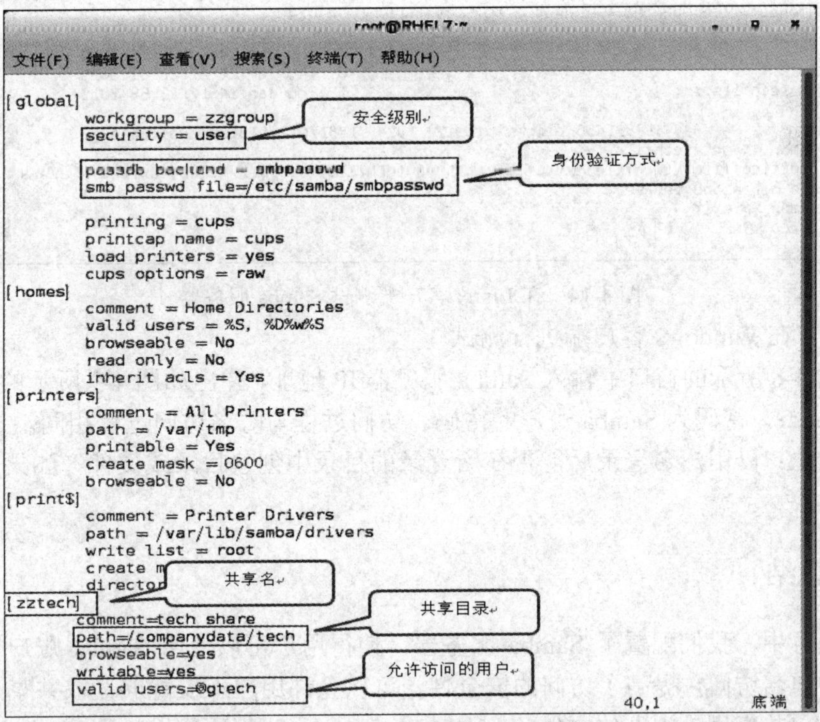

图 4-12　用户级 Samba 配置文件

步骤 4　将 user1 添加为 Samba 用户。

```
[root@RHEL7 ~]# smbpasswd  -a  user1
```

创建过程如图 4-13 所示。

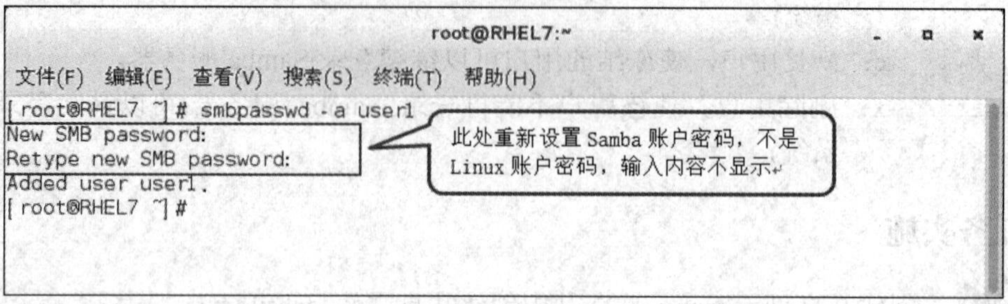

图 4-13　创建 Samba 用户

步骤 5　重启 smb 服务。

```
[root@RHEL7 ~]# systemctl  restart  smb
```

步骤 6　在 Linux 客户端进行测试。

```
[root@RHEL7 ~]# smbclient  //192.168.1.100/zztech  -U user1
```

测试结果如图 4-14 所示。

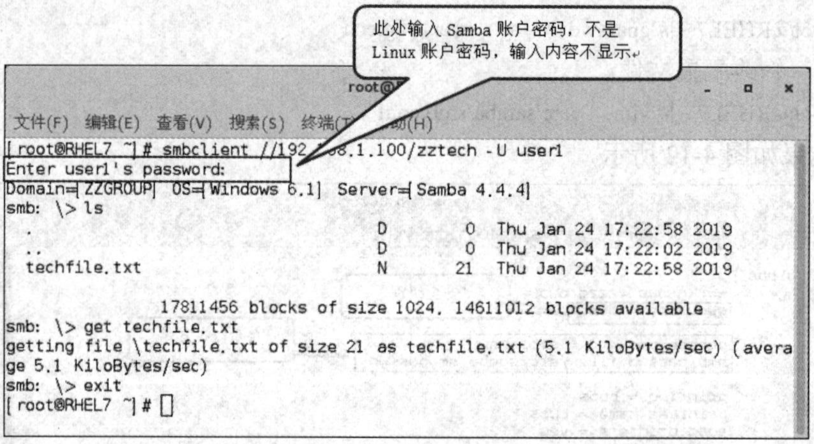

图 4-14　在 Linux 客户端测试 Samba 服务器

步骤 7　在 Windows 客户端进行测试。

在如图 4-8 所示的窗口中输入 Samba 服务器 IP 地址，弹出如图 4-9 所示的对话框，用户名输入 user1，密码为 Samba 账户的密码。访问过程与匿名访问过程相同。

课堂讨论：以用户名登录后能否在所登录的目录中创建目录或文件？如果不能，原因是什么？

四、任务总结

本次任务中，我们配置了 Samba 服务器，使得用户可以使用 Samba 账户登录访问。因为使用用户名访问，提高了访问的安全性，可以允许用户不仅能够读取共享目录中的文件，还可以向共享目录中上传文件。

五、同步训练

公司销售部的资料存放在 Samba 服务器的/Companydata/sales 目录下，共享名为 zzsales，并且该目录只允许销售部的员工(同属于 gsales 组) 读写。试配置 Samba 服务器完成该功能，并分别在 Linux 客户端和 Windows 客户端进行测试。

任务四　Samba 服务器高级配置

一、任务提出

为了保证 Samba 服务器的安全性，我们需要对 Samba 服务器进行安全配置，本次任务主要包括以下内容。

1. 用户账号映射

Samba 服务器使用 smbpasswd 进行身份验证时，一个 Samba 账号必须对应一个同名的系统账号。因此，只要知道 Samba 服务器的账号，就等于知道了 Linux 系统账号。这对于 Linux 系统来说，是一件非常具有威胁的事情。因此，我们要把 Samba 账号加以“伪装”，用一个虚拟的账号来映射真实的账号。

将任务三中的 user1 账号映射为虚拟账号 zzuser1。

2. 客户端访问控制

对于共享目录的访问控制，除了可以用 valid users 字段控制访问账号外，还可以控制允许访问该共享目录的客户端。

在任务三的共享目录中，禁止 192.168.1.0 网段的用户访问，但允许 IP 地址为 192.168.1.101 的用户访问。

3. 访问共享目录的权限

除了对客户端访问进行有效控制外，还需要控制客户端访问资源的权限。

对于任务三中的共享目录，设置只有 boss 账户和 gtech 组的用户有写入的权限，其他用户只有读取的权限。

二、任务分析

1. 用户账号映射

开启账号映射功能是在配置文件中添加 username map 字段，并创建 smbusers 文件，在该文件中加入：

Samba 账号＝虚拟账号(映射账号)

2. 客户端访问控制

要对客户端进行访问控制，需要用到 hosts allow 和 hosts deny 字段，设置方法为在配置文件中添加：

hosts allow=允许访问的客户端 IP、网段或域名

hosts deny=禁止访问的客户端 IP、网段或域名

注意：

(1) 如果有多个 IP 或网段时，可以用空格隔开。

(2) 如果在一个网段中排除少数几个 IP，也可以使用 EXCEPT，如 hosts allow=192.168.1.0/24 EXCEPT 192.168.1.101。

(3) 将 hosts allow 和 hosts deny 写在[global]定义中，对所有共享目录生效，将它们写在某个共享目录中，则只对该共享目录生效。

◇ **小贴士：**当 hosts allow 和 hosts deny 字段同时出现且定义的内容相互冲突时，hosts allow 优先。

3. 访问共享目录的权限

在任务三中我们设置了 writable 字段，使得该目录可以被能够访问的所有人写入。如果想指定某些人能写入，而其他人只能读取，则需要使用 write list 字段，在相应的共享目录中加入：

write list=允许写入的用户账号和用户组

如果有多个用户账号或用户组，用逗号隔开。

4-4　Samba 高级配置

三、任务实施

1. 用户账号映射

步骤 1　修改配置文件。

```
[root@RHEL7 ~]# vim      /etc/samba/smb.conf
```

配置文件的部分内容如图 4-15 所示。

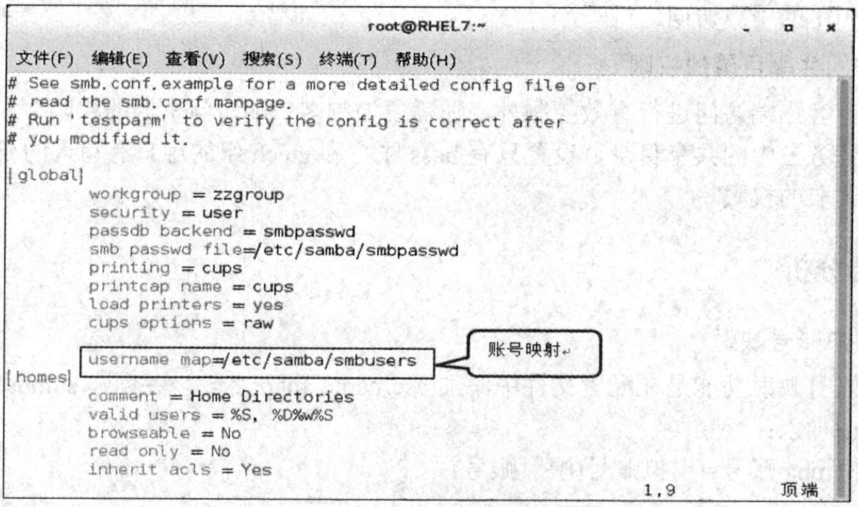

图 4-15　Samba 服务器配置账号映射

步骤 2　修改 smbuser 文件。

```
[root@RHEL7 ~]# vim      /etc/samba/smbuser
```

修改文件内容如图 4-16 所示。

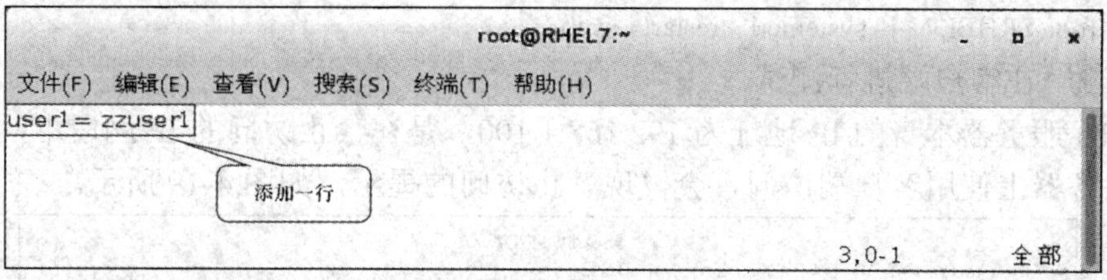

图 4-16　修改 smbuser 文件

步骤 3　重启 smb 服务。

[root@RHEL7 ~]# systemctl　restart　smb

步骤 4　在 Linux 客户端进行测试。

[root@RHEL7 ~]# smbclient　//192.168.1.100/zztech　-U　zzuser1

测试结果如图 4-17 所示。使用映射的虚拟账号 zzuser1，密码为原账号 user1 的密码，可以登录 Samba 服务器。

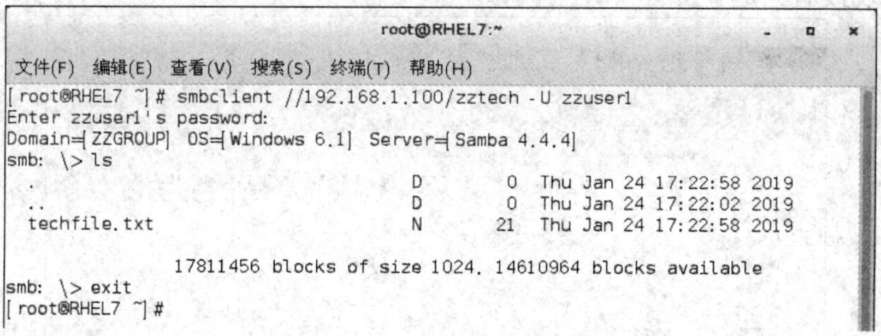

图 4-17　在 Linux 客户端测试账号映射功能

2. 客户端访问控制

步骤 1　修改配置文件。

[root@RHEL7 ~]# vim　/etc/samba/smb.conf

配置文件的部分内容如图 4-18 所示。

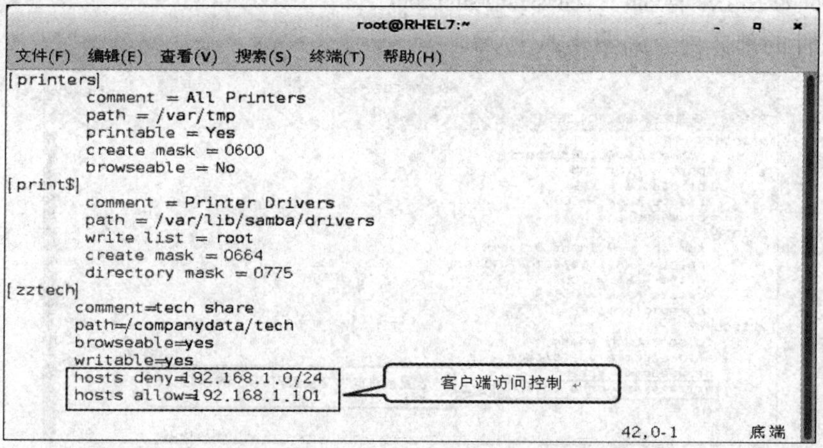

图 4-18　Samba 客户端访问控制

步骤 2　重启 smb 服务。

```
[root@RHEL7 ~]# systemctl   restart   smb
```

步骤 3　在客户端进行测试。

Samba 服务器本身的 IP 地址为 192.168.1.100，是在禁止访问的 IP 网段中，因此，在 Samba 服务器上使用客户端访问，会发现禁止访问的提示，如图 4-19 所示。

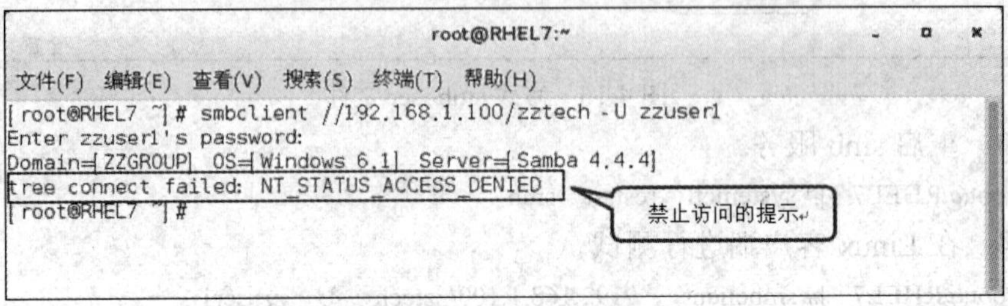

图 4-19　禁止客户端访问

在 Windows 中我们设置 IP 地址为 192.168.1.101，即为允许访问的 IP，尝试访问 Samba 服务器，发现没有问题，如图 4-20 所示。

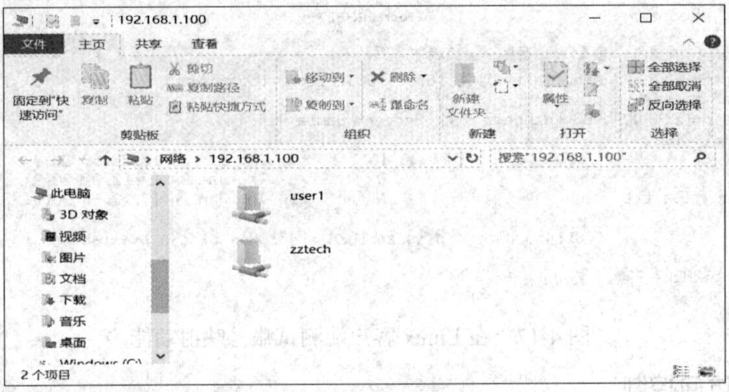

图 4-20　允许客户端访问

3. 访问共享目录的权限

步骤 1　修改配置文件。

```
[root@RHEL7 ~]# vim     /etc/samba/smb.conf
```

配置文件的部分内容如图 4-21 所示。

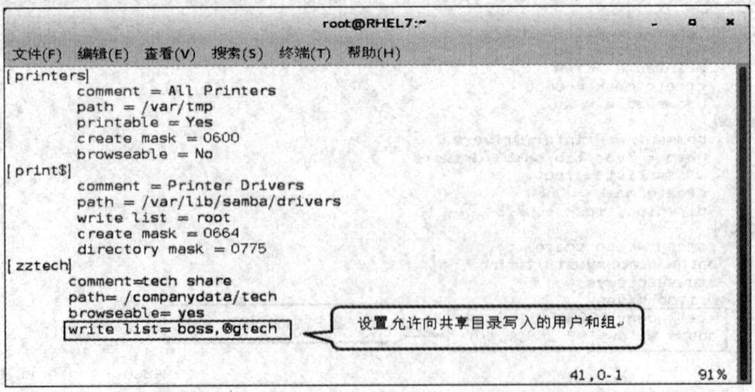

图 4-21　设置允许向共享目录写入的权限

步骤 2　重启 smb 服务。

```
[root@RHEL7 ~]# systemctl    restart    smb
```

步骤 3　在客户端进行测试。

读者自行完成测试过程。

◇ **小贴士**：在设置对共享目录的写权限时，要注意共享目录本身也要有写的权限。如图 4-22 所示。share 目录只对文件主有写的权限，那么无论我们在 Samba 配置文件中如何设置用户写的权限，只要不是 root 用户，仍然不能对 share 目录写入任何文件。而 tech 目录对其他用户也有写的权限，此时我们在 Samba 配置文件中进行相应的设置，才能使我们允许的用户对此目录写入文件。关于文件目录权限的知识参考项目 2 任务一的相关内容。

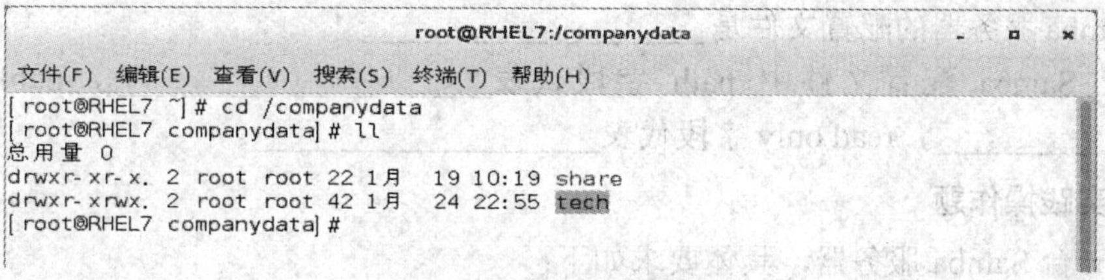

图 4-22　共享目录的权限

四、任务总结

本次任务我们就 Samba 服务器的一些安全设置进行了配置，以提高 Samba 服务器的安全性能。

五、同步训练

为保证公司 Samba 服务器的安全性，需要将 user2 账户映射成虚拟账户 myuser2，整个 Samba 服务器只允许 192.168.1.0/24 网段用户访问且 192.168.1.101 用户不允许访问，名为 zztech 的共享目录只允许 user2 写入，其他用户只允许读取。配置 Samba 服务器实现上述功能。

项目总结

本项目中我们学习了配置和管理 Samba 服务器。Samba 常用于 Linux 和 Windows 中的文件共享，本项目介绍了 Samba 的原理及其配置过程。通过 Samba 服务，用户可以在 Windows 中方便地获取和使用 Linux 系统的文件，提高工作效率。

项目训练

一、选择题

1. 下面________不是 Samba 所使用的端口。

A. 135　　B. 137　　C. 138　　D. 139

2. 要添加一个 Samba 用户账户所使用的命令是__________。

A. smbpasswd -a　　B. smbpasswd -c

C. smbpasswd -d　　D. smbpasswd -e

3. 在 Linux 客户端访问 Samba 服务器所使用的命令是__________。

A. smbuser　　B. smbclient　　C. smb　　D. telnet

二、填空题

1. Samba4.x 以后版本中有 3 种安全模式，分别是________、________和________。

2. Samba 的核心是两个守护进程：________和________，其中后者主要负责 NetBIOS 名称解析。

3. Samba 服务器的配置文件是____________________。

4. 在 Samba 配置文件中 path 字段代表____________________，public 字段代表________________，read only 字段代表____________________。

三、实践操作题

配置一台 Samba 服务器，具体要求如下：

(1) 工作组名为 sambashare。

(2) 该 Samba 服务器只允许 192.168.0.0/24 网段的用户访问，且 IP 为 192.168.0.100 的主机不能访问。

(3) 创建共享名为 xxxshare 的共享，共享目录为/xxx(xxx 为自己名字拼音的缩写)。

(4) 该共享目录允许用户写操作，但只允许 boss 账户和 master 组的用户访问。

(5) boss 账户为了隐蔽自己的身份，使用虚拟账号 mike。

根据以上要求配置 Samba 服务器，并进行测试验证。

项目 5　DHCP 服务器配置与管理

【项目描述】

公司局域网中有上百台计算机。逐一对这些计算机进行 IP 地址配置的工作量非常庞大，如果网络结构更改，还需要再重新配置。另外，局域网中还经常需要接入一些移动设备。每接入一个移动设备局域网络就要重新配置一次 IP 地址，也会非常不方便。随着 IPv4 地址使用的枯竭，如何更充分地使用现有的 IPv4 地址，也是网络管理者需要考虑的问题。

为了更方便、快捷、高效地管理局域网中的 IP 地址，我们需要一台 DHCP 服务器。本项目中我们就来完成 DHCP 服务器的配置与管理任务。

【学习目标】

(1) 了解 DHCP 的工作原理。

(2) 理解 DHCP 服务器在局域网管理中的作用。

(3) 掌握 DHCP 服务器的配置方法。

预备知识　认识 DHCP 服务器

1. DHCP 服务

DHCP(Dynamic Host Configuration Protocol，动态主机配置协议)通常被应用在大型的局域网络环境中，主要作用是集中管理、分配 IP 地址，使网络环境中的主机动态地获得 IP 地址、子网掩码、默认网关、DNS 服务器地址等信息，并能够提升 IP 地址的使用率。

DHCP 协议采用客户端/服务器模型，主机地址的动态分配任务由网络主机驱动。当 DHCP 服务器接收到来自网络主机申请地址的信息时，才会向网络主机发送相关的地址配置等信息，以实现网络主机地址信息的动态配置。

2. DHCP 工作过程

DHCP 客户端向服务器端申请、获得 IP 地址的过程一般分为 4 个阶段，如图 5-1 所示。

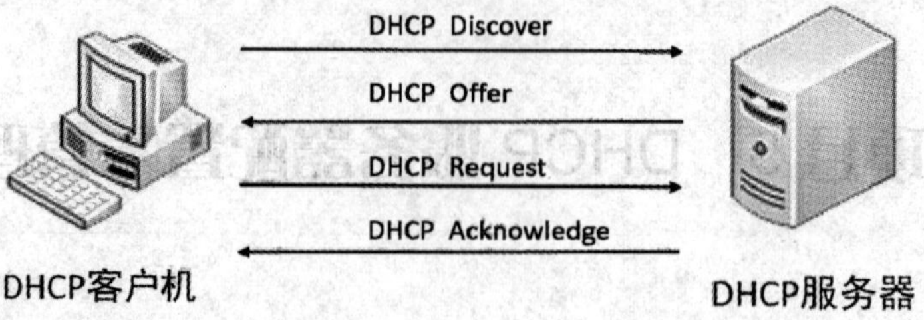

图 5-1　DHCP 工作过程

1) DHCP 客户机发送 IP 租约请求

当客户端启动网络时，由于在 IP 网络中的每台机器都需要有一个地址，因此，此时的计算机 TCP/IP 地址与 0.0.0.0 绑定在一起。它会发送一个“DHCP Discover(DHCP 发现)”广播信息包到本地子网，该信息包发送给 UDP 协议 67 号端口，即 DHCP/BOOTP 服务器端口的广播信息包。

2) DHCP 服务器提供 IP 地址

本地子网的每一个 DHCP 服务器都会接收“DHCP Discover”信息包。每个接收到请求的 DHCP 服务器都会检查自己是否有提供给请求客户端的有效空闲地址。如果有，则以“DHCP Offer(DHCP 提供)”信息包作为响应，该信息包包括有效的 IP 地址、子网掩码、DHCP 服务器的 IP 地址、租用期限以及其他有关 DHCP 范围的详细配置。所有发送 DHCP Offer 信息包的服务器都将保留它们提供的这个 IP 地址(该地址暂时不能分配给其他的客户端)。“DHCP Offer”信息包广播发送到 UDP 协议 68 号端口，即 DHCP/BOOTP 客户端端口。响应是以广播的方式发送的，因为客户端没有能直接寻址的 IP 地址。

3) DHCP 客户机进行 IP 租用选择

客户端通常对接收到的第一个“DHCP Offer”包产生响应，并以广播的方式发送“DHCP Request(DHCP 请求)”信息包作为回应。该信息包告诉服务器：“我选择你给我提供服务，接受你给我的租用期限。”而且，一旦该“DHCP Request”信息包以广播方式发送以后，网络中所有的 DHCP 服务器都可以看到该信息包，那些没有被客户端选择的 DHCP 服务器将保留的 IP 地址放回自己的可用地址池中。客户端还可利用“DHCP Request”询问服务器其他的配置选项，如 DNS 服务器或网关地址。

4) DHCP 服务器 IP 租用认可

当提供 IP 地址的服务器接收到客户端发送的“DHCP Request”信息包时，它以一个“DHCP Acknowledge(DHCP 确认)”信息包作为响应，该信息包提供了客户端请求的其他信息，并且也是以广播方式发送的。该信息包告诉客户端：“一切准备就绪，你可以开始使用 IP 地址了，记住你只能在有限时间内租用该地址，而不能永久占据！好了，以下是你询问的其他信息。”

◇ **小贴士**：客户端发送“DHCP Discover”后，如果没有 DHCP 服务器响应它的请求，客户端会随机使用 169.254.0.0/16 网段中的一个 IP 地址作为自己的 IP 地址。

3. IP 地址租约和更新

1) IP 地址租约

DHCP 服务器是以地址租约的方式为 DHCP 客户端提供服务的。客户端从 DHCP 服务器获得 IP 地址后，这次租约行为就会被记录到服务器的租赁信息文件中，并且开始租约计时。它主要提供以下两种方式的地址租约。

(1) 限定租期：当 DHCP 客户端向 DHCP 服务器租用到 IP 地址后，DHCP 客户端只是暂时使用这个地址一段时间。如果客户端在租约到期时并没有更新租约，则 DHCP 服务器会收回该 IP 地址，并将该 IP 地址提供给其他的 DHCP 客户端使用。如果原 DHCP 客户端又需要 IP 地址，它可以向 DHCP 服务器重新租用另一个 IP 地址。

(2) 永久租用：当 DHCP 客户端向 DHCP 服务器租用到 IP 地址后，这个地址就永远分配给这个 DHCP 客户端使用。只要有足够的 IP 地址给客户端使用，就没有必要限定租约，可以采用这种方式给客户端自动分派 IP 地址。

2) 租约更新

限定租期的客户端取得 IP 地址后，也并不是一直等到租约到期才与服务器取得联系。实际上，在租约到期的时间内，它会两次与服务器联系，并决定下一步需要进行的动作。

(1) 更新：当客户端注意到它的租用期过了 50%以上时，就要更新该租用期。这时它发送一个“DHCP Request”信息包给它所获得 IP 的 DHCP 服务器，用来询问是否能继续保持 IP 配置信息并更新它的租用期。如果服务器是可用的，则它通常发送一个“DHCP Acknowledge”信息包给客户端，同意客户端的请求。

(2) 重新捆绑：当租用期达到近 87.5%时，客户端如果在前面一次请求中没能更新租用期，它会再次试图更新租用期。如果这次更新失败，客户端就会尝试与任何一个 DHCP 服务器联系以获得一个有效的 IP 地址。如果另外的 DHCP 服务器能够分配一个新的 IP 地址，则该客户端再次进入捆绑状态。如果客户端当前的 IP 地址租用期满，则客户端必须放弃该 IP 地址，并重新进入初始化状态，然后重复整个申请 IP 的过程。

3) 解约条件

既然客户端就 IP 地址的分配与 DHCP 服务器建立了一个有效租约，那么这个租约什么时候解除呢？下面分两种情况讨论。

(1) 客户端租约到期：DHCP 服务器分配给客户端的 IP 地址是有使用期限的，如果客户端使用此 IP 地址达到了这个有效期限的终点，并且没有再次向 DHCP 服务器提出租约更新，DHCP 服务器就会将这个 IP 地址收回，客户端就无有效 IP 地址可用。

(2) 客户端离线：当客户端离线(包括关闭网络接口、关机、重启)，DHCP 服务器都会将 IP 地址回收并放入自己的 IP 地址池中等候下一个客户端申请。

4. DHCP 服务器分配给客户端的 IP 地址类型

在客户端向 DHCP 服务器申请 IP 地址时，服务器并不是总给它一个动态的 IP 地址，而是根据实际情况决定。

1) 动态 IP 地址

客户端从 DHCP 服务器取得的 IP 地址一般都不是固定的，而是每次都可能不一样。在 IP 地址有限的局域网内，动态 IP 地址可以最大化地达到资源的有效利用。它利用局域网中不是每台主机都会同时上线的原理，优先为上线的主机提供 IP 地址，离线之后再将 IP 地址收回。

2) 固定 IP 地址

在局域网中除了普通计算机外，还有数量不少的服务器，这些服务器如果也使用动态 IP 地址，不但不利于管理，且客户端访问起来也不方便。为此，我们可以为这些服务器绑定固定的 IP 地址。

任务一　安装 DHCP 服务器

一、任务提出

要想使 DHCP 服务器顺利运行，首先要安装好需要的软件包。本次任务主要是安装 DHCP 服务器所需要的软件包。

二、任务分析

RHEL7.3 中与 DHCP 服务有关的软件包有：

(1) DHCP 主程序软件包，即 dhcp-4.2.5-47.el7.x86_64.rpm。

(2) DHCP 通用工具和库文件软件包，包括 dhcp-common-4.2.5-47.el7.x86_64.rpm、dhcp-libs-4.2.5-47.el7.i686.rpm、dhcp-libs-4.2.5-47.el7.x86_64.rpm。

我们可以根据需要安装相应的软件包。主程序包是一定要安装的。

三、任务实施

5-1　安装 DHCP 服务器

1. 查看系统中是否已经安装 DHCP 软件包

```
[root@RHEL7 ~]# rpm    -qa |grep dhcp
```

如果主程序包没有安装，则需要安装主程序包。

2. 安装主程序包

步骤 1　挂载光盘。

```
[root@RHEL7 ~]# mount    /dev/cdrom    /mnt/cdrom
```

步骤 2　使用 YUM 安装软件包。

```
[root@RHEL7 ~]# yum    install    dhcp    -y
```

YUM 配置文件见项目 3 中的任务一，安装过程如图 5-2 所示。

◇ **小贴士**：在 YUM 命令中加上 -y 参数，安装过程中间就不会在检测完所有需要安装的软件包后询问“Is this ok [y/d/N]:”，而是默认我们输入了“y”使安装过程一气呵成。

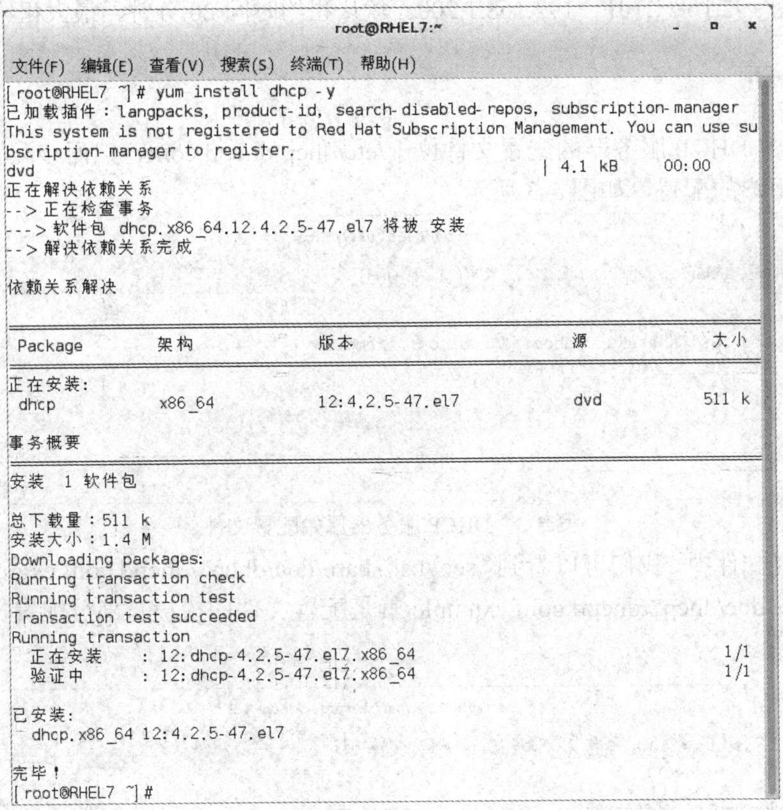

图 5-2　DHCP 安装过程

课堂讨论：有关 DHCP 的其他软件包该如何安装？

四、任务总结

本次任务主要完成了 DHCP 服务器软件的安装。由于有前期 YUM 配置的基础，我们只需要确认安装哪些软件，然后直接使用 YUM 安装即可。

五、同步训练

检查当前系统中是否安装了 DHCP 的软件包，如果没有，则安装此软件包。

任务二　配置 DHCP 服务器

一、任务提出

公司技术部有 60 台计算机，局域网有效 IP 地址段为 192.168.1.0，子网掩码是 255.255.255.0，网关为 192.168.1.254，其中 192.168.1.1～192.168.1.100 网段地址用来作为服务器的固定地址，DHCP 服务器和 DNS 服务器的 IP 地址都是 192.168.1.100，客户端可以使用的地址段为 192.168.1.101～192.168.1.200。默认租约时间 20 分钟，最大租约时间 4 小时。

二、任务分析

RHEL7 中 DHCP 服务器的配置文件位于/etc/dhcp/dhcpd.conf，然而该配置文件为空文件，不方便用户的配置，如图 5-3 所示。

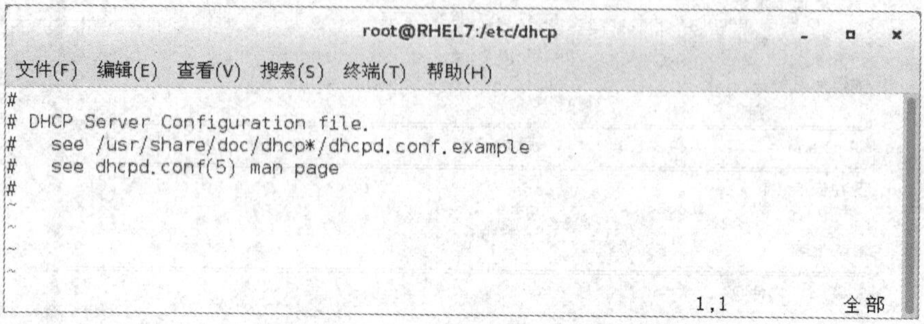

图 5-3　DHCP 服务器原始配置文件

从该配置文件中，我们可以看到“see /usr/share/doc/dhcp*/dhcpd.conf.example”这句话，其中/usr/share/doc/dhcp*/dhcpd.conf.example 就是配置文件的模板。部分配置文件的内容如图 5-4 所示。

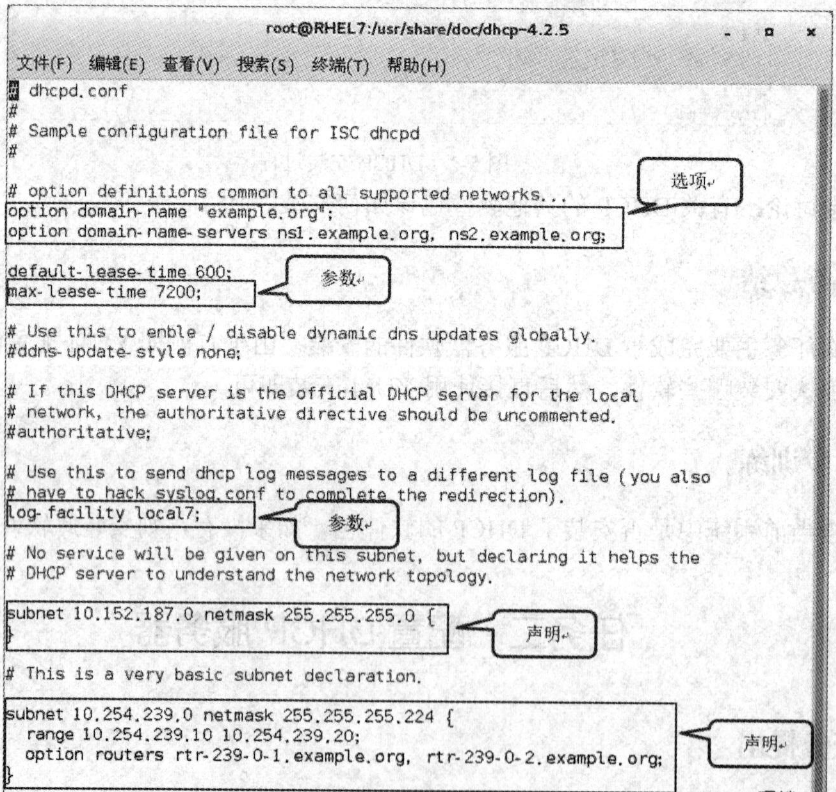

图 5-4　DHCP 服务器配置文件模板

DHCP 服务器的配置文件主要由三部分组成，分别是参数、声明和选项。

选项一般以option开头，声明一般都有{ }，除了这两种之外的形式就是参数。

1) 常用参数

(1) ddns-update-style：定义所支持的DNS动态更新类型，可用值有：

① none：表示不支持动态更新。

② interim：表示DNS互动更新。

③ ad-hoc：表示特殊DNS更新模式。

(2) default-lease-time：定义默认租约时间，以秒为单位。

(3) max-lease-time：定义最大租约时间，以秒为单位。

(4) range 起始IP地址　终止IP地址：定义可以分配IP地址的范围。

(5) range dynamic-bootp 起始IP地址　终止IP地址：定义可以分配IP地址的范围，dynamic-bootp表示该IP地址既可以分配给DHCP客户端，也可以分配给BOOTP客户端。

知识链接

BOOTP协议

BOOTP(Bootstrap Protocol，引导程序协议)是一种引导协议，基于IP/UDP协议，也称自举协议，是DHCP协议的前身。BOOTP用于无盘工作站的局域网中，可以让无盘工作站从中心服务器上获得IP地址。通过BOOTP协议可以为局域网中的无盘工作站分配动态IP地址，这样就不需要管理员为每个用户设置静态IP地址了。

2) 常用声明

一般声明的格式为：

```
声明{
        选项或参数;
    }
```

常用的声明有：

(1) subnet 子网地址 netmask 子网掩码{ }：定义分配IP地址的子网及相关信息。

(2) host 主机名 { }：给主机分配固定IP地址。

3) 常用选项

(1) option routers：为客户端指定默认网关。

(2) option broadcast-address：为客户端指定广播地址。

(3) option domain-name-servers：为客户端指定域名服务器地址。

(4) option domain-name：为客户端指定域名。

◇ 小贴士：参数和选项都要以“;”结尾，否则启动服务时会出错导致服务无法启动。

5-2　配置DHCP服务器

三、任务实施

步骤1　将模板文件复制到主配置文件。

```
[root@RHEL7 ~]# cp    /usr/share/doc/dhcp-4.2.5/dhcpd.conf.example    /etc/dhcp/dhcpd.conf
```

步骤 2　修改 DHCP 主配置文件/etc/dhcp/dhcpd.conf。

```
[root@RHEL7 ~]# vim    /etc/dhcp/dhcpd.conf
```

配置内容如图 5-5 所示。

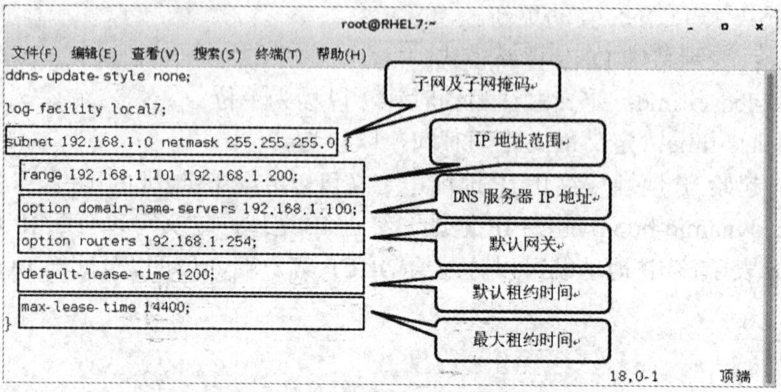

图 5-5　DHCP 服务器配置文件

课堂讨论：本任务要求的默认租约时间是 20 分钟，最大租约时间是 4 小时。为什么此处的默认租约时间配置是 1200，最大租约时间配置是 14400？

步骤 3　启动服务。

```
[root@RHEL7 ~]# systemctl start dhcpd
```

◇ **小贴士**：DHCP 服务器自己不能使用 DHCP 分配 IP 地址，必须有一个固定的 IP 地址，否则启动服务会失败。

步骤 4　在 Linux 端进行测试。

(1) 设置 DHCP 客户端。我们需要开启另外一台 RHEL7 的虚拟机，并把网络连接同样设置成 NAT 模式。打开它的网络配置文件：

```
[root@localhost ~]# vim    /etc/sysconfig/network-scripts/ifcfg-ens33
```

将配置文件修改为如图 5-6 所示。如果原来有 IP 地址等配置信息，则全部将其删除，并设置 BOOTPROTO 字段为 dhcp。

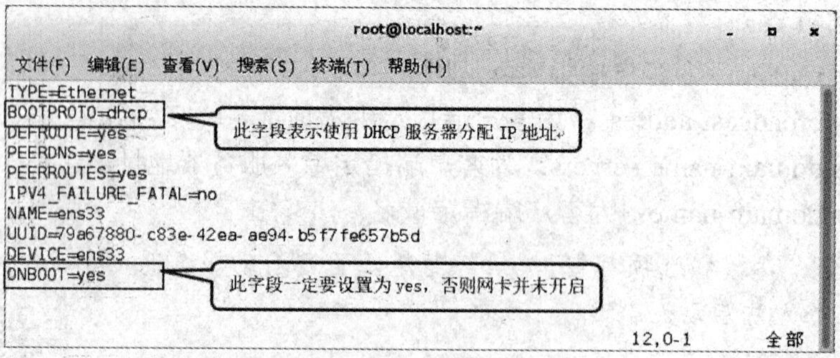

图 5-6　设置 DHCP 客户端

(2) 重启客户端网络服务。

```
[root@ localhost ~]# systemctl    restart    network
```

IP 分配结果如图 5-7 所示。

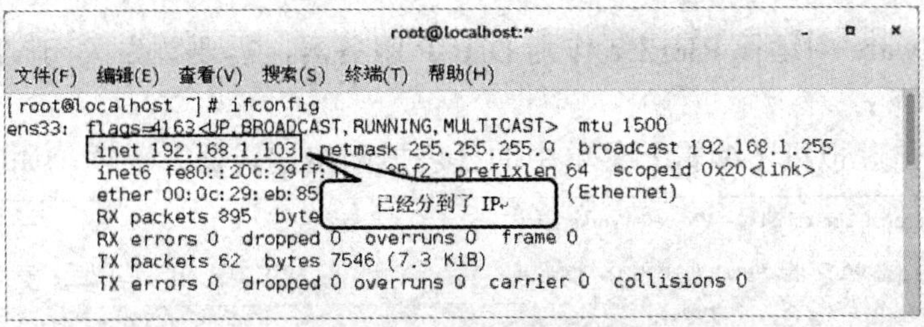

图 5-7　使用 DHCP 服务分配到了 IP 地址

步骤 5　在 Windows 端进行测试。

(1) 将 Windows 的 IPv4 地址和 DNS 服务器地址都设置为自动获取，如图 5-8 所示。

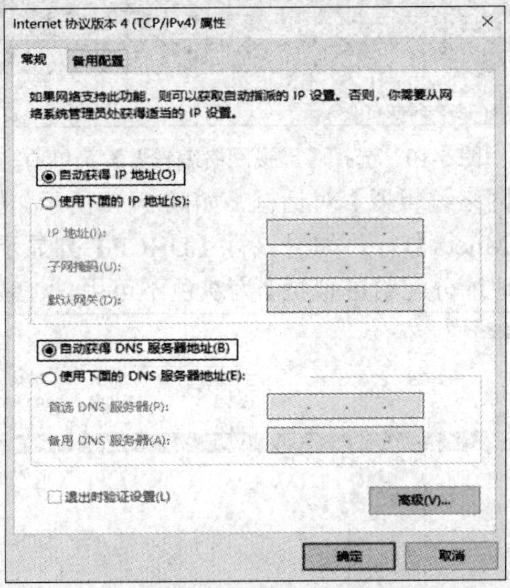

图 5-8　Windows 配置自动获取 IP 地址

(2) 查看网络连接信息，即可看到获取的 IP 地址等信息，如图 5-9 所示。

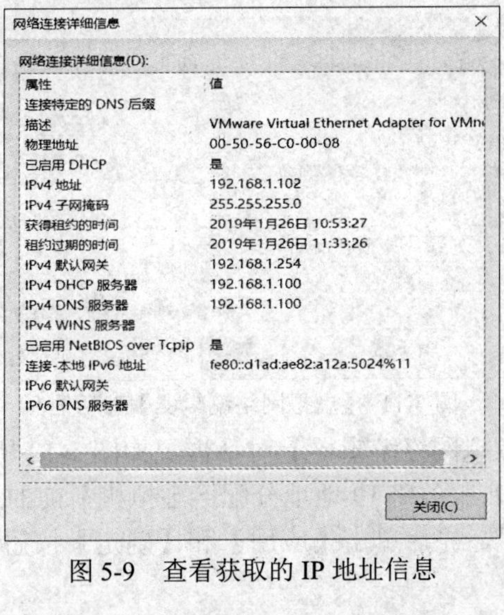

图 5-9　查看获取的 IP 地址信息

◇ **小贴士**：如果发现分配不到 IP 地址，将网络连接禁用后再启用即可。

如果在 VMware 中运行 RHEL7 作为 DHCP 服务器，需要首先关闭 VMware 的 DHCP 功能。其方法如下：

步骤 1　单击虚拟机【编辑】菜单中的【虚拟网络编辑器】选项，如图 5-10 所示。

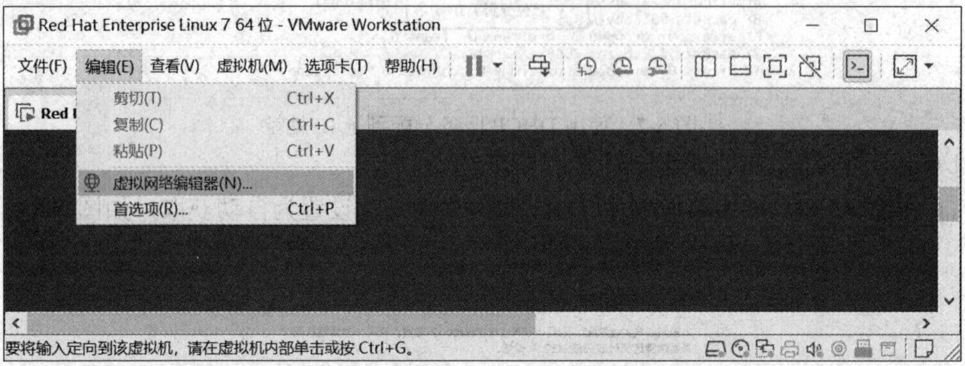

图 5-10　选择【虚拟网络编辑器】菜单项

步骤 2　打开【虚拟网络编辑器】对话框，如图 5-11 所示。如果虚拟机使用的是 NAT 的连接模式，则选择【VMnet8】行。如果该行【DHCP】列显示【已启用】，且下方【使用本地 DHCP 服务将 IP 地址分配给虚拟机】为灰色不可用，则单击右下角的【更改设置】。

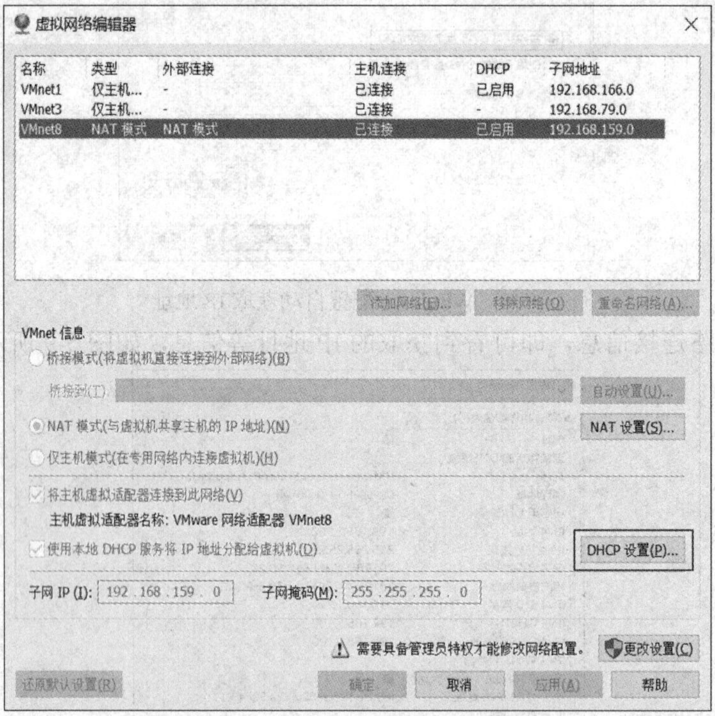

图 5-11　【虚拟网络编辑器】对话框

步骤 3　再次打开【虚拟网络编辑器】对话框，如图 5-12 所示。同样选择【VMnet8】行，去掉【使用本地 DHCP 服务将 IP 地址分配给虚拟机】前的“√”，此时，【VMnet8】行的【DHCP】列变为“-”，先后单击【应用】和【确定】按钮。

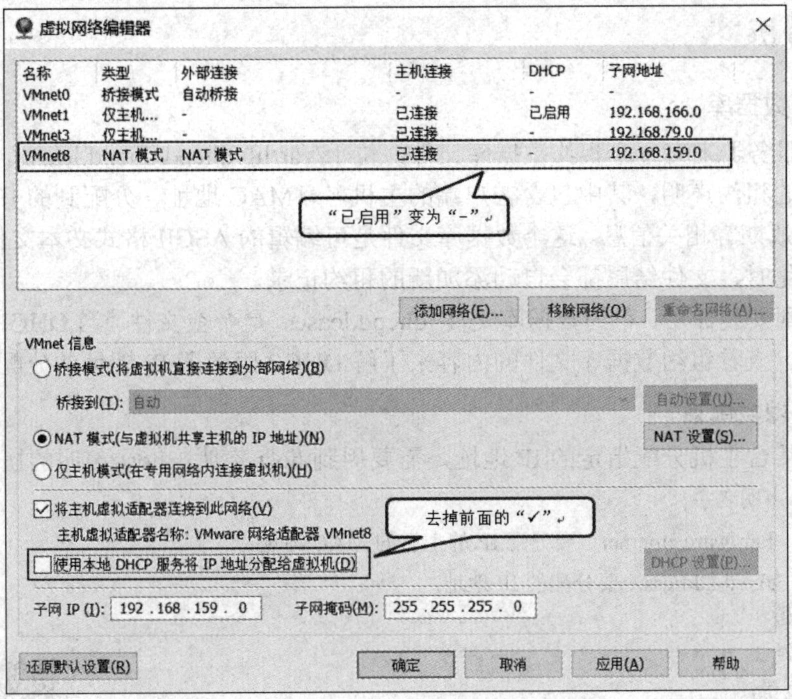

图 5-12　取消 VMware 的 DHCP 服务

四、任务总结

在此任务中，我们配置了 DHCP 服务器，使其可以给 Linux 客户端和 Windows 客户端动态分配 IP 地址、子网掩码、默认网关等信息。

五、同步训练

企业 DHCP 服务器 IP 地址为 192.168.0.2，DNS 服务器 IP 地址为 192.168.0.4，默认网关为 192.168.0.1，可以分配的动态 IP 地址为 192.168.0.50～192.168.0.250，子网掩码为 255.255.255.0，试配置 DHCP 服务器使其能为局域网中的客户机分配 IP 地址、子网掩码、默认网关、DNS 服务器 IP 等信息。默认租约有效期为 1 天，最大租约有效期为 3 天。

任务三　管理 DHCP 服务器

一、任务提出

公司 DHCP 服务器已经基本搭建完成，目前还需要解决两个方面的问题：

(1) 在 DHCP 服务器上查看 IP 地址的分配情况。

(2) 公司 CTO 想要一个指定的 IP 地址 192.168.1.188。

本次任务就来解决上述两个问题。

二、任务分析

1. 租约数据库

DHCP 服务器上有一个租约数据库文件，位于/var/lib/dhcpd/dhcpd.leases。该文件用于保存一系列的租约声明，其中包含客户端的主机名、MAC 地址、分配到的 IP 地址，以及 IP 地址的有效期等相关信息。这个数据库文件是可编辑的 ASCII 格式文本文件，每当租约声明发生变化时，文件结尾都会自动添加新的租约记录。

DHCP 刚安装好后，租约数据库文件 dhcpd.leases 是个空文件。当 DHCP 服务正常运行后可以通过查看租约数据库文件的内容来了解 DHCP 服务器 IP 地址的分配情况。

2. 保留地址配置

要想给某台主机分配指定的 IP 地址，需要用到 host 声明。host 声明的格式为：

```
host 声明名字{
        hardware ethernet   要分配 IP 的主机的 MAC 地址;
        fixed-address   要分配的 IP 地址;
}
```

三、任务实施

5-3　管理 DHCP 服务器

1. 在 DHCP 服务器上查看 IP 地址的分配情况

```
[root@RHEL7 ~]# cat   /var/lib/dhcpd/dhcpd.leases
```

查看结果如图 5-13 所示。

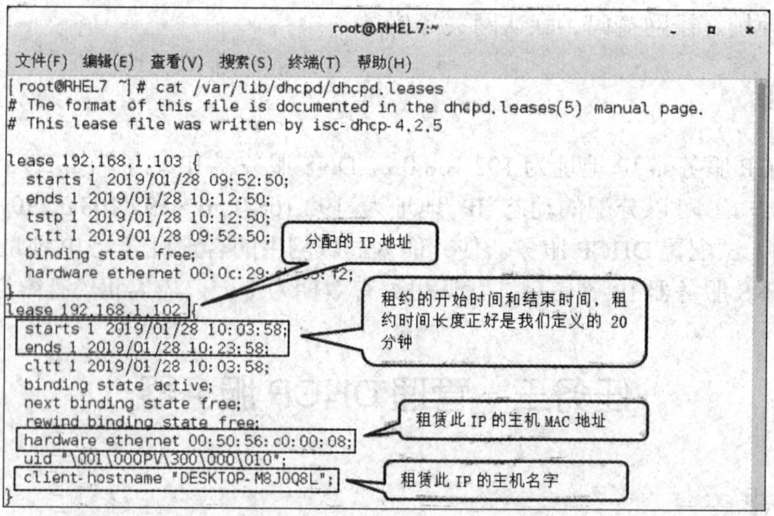

图 5-13　查看租约数据库

2. 给 CTO 分配指定 IP 地址

步骤 1　修改配置文件，添加 host 声明。

```
[root@RHEL7 ~]# vim   /etc/dhcp/dhcpd.conf
```

添加的 host 声明如图 5-14 所示。

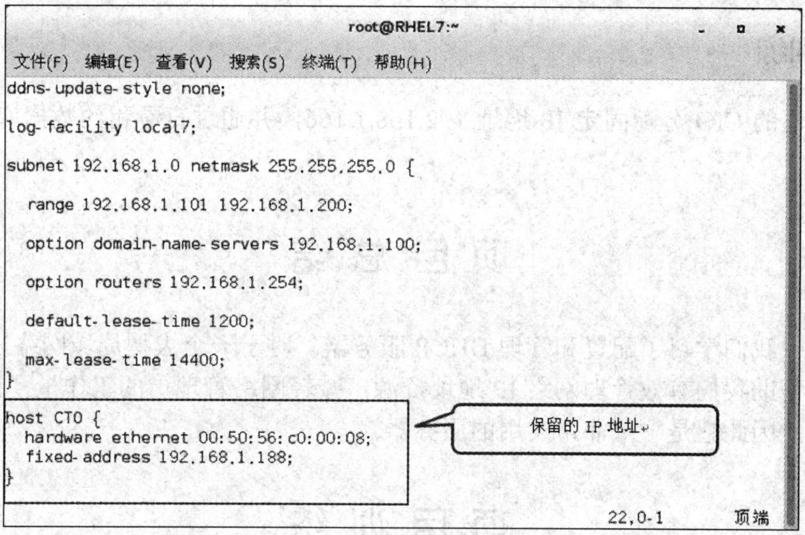

图 5-14　保留固定的 IP 地址

步骤 2　重启 DHCP 服务。

```
[root@RHEL7 ~]# systemctl restart dhcpd
```

步骤 3　将 CTO 的计算机的网络连接禁用并再次启用，即可看到分配的 IP 地址，如图 5-15 所示。

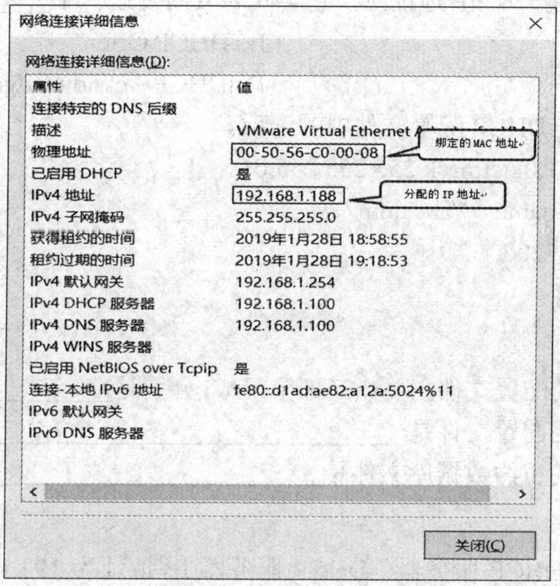

图 5-15　分配到固定的 IP 地址

四、任务总结

本次任务中，我们对 DHCP 服务器进行管理，从 DHCP 服务器上查看租约数据库，从而可以总体掌握 IP 地址的分配情况。对于一些有特殊要求的客户端，我们还可以通过 host

声明给其分配固定的 IP 地址。

五、同步训练

试给公司的 CIO 分配固定 IP 地址 192.168.1.166，并通过查看租约数据库验证地址的分配结果。

项 目 总 结

本项目中我们学习了配置和管理 DHCP 服务器。对于一个大型局域网络来说，DHCP 服务器可以帮助我们有效管理网络 IP 地址资源，减轻网络管理员的工作量，提高 IP 地址的使用效率，因此它是一个非常实用的服务器。

项 目 训 练

一、选择题

1. 客户端使用 DHPC 协议可以获取的信息不包括________。

A. IP 地址　　B. MAC 地址　　C. 子网掩码　　D. 默认网关

2. 当客户端要申请一个 IP 地址时，它会向局域网发送一个________消息。

A. DHCP Discover　　B. DHCP Offer

C. DHCP Request　　D. DHCP Acknowledge

3.下面________是 DHCP 配置文件中的选项。

A. subnet 192.168.1.0 netmask 255.255.255.0{　}

B. options domain-name　“abc.com”;

C. max-lease-time 7200;

D. host server {　}

二、填空题

1. DHCP 服务器的配置文件主要由三部分组成，分别是________、________和________。

2. DHCP 服务器的配置文件是________________________________。

3. DHCP 服务器的租约数据库文件是________________________________。

三、实践操作题

公司要配置一台 DHCP 服务器。DHCP 服务器 IP 地址为 192.168.100.1，公司域名为 abs.com，DNS 服务器 IP 地址为 192.168.100.10，现在将 192.168.100.100-192.168.100.200 网段(子网掩码 255.255.255.0)作为动态 IP 地址分配给公司的客户机，默认租约时间 30 分钟，最大租约时间 1 天。其中 IP 地址 192.168.100.166 要分配给 CEO 的主机(可以自行查看 CEO 主机的 MAC 地址)。试完成该 DHCP 服务器的配置，并通过查看租约数据库验证 DHCP 服务器的工作情况。

项目 6　DNS 服务器配置与管理

【项目描述】

公司申请了域名 zzrvtc.com。为了方便公司局域网中的计算机可以简单快捷地访问本地网络及 Internet 上的资源，需要在公司局域网中架设 DNS 服务器，用来提供域名解析服务。

本项目中我们来完成 DNS 服务器的配置与管理任务。

【学习目标】

(1) 了解 DNS 服务器的功能及其在网络中的作用。

(2) 理解 DNS 服务器的工作原理。

(3) 掌握基本 DNS 服务器的安装与配置过程。

(4) 掌握子域的概念及区域委派配置过程。

(5) 掌握转发 DNS 服务器和唯缓存 DNS 服务器的配置过程。

(6) 掌握 DNS 服务器的测试方法。

预备知识　认识 DNS 服务器

1. 域名空间

网络中为了区别不同主机，必须为每台主机分配一个唯一的地址，这个地址即为“IP 地址”。IP 地址为一连串的数字，难以记忆。所以我们一般采用“主机名”的方式来代替 IP 地址。当某台主机要与其他主机通信时，可以将“主机名”转换为 IP 地址再进行通信。负责将主机名与 IP 地址进行转换的服务器即为 DNS 服务器。

DNS(Domain Name Service，域名服务)是 Internet 和局域网中最基础也是非常重要的一项服务，它提供了网络访问中域名和 IP 地址相互转换的功能。

在 DNS 中，将主机命名以层次的逻辑结构进行组织，如同一棵倒置的树，如图 6-1 所示。树的最大深度不得超过 127 层，树中每个节点最长可以存储 63 个字符。整棵树构成了 Internet 的域名空间。

Internet 域名空间的最顶层是根域，记录着 Internet 的重要 DNS 信息，由 Internet 域名注册授权机构管理，该机构把域名空间各部分的管理责任分配给连接到 Internet 的各个组织。

根域下面是顶级域，也由 Internet 域名注册授权机构管理，共有 3 种类型的顶级域。

(1) 组织域：采用 3 个字符的代号，表示 DNS 域中所包含的组织的主要功能或活动，比如 com 为商业机构组织，edu 为教育机构组织，gov 为政府机构组织，mil 为军事机构组织，net 为网络机构组织，org 为非营利机构组织，int 为国际机构组织。

(2) 地址域：采用两个字符的国家或地区代号，如 cn 为中国，uk 为英国。

(3) 反向域：这是个特殊域，名字为 in-addr.arpa，用于将 IP 地址映射到名字(反向查询)。

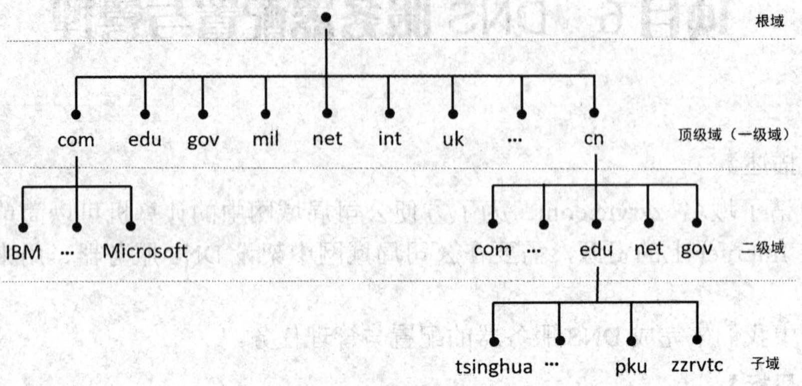

图 6-1　层次型域名结构

对于顶级域的下级域，Internet 域名注册授权机构授权给 Internet 的各种组织，当一个组织获得了对域名空间某一部分的授权后，该组织就负责命名所分配的域及其子域，包括域中的计算机和其他设备，并管理分配的域中主机名与 IP 地址的映射信息。

组成 DNS 系统的核心是 DNS 服务器，它是回答域名服务查询的计算机，它为连接局域网和 Internet 的用户提供并管理 DNS 服务，维护 DNS 名字数据库并处理 DNS 客户端主机名的查询。DNS 服务器保存了包含主机名和相应 IP 地址的数据库。DNS 的数据库是一个分布式数据库，也就是在不同的机器上存储着 DNS 的不同部分。我们要创建的 DNS 服务器只存储我们所能管理的那部分 DNS 信息。

一个网络的域名由“子域.二级域名.顶级域名”的形式构成。在这个域中，计算机的完整名称由“计算机名.子域.二级域名.顶级域名”形式构成，这样的一个计算机名被称为 FQDN(Fully Qualified Domain Name，完全限定域名)。

2. DNS 服务器分类

1) 主 DNS 服务器(Master/Primary DNS Server)

主 DNS 服务器负责维护所管辖域的域名服务信息。它从域管理员构造的本地磁盘文件中加载域信息，该文件包含着该服务器具有管理权的一部分域结构的最精确信息。配置域服务器需要一整套的配置文件，包括主配置文件(/etc/named.conf)、正向域的区域文件、反向域的区域文件、高速缓存初始化文件(/var/named/named.ca)和回送文件(/var/named/named.local)。

2) 辅助 DNS 服务器(Slave/Secondary DNS Server)

辅助 DNS 服务器用于分担主 DNS 服务器的查询负载。区域文件是从主服务器中转移出来的，并作为本地磁盘文件存储在辅助服务器中。这种转移称为“区域文件转移”。在辅助 DNS 服务器中有一个所有域信息的完整复制，可以权威地回答对该域的查询请求。配置辅助 DNS 服务器不需要生成本地区域文件，因为可以从主服务器下载该区域文件。故只需配置主配置文件、高速缓存文件和回送文件就可以了。

3) 转发 DNS 服务器(Forwarding DNS Server)

转发 DNS 服务器可以向其他 DNS 服务器转发解析请求，当 DNS 服务器收到客户端的解析请求后，它首先会尝试从其本地数据库中查找；若未能找到，则需要向其他指定的 DNS 服务器转发解析请求；其他 DNS 服务器完成解析后会返回解析结果，转发 DNS 服务器将该解析结果缓存在自己的 DNS 缓存中，并向客户端返回解析结果。在缓存期内，如果客户端请求解析相同的名称，则转发 DNS 服务器会立即回应客户端；否则，将会再次发生转发解析的过程。

目前网络中所有的 DNS 服务器均被配置为转发 DNS 服务器，向指定的其他 DNS 服务器或根域服务器转发自己无法完成的解析请求。

4) 唯缓存 DNS 服务器 (Caching-only DNS Server)

唯缓存 DNS 服务器是供本地网络上的客户机进行域名转换的服务器。它通过查询其他 DNS 服务器并将获得的信息存放在它的高速缓存中，为客户机查询信息提供服务。唯缓存 DNS 服务器不是权威性的服务器，因为它提供的所有信息都是间接信息。

3. DNS 查询模式

1) 递归查询

当收到 DNS 客户端的查询请求后，DNS 服务器在自己的缓存或区域数据库中查找。如果 DNS 服务器本地没有存储查询的 DNS 信息，那么，该服务器会询问其他服务器，并将返回的查询结果提交给客户机。

2) 转寄查询(又称迭代查询)

当收到 DNS 客户机的查询请求后，如果在 DNS 服务器中没有查到所需数据，该 DNS 服务器便会告诉 DNS 客户机另外一台 DNS 服务器的 IP 地址，然后，再由 DNS 客户机自行向此 DNS 服务器查询，依此类推直到查到所需数据为止。如果到最后一台 DNS 服务器都没有查到所需数据，则通知 DNS 客户机查询失败。“转寄”的意思就是，若在某地查不到，该地就会告诉你其他地方的地址，让你转到其他地方去查。一般在 DNS 服务器之间的查询请求便属于转寄查询(DNS 服务器也可以充当 DNS 客户机的角色)。

4. 域名解析过程

(1) 客户机提交域名解析请求，并将该请求发送给本地的 DNS 服务器。

(2) 本地的 DNS 服务器收到请求后，先查询本地的缓存。如果有查询的 DNS 信息记录，则直接返回查询的结果。如果没有记录，本地 DNS 服务器就把请求发给根 DNS 服务器。

(3) 根 DNS 服务器再返回给本地 DNS 服务器一个所查询域的顶级 DNS 服务器的地址。

(4) 本地服务器再向返回的顶级 DNS 服务器发送请求。

(5) 接收到该查询请求的顶级 DNS 服务器查询其缓存和记录，如果有相关信息则返回客户机查询结果，否则通知客户机它的下级 DNS 服务器的地址。

(6) 本地 DNS 服务器将查询请求发送给返回的下级 DNS 服务器。

(7) 下级 DNS 服务器返回查询结果(如果该 DNS 服务器不包含查询的 DNS 信息，查询过程将重复步骤(6)、(7)，直到返回解析信息或解析失败的回应)。

(8) 本地 DNS 服务器将返回的结果保存到缓存，并且将结果返回给客户机。

DNS 域名解析的工作过程示例如图 6-2 所示。

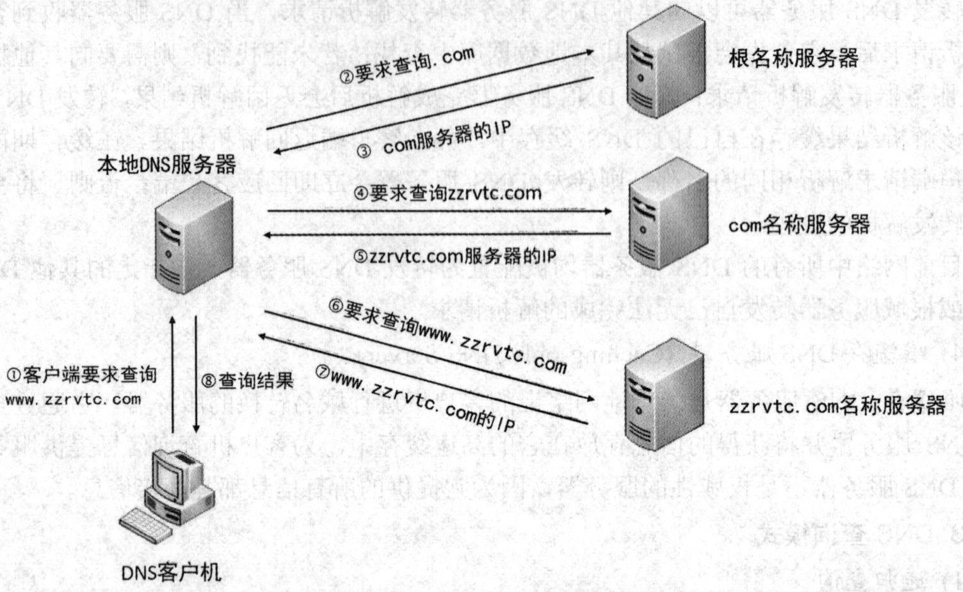

图 6-2　DNS 域名解析的工作过程

5. DNS 相关概念

1) 正向解析与反向解析

(1) 正向解析：是指域名到 IP 地址的解析过程。

(2) 反向解析：也叫逆向解析，是从 IP 地址到域名的解析过程。反向解析的作用是为了验证服务器的身份。

2) 资源记录

为了将域名解析为 IP 地址，服务器会查询它们的区域文件(又叫 DNS 数据库文件或简单数据库文件)。区域文件中包含组成相关 DNS 域资源信息的资源记录 (RR)。常用的资源记录有：

(1) SOA 资源记录：每个区域文件的开始处都包含了一个起始授权记录(Start of Authority Record)，简称 SOA 记录。SOA 定义了域的全局参数，进行整个域的管理设置。一个区域文件只允许存在唯一的 SOA 记录。

(2) NS 资源记录：名称服务器(Name Server)资源记录，表示该区域的授权服务器，它们表示 SOA 资源记录中指定的该区域的主和辅助服务器，也表示了任何授权区域的服务器。每个区域至少包含一个 NS 记录。

(3) A 资源记录：地址(Address)资源记录，负责把 FQDN 映射到 IP 地址，因而解析器能查询 FQDN 对应的 IP 地址。

(4) PTR 资源记录：指针(Pointer)记录，与 A 记录正好相反，它负责把 IP 地址映射到 FQDN。

(5) CNAME 资源记录：规范名字(CNAME)资源记录，创建特定 FQDN 的别名。用户可以使用 CNAME 记录来隐藏用户网络的实现细节，使连接的客户机无法通过域名知道网络的逻辑结构。

(6) MX 资源记录：邮件交换(MX) 资源记录，为 DNS 域名指定邮件交换服务器。邮件交换服务器是处理或转发邮件的主机。

3) /etc/hosts 文件

hosts 文件是 Linux 系统中一个负责 IP 地址与域名快速解析的文件，以 ASCII 格式保存在/etc 目录下。hosts 文件包含了 IP 地址和主机名之间的映射，还包括主机名的别名。在没有 DNS 服务器的情况下，系统的所有网络程序都通过查询该文件来解析对应于某个主机名的 IP 地址。通常可以将常用的域名和 IP 地址映射加入到 hosts 文件中，实现快速方便的访问。hosts 文件的格式如下：

IP 地址　主机名/域名

任务一　安装 DNS 服务器

一、任务提出

要想使 DNS 服务器顺利运行，首先要安装好需要的软件包。本次任务主要是安装 DNS 服务器所需要的软件包。

二、任务分析

Linux 架设 DNS 服务器通常使用 Bind 程序来实现。Bind(Berkeley Internet Name Domain)原是美国 DARPA 资助伯克利(Berkeley)大学开设的一个研究生课题，后来经过发展，成为世界上使用最广泛的 DNS 服务器软件，全球 70%的大型 DNS 服务器都是基于 Bind。Bind 主要有三个版本：Bind4、Bind8、Bind9。

RHEL7.3 中的 Bind 主程序软件包是 bind-9.9.4-37.el7.x86_64.rpm，我们需要安装此软件包。

三、任务实施

6-1　安装 DNS 服务器

1. 查看系统中是否已经安装了 Bind 软件包

```
[root@RHEL7 ~]# rpm   –qa|grep bind
```

如果主程序包没有安装，则需要安装主程序包。

2. 安装主程序包

步骤 1　挂载光盘。

```
[root@RHEL7 ~]# mount   /dev/cdrom   /mnt/cdrom
```

步骤 2　使用 YUM 安装软件包。

```
[root@RHEL7 ~]# yum   install   bind   -y
```

YUM 配置文件见项目 3 中的任务一，安装过程如图 6-3 所示。

```
root@RHEL7:~
文件(F) 编辑(E) 查看(V) 搜索(S) 终端(T) 帮助(H)
[root@RHEL7 ~]# yum install bind -y
已加载插件：langpacks, product-id, search-disabled-repos, subscription-manager
This system is not registered to Red Hat Subscription Management. You can use su
bscription-manager to register.
dvd                                                      | 4.1 kB     00:00
正在解决依赖关系
--> 正在检查事务
---> 软件包 bind.x86_64.32.9.9.4-37.el7 将被 安装
--> 解决依赖关系完成

依赖关系解决

================================================================================
 Package        架构            版本                      源              大小
================================================================================
正在安装:
 bind           x86_64          32:9.9.4-37.el7           dvd            1.8 M

事务概要
================================================================================
安装  1 软件包

总下载量：1.8 M
安装大小：4.3 M
Downloading packages:
Running transaction check
Running transaction test
Transaction test succeeded
Running transaction
  正在安装    : 32:bind-9.9.4-37.el7.x86_64                                 1/1
  验证中      : 32:bind-9.9.4-37.el7.x86_64                                 1/1

已安装:
  bind.x86_64 32:9.9.4-37.el7

完毕！
[root@RHEL7 ~]#
```

图 6-3　DNS 安装过程

四、任务总结

本次任务主要完成了 DNS 服务器软件包的安装。由于有前期 YUM 配置的基础，我们需要安装哪些软件，直接使用 YUM 安装即可。

五、同步训练

检查当前系统中是否安装了 Bind 的软件包，如果没有，则安装此软件包。

任务二　配置主 DNS 服务器

一、任务提出

公司申请了域名 zzrvtc.com，DNS 服务器的 FQDN 为 dns.zzrvtc.com，IP 地址是

192.168.1.100。公司局域网内部 Web 服务器的 FQDN 为 www.zzrvtc.com，IP 地址为 192.168.1.101，FTP 服务器的 FQDN 为 ftp.zzrvtc.com，IP 地址为 192.168.1.102。试配置 DNS 服务器解析 Web 服务器和 FTP 服务器的域名。

二、任务分析

DNS 服务器的配置流程主要分为以下 3 个步骤：

1) 建立主配置文件 named.conf

该文件位于/etc 目录下，主要设置 DNS 服务器能够管理的区域(zone) 以及这些区域所对应的区域文件名和存放路径。

2) 建立区域文件

按照 named.conf 文件中指定的路径建立区域文件，一般默认的路径是/var/named，区域文件包括正向区域文件和反向区域文件。区域文件主要记录区域内的资源记录。

3) 重新启动服务

无论是对主配置文件的修改还是对区域文件的修改都要重新启动服务。DNS 服务器的守护进程名为 named。

三、任务实施

6-2　主 DNS 服务器配置

步骤 1　修改主配置文件/etc/named.conf。

```
[root@RHEL7 ~]# vim /etc/named.conf
```

主配置文件的内容如图 6-4 和图 6-5 所示。

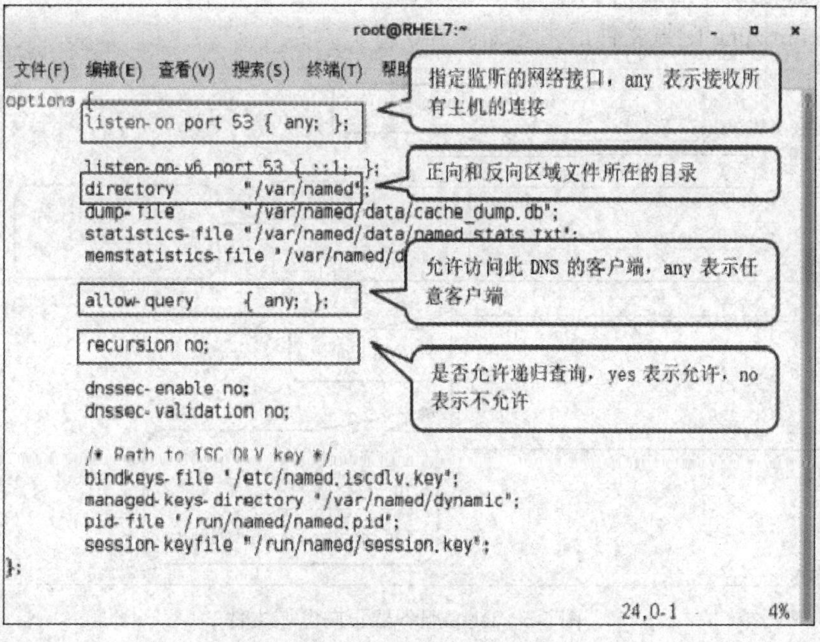

图 6-4　主 DNS 服务器主配置文件(一)

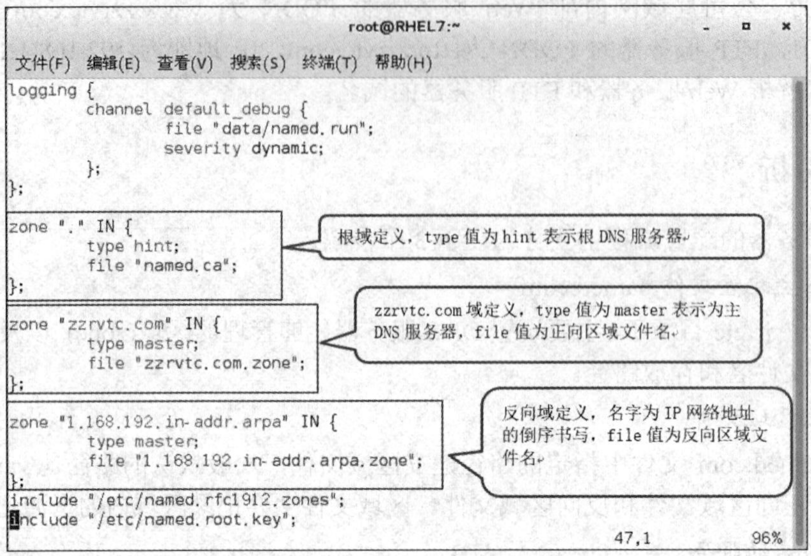

图 6-5　主 DNS 服务器主配置文件(二)

◇ **小贴士**：主配置文件中的每一行配置都要以“；”结尾，否则可能会出现配置错误。

步骤 2　修改正向区域文件/var/named/zzrvtc.com.zone。

第一次配置并没有/var/named/zzrvtc.com.zone 文件，可以将/var/named 目录下的 named.localhost 复制一份作为模板。

```
[root@RHEL7 ~]# cd /var/named
[root@RHEL7 named]# cp    named.localhost    zzrvtc.com.zone
[root@RHEL7 named]# vim    zzrvtc.com.zone
```

zzrvtc.com.zone 配置文件的内容如图 6-6 所示。

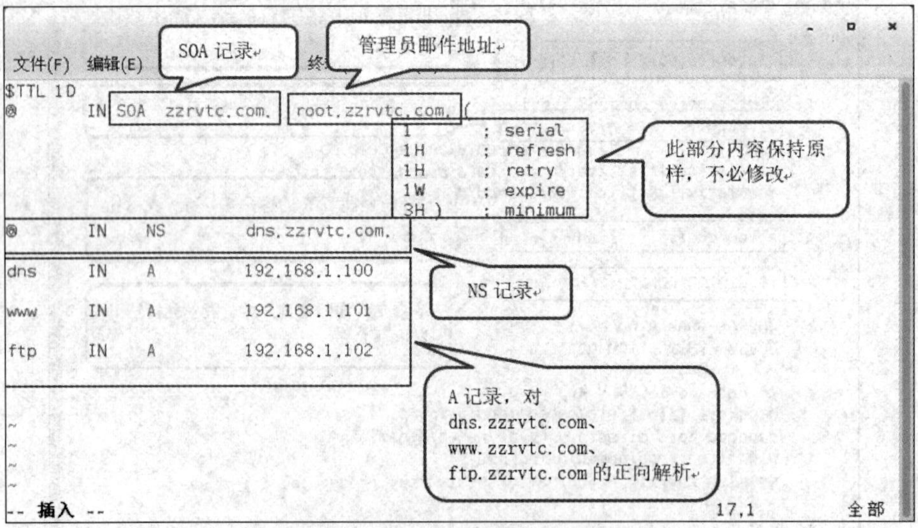

图 6-6　DNS 服务器正向区域文件

◇ **小贴士**：区域文件中的每个域名结尾都有一个“.”，千万不要忘记了。

知识链接

区域文件中各字段的含义

① TTL：表示域名缓存周期，指定该资源文件中的信息存放在 DNS 缓存服务器的时间，此处设置为 1D，表示 1 天，超过 1 天时间，则 DNS 缓存服务器重新获取该域名的信息。

② @：表示本域，SOA 描述了一个授权区域，此处为 zzrvtc.com。root.zzrvtc.com 表示接收信息的邮箱。

③ serial：表示该区域文件的版本号。当区域文件中的数据改变时，这个数值也要改变。辅助 DNS 服务器在一定时间以后请求主 DNS 服务器的 SOA 记录，并将该字段值与缓存中之前的 SOA 记录的此字段值相比较，如果数值改变了，辅助 DNS 服务器将重新获取主 DNS 服务器的数据信息。

④ refresh：指定了辅助 DNS 服务器将要检查主 DNS 服务器的 SOA 记录的时间间隔，此处为 1H，表示 1 小时。

⑤ retry：指定了辅助 DNS 服务器的一个请求或一个区域刷新失败后，重新与主 DNS 服务器联系的时间间隔，此处为 1H，表示 1 小时。

⑥ expire：指在指定的时间内，如果辅助 DNS 服务器还不能联系到主 DNS 服务器，辅助 DNS 服务器将丢弃所有的区域数据，此处为 1W，表示 1 星期。

⑦ minimum：如果没有明确指定 TTL 的值，则 minimum 表示域名默认的缓存周期。

⑧ NS：一条 NS 记录指向一个给定区域的主 DNS 服务器，以及包含该服务器主机名的资源记录。

⑨ A：表示主机记录，用于将一个主机名与一个或一组 IP 地址相对应。

步骤 3　修改反向区域文件/var/named/1.168.192.in-addr.arpa.zone。

第一次配置并没有/var/named/1.168.192.in-addr.arpa.zone 文件，可以将刚配置的 zzrvtc.com.zone 复制一份作为模板。

```
[root@RHEL7 named]# cp    zzrvtc.com.zone    1.168.192.in-addr.arpa.zone
[root@RHEL7 named]# vim   1.168.192.in-addr.arpa.zone
```

1.168.192.in-addr.arpa.zone 配置文件的内容如图 6-7 所示。

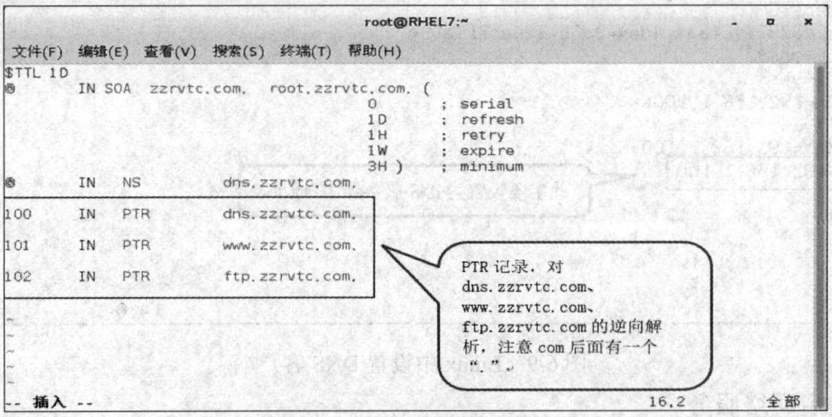

图 6-7　DNS 服务器反向区域文件

步骤 4　修改配置文件的属组。

所有的配置文件都应该属于 named 组，如果不是，需要修改其属组。

```
[root@RHEL7 named]# chgrp   named    zzrvtc.com.zone
[root@RHEL7 named]# chgrp   named   1.168.192.in-addr.arpa.zone
```

修改后的文件属组如图 6-8 所示。

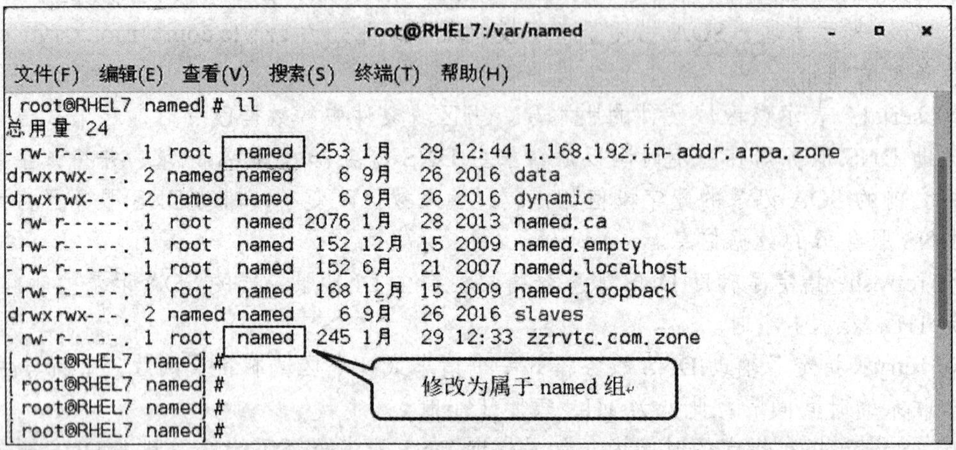

图 6-8　修改区域文件的属组

步骤 5　启动服务。

```
[root@RHEL7 ~]# systemctl start named
```

步骤 6　在 Linux 端进行测试。

(1) 设置 DNS 客户端：打开网络配置文件/etc/sysconfig/network-scripts/ifcfg-ens33。

```
[root@localhost ~]# vim     /etc/sysconfig/network-scripts/ifcfg-ens33
```

将配置文件修改为如图 6-9 所示。

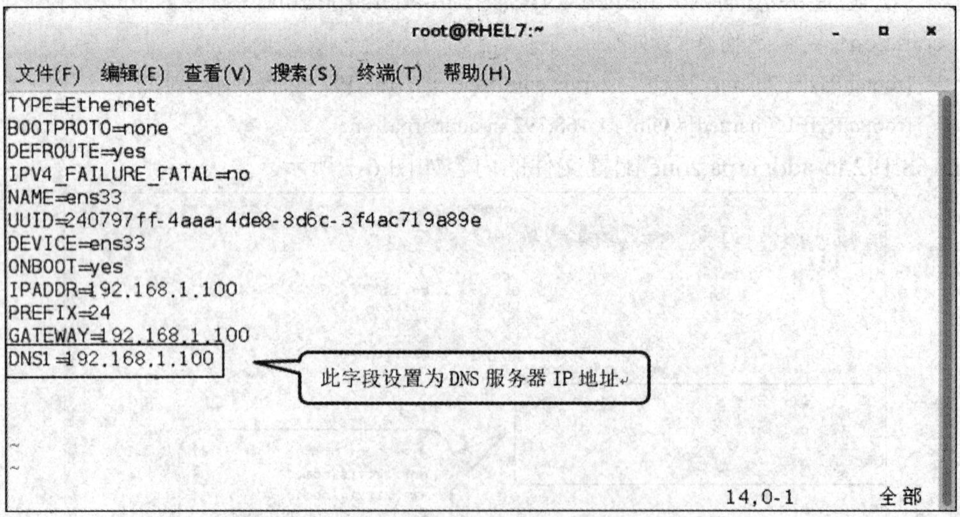

图 6-9　Linux 中设置 DNS 客户端

(2) 重启网络服务。

```
[root@ localhost ~]# systemctl restart network
```

(3) 进行域名解析测试。

```
[root@ localhost ~]# nslookup
```

测试结果如图 6-10 所示。

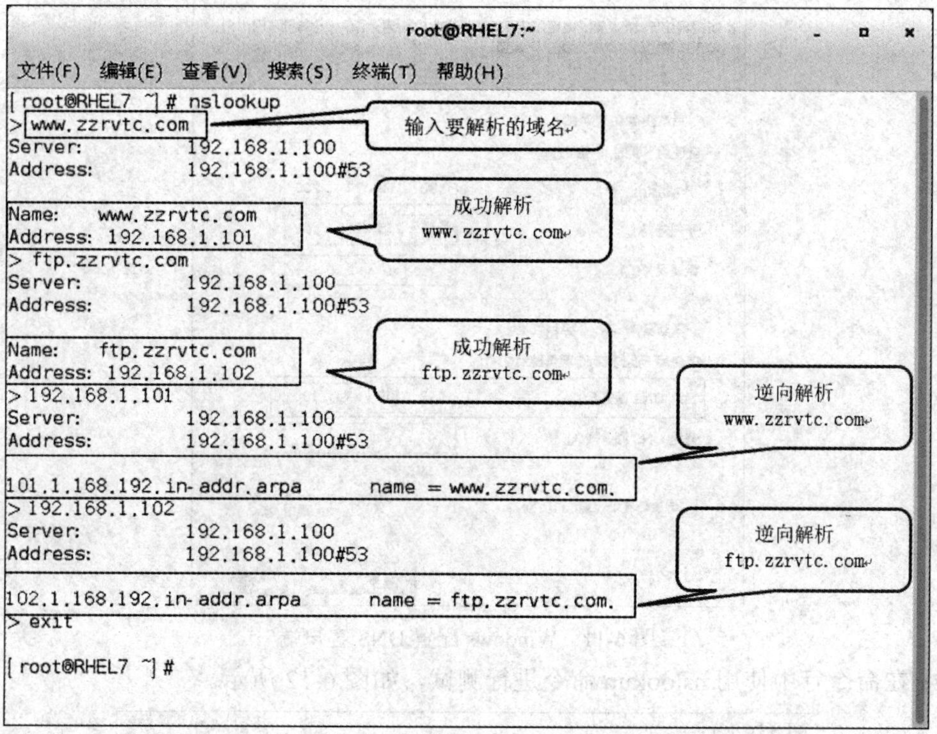

图 6-10　Linux 客户端测试 DNS 服务器

知识链接

nslookup 命令

nslookup 是一个监测网络中 DNS 服务器是否能正确实现域名解析的命令行工具。在 Windows 中和 Linux 中都能使用，其命令格式为：

nslookup　[域名 | IP 地址]　[域名服务器]

nslookup 有两种工作模式，即“交互模式”和“非交互模式”。

在“交互模式”下，用户可以向域名服务器查询各类主机、域名的信息，或者输出域名中的主机列表。如果在命令行直接输入 nslookup 命令，不加任何“域名或 IP 地址”和“域名服务器”即进入交互模式。在交互模式下可以输入自己想要查询的域名或者某 IP 地址，会得到主机、域名的相关信息。

而在“非交互模式”下，用户可以针对一个主机或域名仅仅获取其特定的信息。如果 nslookup 后面接所要查询的“域名或 IP 地址”，则进入非交互模式。此时还可以在后面接所要使用的域名服务器的域名或 IP 地址。

步骤 7　在 Windows 端进行测试。

(1) 将 Windows 的 IPv4 地址设置为与 DNS 服务器同一个网段，DNS 服务器地址设置为 192.168.1.100，如图 6-11 所示。

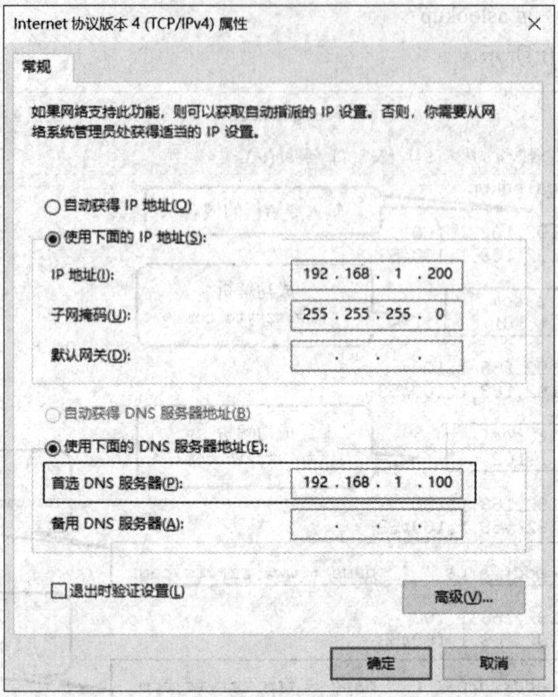

图 6-11　Windows 配置 DNS 客户端

(2) 在命令行中使用 nslookup 命令进行测试，如图 6-12 所示。

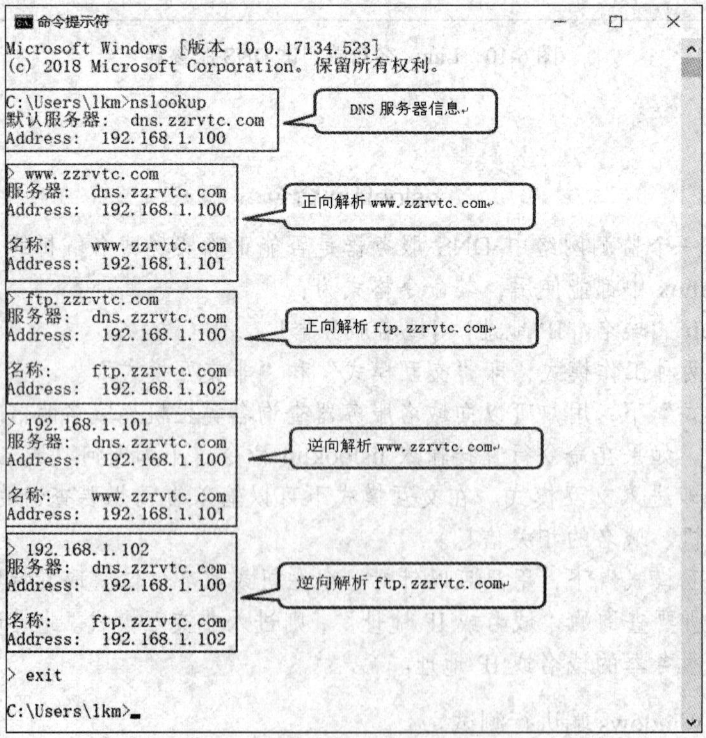

图 6-12　Windows 客户端测试 DNS 服务器

四、任务总结

在此任务中，我们配置 DNS 服务器使其可以解析 www.zzrvtc.com 和 ftp.zzrvtc.com，并在 Linux 客户端和 Windows 客户端加以测试。一旦 DNS 服务器架设起来，若还需要解析其他的 FQDN，只需要在区域文件里添加相应的 A 记录和 PTR 记录即可。

五、同步训练

企业 DNS 服务器管理 abc.com 区域，并把该区域的文件名命名为 abc.com.zone。DNS 服务器的 IP 地址是 192.168.1.1，Web 服务器的 FQDN 是 www.abc.com，IP 地址是 192.168.1.100。试配置 DNS 服务器实现域名解析。

任务三　配置辅助 DNS 服务器

一、任务提出

公司的主 DNS 服务器已经搭建成功。出于服务可靠性的考虑，还需要有另外一台备份 DNS 服务器，在主 DNS 服务器出现故障时能够及时代替主 DNS 服务器的工作，以保证服务的连续性。此服务器称为辅助 DNS 服务器。

本次任务需要配置一台辅助 DNS 服务器，IP 地址为 192.168.1.110，使其在主 DNS 服务器出现故障时能够代替主 DNS 服务器实现域名解析。

二、任务分析

1. 辅助 DNS 服务器

DNS 划分若干区域进行管理，每个区域由相应的服务器负责解析。如果只用一台 DNS 服务器而该服务器没有响应，那么该区域的域名解析就会失败。因此每个区域建议使用多台 DNS 服务器，可以提供域名解析容错功能，保证域名解析服务的连续性。对于存在多个 DNS 服务器的区域，必须选择一台作为主 DNS 服务器，保存并管理整个区域的信息，其他服务器作为辅助 DNS 服务器。

管理区域时，使用辅助 DNS 服务器有如下几点好处：

(1) 辅助 DNS 服务器提供区域冗余，能够在该区域的主 DNS 服务器停止响应时为客户端解析该区域的 DNS 名称。

(2) 创建辅助 DNS 服务器可以减少 DNS 网络通信量。采用分布式结构，在低速广域网链路中添加 DNS 服务器能有效地管理和减少网络通信量。

(3) 辅助 DNS 服务器可以减少区域的主 DNS 服务器的负载。

2. 区域传输

为了保证 DNS 数据相同，所有 DNS 服务器必须进行数据同步，辅助 DNS 服务器从主 DNS 服务器获得区域数据的副本，这个过程称为区域传输。

区域传输存在两种方式：完全区域传输(AXFR)和增量区域传输(IXFR)。

当新的 DNS 服务器添加到区域中，并且配置为新的辅助 DNS 服务器时，它会执行完全区域传输，从主 DNS 服务器获取一份完整的资源记录副本。主 DNS 服务器上区域文件再次变动后，辅助 DNS 服务器会执行增量区域传输，完成资源记录的更新，始终保持 DNS 数据同步。

满足发生区域传输的条件时，辅助 DNS 服务器向主 DNS 服务器发送查询请求，更新其区域文件，如图 6-13 所示。

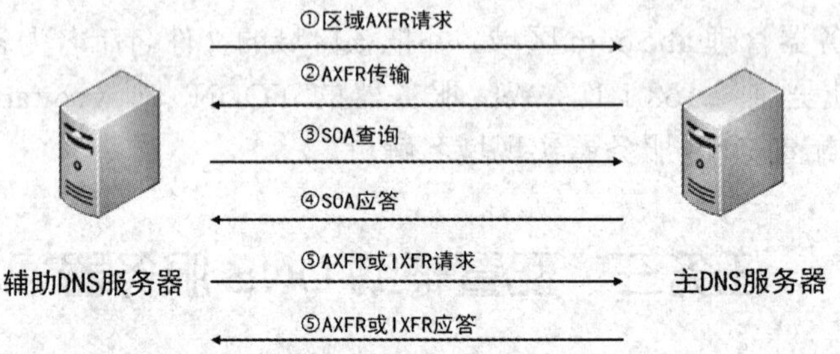

图 6-13　区域传输的过程

(1) 区域传输初始阶段，辅助 DNS 服务器向主 DNS 服务器发送完全区域传输请示。

(2) 主 DNS 服务器做出响应，并将此区域完全传输到辅助 DNS 服务器。该区域传输会一并发送 SOA 资源记录。SOA 中“序列号”(serial) 字段表示区域数据的版本，“刷新时间”(refresh) 指出辅助 DNS 服务器下一次发送查询请求的时间间隔。

(3) 刷新时间到期时，辅助 DNS 服务器使用 SOA 查询来请求从主 DNS 服务器续订此区域。

(4) 主 DNS 服务器应答其 SOA 记录的查询。该响应包括主 DNS 服务器中该区域的当前序列号版本。

(5) 辅助 DNS 服务器检查响应中的 SOA 记录的序列号，并确定续订该区域的方法。若 SOA 响应中的序列号等于其当前的本地序列号，那么两个服务器区域数据都相同，不需要区域传送。然后，辅助 DNS 服务器根据主 DNS 服务器 SOA 响应中的该字段值重新设置其刷新时间，续订该区域。如果 SOA 响应中的序列号值比其当前本地序列号要高，则辅助服务器确认区域文件已经更改，它会把 IXFR 查询发送到主 DNS 服务器。

(6) 主 DNS 服务器通过区域的增量传输或者完全传输做出响应。如果主 DNS 服务器可以保存修改的资源记录的历史记录，则它可以通过增量区域传输做出应答。如果主 DNS 服务器不支持增量传输或没有区域变化的历史记录，则它通过完全区域传输做出应答。

三、任务实施

6-3　配置辅助 DNS 服务器

步骤 1　配置主 DNS 服务器，使其能解析 zzrvtc.com 域中的域名，配置步骤见任务二。

步骤 2　开启另外一台 RHEL7.3 虚拟机，配置 IP 地址为 192.168.1.110，保证能与主 DNS 服务器网络连通，安装好 Bind 软件，步骤见任务一。

步骤 3　修改辅助 DNS 服务器的主配置文件。

[root@localhost ~]# vim /etc/named.conf

辅助 DNS 服务器主配置文件内容如图 6-14 和图 6-15 所示。

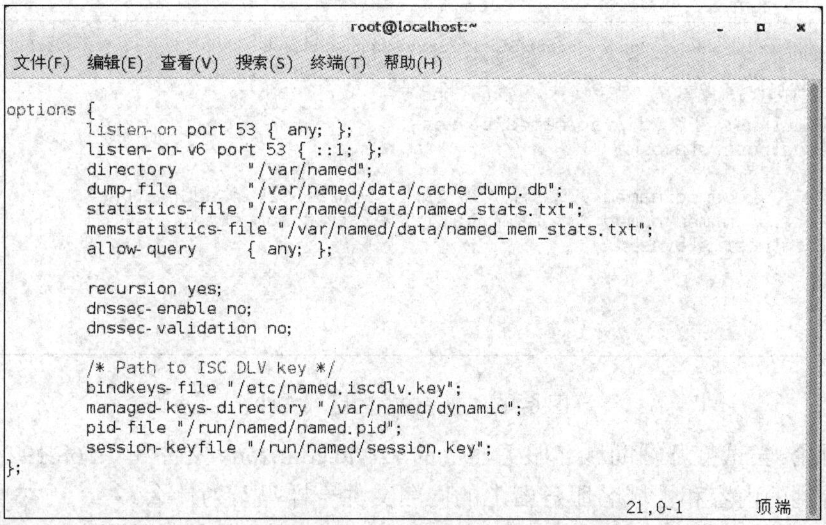

```
root@localhost:~
文件(F) 编辑(E) 查看(V) 搜索(S) 终端(T) 帮助(H)

options {
        listen-on port 53 { any; };
        listen-on-v6 port 53 { ::1; };
        directory       "/var/named";
        dump-file       "/var/named/data/cache_dump.db";
        statistics-file "/var/named/data/named_stats.txt";
        memstatistics-file "/var/named/data/named_mem_stats.txt";
        allow-query     { any; };

        recursion yes;
        dnssec-enable no;
        dnssec-validation no;

        /* Path to ISC DLV key */
        bindkeys-file "/etc/named.iscdlv.key";
        managed-keys-directory "/var/named/dynamic";
        pid-file "/run/named/named.pid";
        session-keyfile "/run/named/session.key";
};
                                                  21,0-1        顶端
```

图 6-14　辅助 DNS 服务器主配置文件(一)

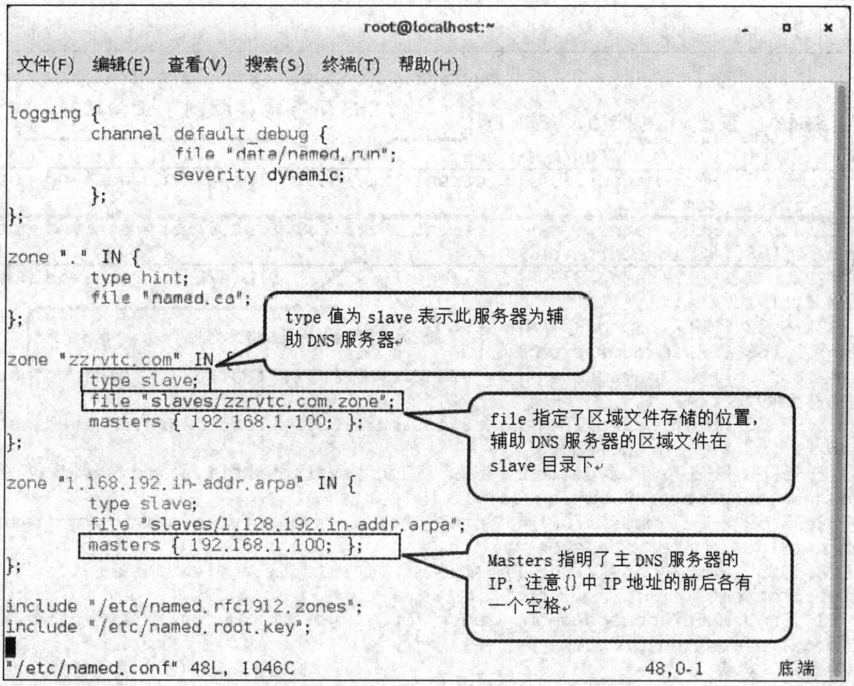

```
root@localhost:~
文件(F) 编辑(E) 查看(V) 搜索(S) 终端(T) 帮助(H)

logging {
        channel default_debug {
                file "data/named.run";
                severity dynamic;
        };
};

zone "." IN {
        type hint;
        file "named.ca";
};

zone "zzrvtc.com" IN {
        type slave;
        file "slaves/zzrvtc.com.zone";
        masters { 192.168.1.100; };
};

zone "1.168.192.in-addr.arpa" IN {
        type slave;
        file "slaves/1.128.192.in-addr.arpa";
        masters { 192.168.1.100; };
};

include "/etc/named.rfc1912.zones";
include "/etc/named.root.key";

"/etc/named.conf" 48L, 1046C                      48,0-1        底端
```


图 6-15　辅助 DNS 服务器主配置文件(二)

步骤 4　启动服务。

[root@localhost ~]# systemctl　start　named

◇ **小贴士**：为保证辅助 DNS 服务器的正常工作，建议关闭防火墙和 SELinux。

步骤 5　测试服务。

(1) 在/var/named/slaves 目录下，可以看到从主 DNS 服务器上传输过来的正向区域文件和反向区域文件，如图 6-16 所示。

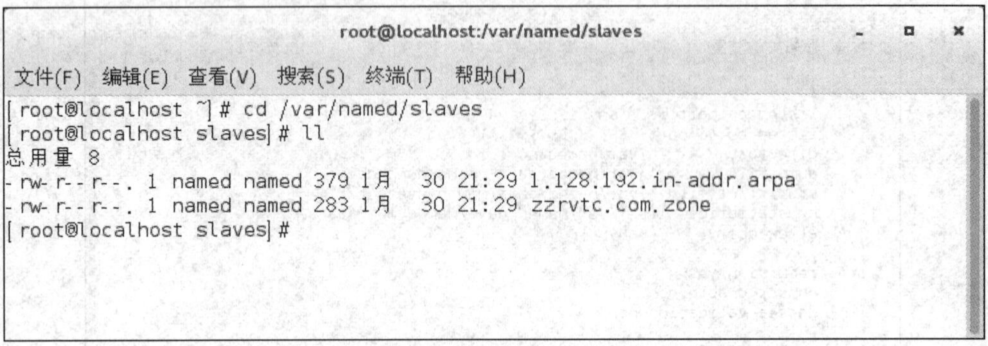

图 6-16　查看传输的区域文件

课堂讨论：尝试打开辅助域名服务器上的 zzrvtc.com.zone 文件和 1.168.192.in-addr.arpa 文件，你看到的内容和主域名服务器上的同名文件一样吗？为什么？

(2) 在主 DNS 服务器的日志文件中，可以看到传输区域文件到辅助 DNS 的记录，如图 6-17 所示。

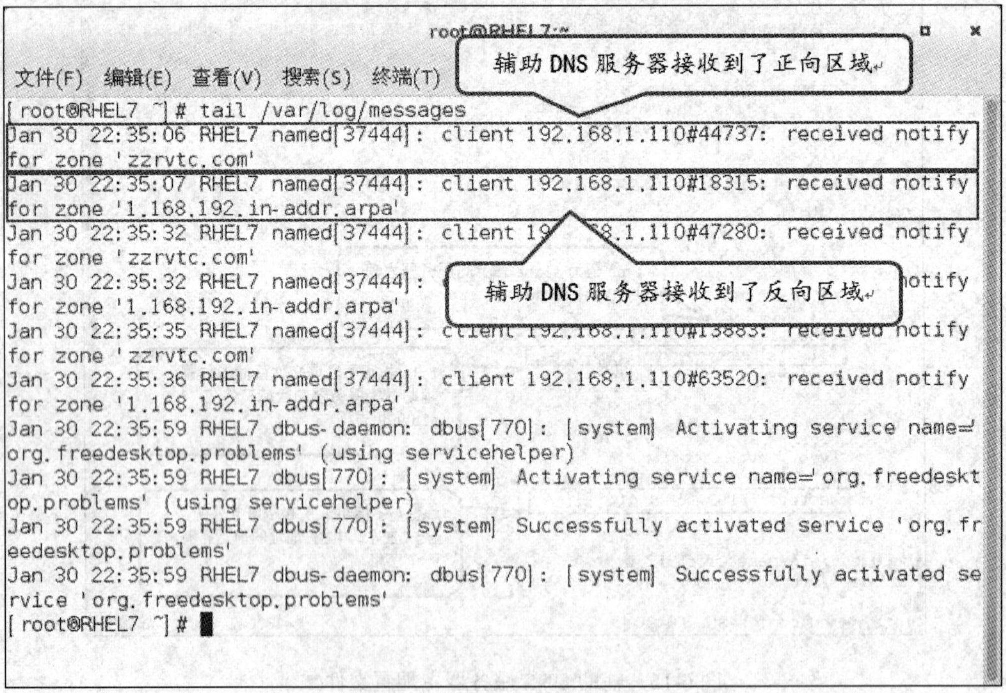

图 6-17　通过日志文件查看区域传输记录

(3) 在客户端测试。我们以 Windows 操作系统为例进行测试。将网络连接的【首选 DNS 服务器】设置为辅助 DNS 服务器的 IP 地址 192.168.1.110，如图 6-18 所示。

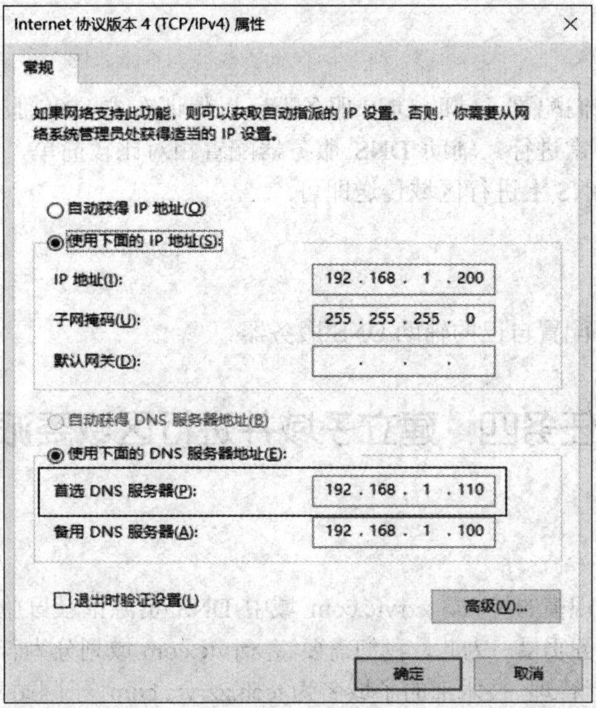

图 6-18　首选 DNS 服务器设置为辅助 DNS 服务器 IP

在命令行中使用 nslookup 命令进行测试，如图 6-19 所示。

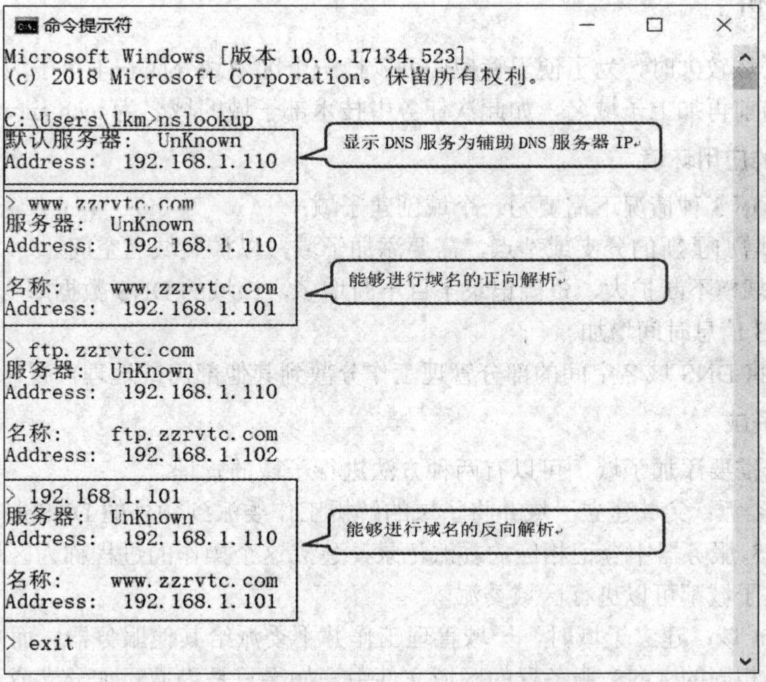

图 6-19　在 Windows 客户端测试辅助 DNS 服务器

课堂讨论：在 Windows 的客户端测试时显示“服务器:UnKnown”，为什么会出现这种情况？怎样解决使其能显示辅助域名服务器的名称如“服务器：slave.zzrvtc.com”？

四、任务总结

本次任务中，我们配置了辅助 DNS 服务器，以保证在主 DNS 服务器出现故障时域名解析工作仍然能够正常进行。辅助 DNS 服务器配置相对比较简单，只需要配置主配置文件，区域文件从主 DNS 上进行区域传送即可。

五、同步训练

试结合此次任务配置自己的辅助 DNS 服务器。

任务四　建立子域并进行区域委派

一、任务提出

随着公司局域网规模的扩大，zzrvtc.com 域中 DNS 资源记录日益增加，用户查询信息时间过长，影响了服务质量。为此，我们需要将 zzrvtc.com 域划分为若干子域，各子域分别对 DNS 资源记录进行管理。技术部的子域名为 tech.zzrvtc.com，子网站 www.tech.zzrvtc.com，IP 地址为 192.168.1.105。试配置 DNS 服务器实现技术部子网站域名解析。

二、任务分析

当一个区域较大时，为了便于管理，可以把一个区域划分成若干个子域。子域的域名是在原有域名前再加上子域名，如此次任务中技术部子域的域名为 tech.zzrvtc.com。

1. 子域的应用环境

一般在以下 3 种情况下需要为一个域创建子域：

(1) 域中增加了新的分支或站点，需要添加子域，以扩展域名空间。

(2) 域中规模不断扩大，资源记录条目不断增多，该域的 DNS 数据库变得过于庞大，用户检索 DNS 信息时间增加。

(3) 需要将 DNS 域名空间的部分管理工作分散到其他部门或地理位置。

2. 管理子域

如果根据需要添加子域，可以有两种方法进行子域的管理。

(1) 区域委派：父域建立子域并将子域的解析工作委派到额外的 DNS 服务器，并在父域的权威 DNS 服务器中登记相应的委派记录，建立这个操作的过程称为区域委派。任何情况下，创建子域都可以进行区域委派。

(2) 虚拟子域：建立子域时，子域管理工作并不委派给其他服务器，而是与父域信息一起，存放在相同的 DNS 服务器的区域文件中。如果只是为域添加分支或子站，不考虑分散管理，则选择虚拟子域的方式，可以降低硬件成本。

本任务中我们选择区域委派的方式。

三、任务实施

1. 配置父 DNS 服务器

6-4　配置子域和区域委派服务器

步骤 1　配置父 DNS 服务器主配置文件。

```
[root@RHEL7 ~]# vim /etc/named.conf
```

配置步骤见任务二。

步骤 2　配置父 DNS 服务器正向区域文件和反向区域文件，在其中指明区域委派的 DNS 服务器。

```
[root@RHEL7 ~]# vim /var/named/zzrvtc.com.zone
```

父 DNS 服务器正向区域文件如图 6-20 所示。

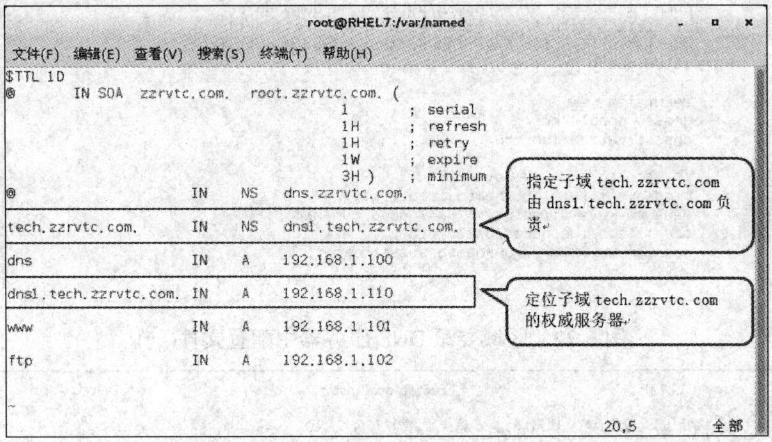

图 6-20　父 DNS 服务器的正向区域文件

父 DNS 服务器反向区域文件如图 6-21 所示。

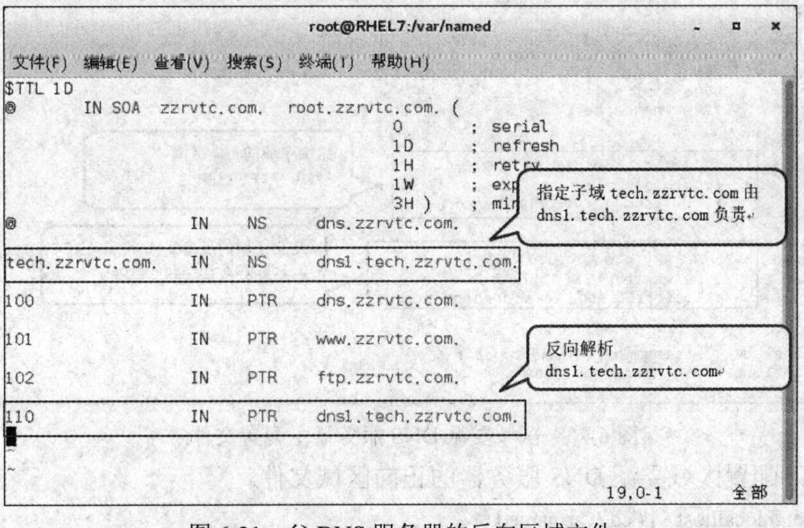

图 6-21　父 DNS 服务器的反向区域文件

步骤 3　重启父 DNS 服务器。

```
[root@RHEL7 ~]# systemctl restart named
```

2. 配置区域委派 DNS 服务器

步骤 1　开启另外一台 RHEL7.3 虚拟机作为区域委派的 DNS 服务器，配置其 IP 地址为 192.168.1.110，保证能与父 DNS 服务器网络连通，安装好 Bind 软件，配置步骤见任务一。

步骤 2　配置区域委派 DNS 服务器的主配置文件。

```
[root@localhost ~]# vim /etc/named.conf
```

区域委派 DNS 服务器的主配置文件如图 6-22 和 6-23 所示。

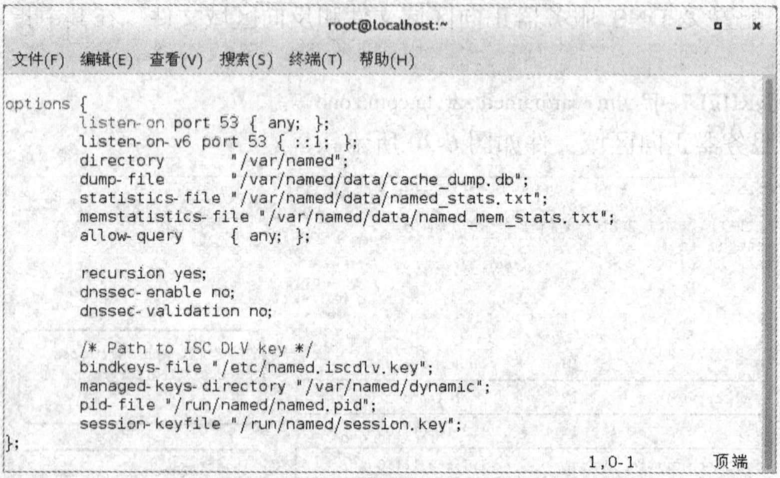


```
options {
        listen-on port 53 { any; };
        listen-on-v6 port 53 { ::1; };
        directory       "/var/named";
        dump-file       "/var/named/data/cache_dump.db";
        statistics-file "/var/named/data/named_stats.txt";
        memstatistics-file "/var/named/data/named_mem_stats.txt";
        allow-query     { any; };

        recursion yes;
        dnssec-enable no;
        dnssec-validation no;

        /* Path to ISC DLV key */
        bindkeys-file "/etc/named.iscdlv.key";
        managed-keys-directory "/var/named/dynamic";
        pid-file "/run/named/named.pid";
        session-keyfile "/run/named/session.key";
};
                                                  1,0-1         顶端
```

图 6-22　区域委派 DNS 服务器主配置文件(一)

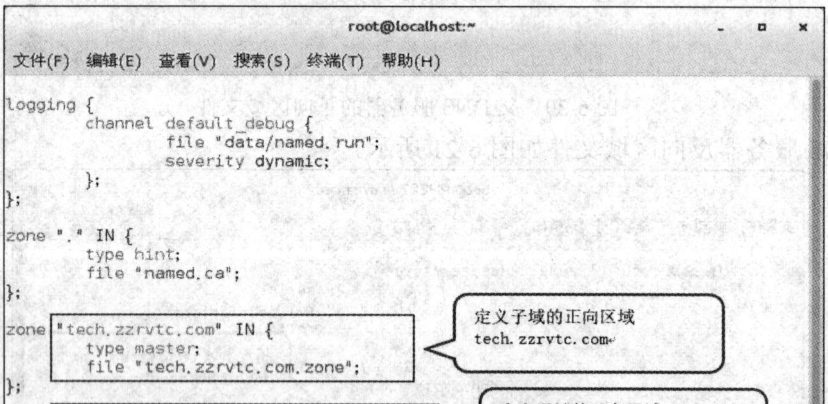


```
logging {
        channel default_debug {
                file "data/named.run";
                severity dynamic;
        };
};

zone "." IN {
        type hint;
        file "named.ca";
};

zone "tech.zzrvtc.com" IN {
        type master;
        file "tech.zzrvtc.com.zone";
};

zone "1.168.192.in-addr.arpa" IN {
        type master;
        file "1.168.192.in-addr.arpa.zone";
};

include "/etc/named.rfc1912.zones";
include "/etc/named.root.key";
                                                  21,0-1        95%
```

图 6-23　区域委派 DNS 服务器主配置文件(二)

步骤 3　配置区域委派 DNS 服务器的正向区域文件。

```
[root@localhost ~]# cd /var/named
[root@ localhost named]# cp   named.localhost   tech.zzrvtc.com.zone
[root@ localhost named]# vim   tech.zzrvtc.com.zone
```

区域委派 DNS 服务器的正向区域文件如图 6-24 所示。

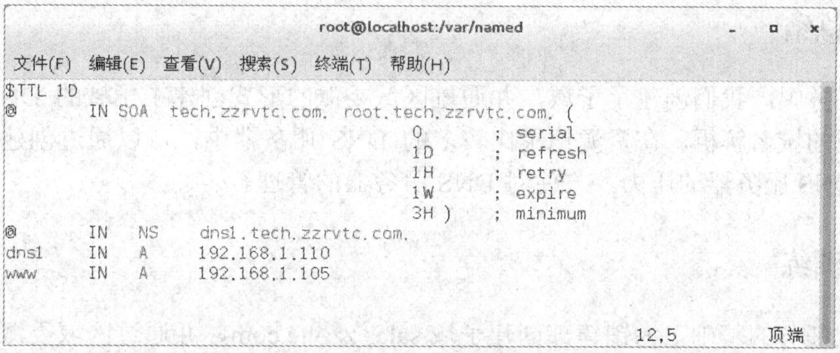

图 6-24 区域委派 DNS 服务器的正向区域文件

步骤 4 配置区域委派 DNS 服务器的反向区域文件。

[root@localhost named]# cp tech.zzrvtc.com.zone 1.168.192.in-addr.arpa.zone

[root@localhost named]# vim 1.168.192.in-addr.arpa.zone

区域委派 DNS 服务器的反向区域文件如图 6-25 所示。

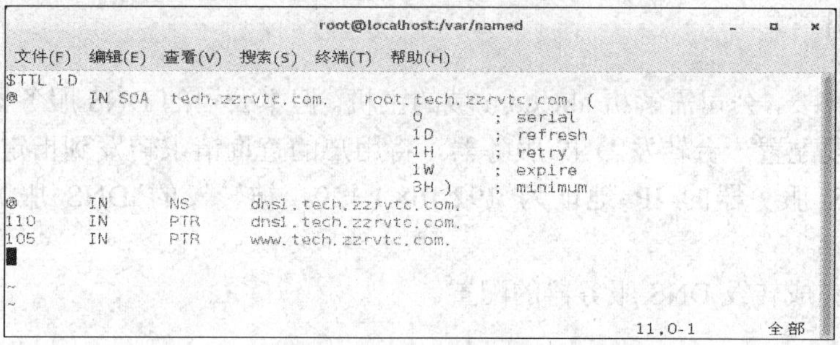

图 6-25 区域委派 DNS 服务器反向区域文件

步骤 5 修改配置文件的属组。

[root@localhost named]# chgrp named tech.zzrvtc.com.zone

[root@localhost named]# chgrp named 1.168.192.in-addr.arpa.zone

步骤 6 启动子域 DNS 服务。

[root@ localhost ~]# systemctl start named

步骤 7 测试。以在 Linux 客户端测试为例。将 Linux 客户端的 DNS 服务器 IP 设置为父 DNS 服务器。父 DNS 服务器的资源记录中并没有子域的资源记录，但是我们在查询子域的主机时，却可以正确解析，如图 6-26 所示。

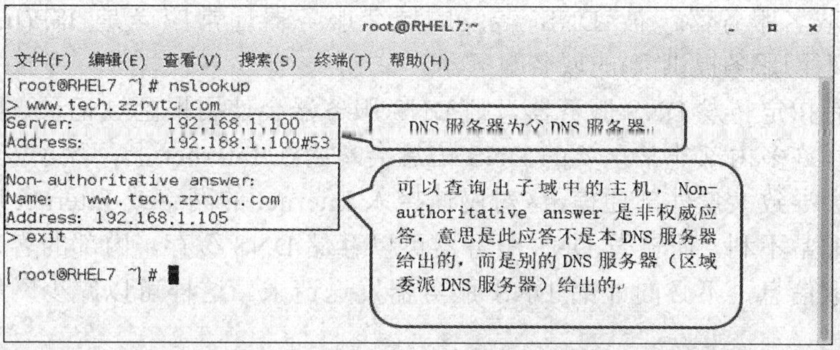

图 6-26 区域委派 DNS 服务器测试

四、任务总结

本次任务中，我们创建了子域，并通过区域委派的形式创建了子域的 DNS 服务器，实现了子域的域名解析。在资源记录比较多的 DNS 服务器中，可以通过创建子域的形式来分担父 DNS 服务器的压力，方便对 DNS 服务器的管理。

五、同步训练

在本次任务的基础上为销售部创建子域 sales.zzrvtc.com，并通过区域委派的形式创建子域 DNS 服务器，实现销售部子网站 www.sales.zzrvtc.com 主机名的解析。

任务五　配置转发 DNS 服务器

一、任务提出

出于业务需要，公司需解析 abc.com 域的主机。但本公司的 DNS 服务器无法解析该域名，因此我们要配置一台转发 DNS 服务器，将用户的查询请求转发到指定的 DNS 服务器上。转发 DNS 服务器的 IP 地址为 192.168.1.120，被转发的 DNS 服务器 IP 地址为 192.168.1.100。

本次任务完成转发 DNS 服务器的配置。

二、任务分析

一般情况下，DNS 服务器收到 DNS 客户端的查询请求后，它会在所管辖区域的数据库中寻找是否有客户端的数据。如果此 DNS 服务器的区域数据库中没有该客户端的数据，则 DNS 服务器需转向其他的 DNS 服务器进行查询。

通俗来说，转发 DNS 服务器(Forwarding DNS Server) 就是将本地 DNS 服务器无法解析的查询转发给网络上的其他 DNS 服务器。

局域网络中的 DNS 服务器只能解析那些在本地域中添加的主机，而无法解析那些未知的域名。因此，若欲实现对 Internet 中所有域名的解析，就必须将本地无法解析的域名转发给其他域名服务器。被 DNS 转发的域名服务器通常应当是 ISP(Internet Service Provider，互联网服务提供商)的域名服务器。

如果没有指定转发 DNS 服务器，则 DNS 服务器会使用根区域记录，向根服务器发送查询，这样许多内部非常重要的 DNS 信息会暴露在 Internet 上。除了安全隐私问题，直接解析还会导致大量外部通信，这对慢速接入 Internet 的网络或 Internet 服务成本很高的公司来说非常不利。而转发 DNS 服务器可以存储 DNS 缓存，内部的客户端能够直接从缓存中获取信息，不必向外部 DNS 服务器发送请求。这样可以减少网络流量并加速查询速度。

按照转发类型的不同，转发 DNS 服务器可以分为以下两种类型。

(1) 完全转发服务器：DNS 服务器配置为完全转发会将所有区域的 DNS 查询请求发送到其他 DNS 服务器。可以通过设置 named.conf 文件的 options 字段实现该功能。

```
options {
    directory "/var/named";
    recursion yes;                              #允许递归查询
    forwarders { 被转发 DNS 服务器 IP 列表;};   #指定转发查询请求 DNS 服务器列表
    forward only;                               #仅执行转发操作
};
```

完全转发 DNS 服务器上不存储任何区域资源信息。仅将转发的查询信息在本机缓存，因此也称为唯缓存 DNS 服务器。

(2) 条件转发服务器：该服务器类型只能转发指定域的 DNS 查询请求，需要修改 named.conf 文件并添加转发区域的设置。

```
zone "域名"
{
    type forward;
    forwarders { 被转发 DNS 服务器 IP 列表;};
};
```

三、任务实施

6-5 配置转发 DNS 服务器

1. 配置被转发 DNS 服务器

步骤 1　安装好 Bind 软件，安装步骤见任务一，配置 IP 地址为 192.168.1.100。

步骤 2　修改被转发 DNS 服务器主配置文件，添加 abc.com 域。

```
[root@RHEL7 ~]# vim /etc/named.conf
```

被转发 DNS 服务器部分配置文件如图 6-27 所示。其他配置文件内容参考任务二。

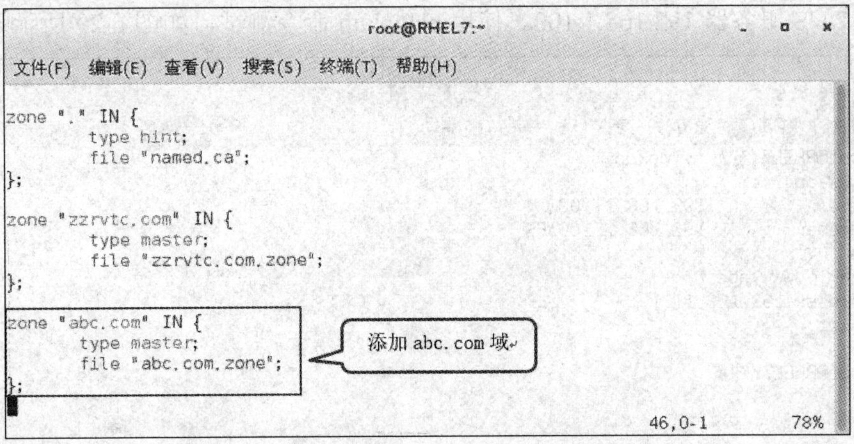

图 6-27　被转发 DNS 服务器部分配置文件

◇ **小贴士**：一个 DNS 服务器中可以添加多个域，每个域对应不同的区域文件，可以实现对多个域名的解析。

步骤 3　修改被转发 DNS 服务器区域文件 abc.com.zone，实现对 abc.com 域的解析。

由于 abc.com.zone 是新建的文件，为方便编辑，我们将已有的 zzrvtc.com.zone 文件复制一份再加以修改即可。

```
[root@RHEL7 ~]# cd    /var/named
[root@RHEL7 named]# cp   -p   zzrvtc.com.zone     abc.com.zone
[root@RHEL7 named]# vim   abc.com.zone
```

◇ **小贴士**：cp 命令后加-p 选项，可以将文件的属性一起复制过来。

abc.com.zone 文件内容如图 6-28 所示。

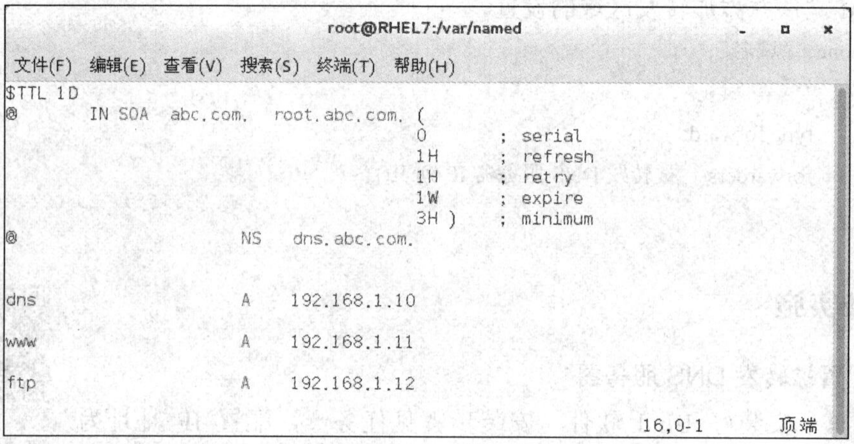

图 6-28　abc.com.zone 文件内容

步骤 4　重启 DNS 服务。

```
[root@ RHEL7 ~]# systemctl restart named
```

步骤 5　测试。以在 Linux 客户端测试为例。将 Linux 客户端的 DNS 服务器 IP 设置为被转发 DNS 服务器 192.168.1.100。使用 nslookup 命令测试，如图 6-29 所示。

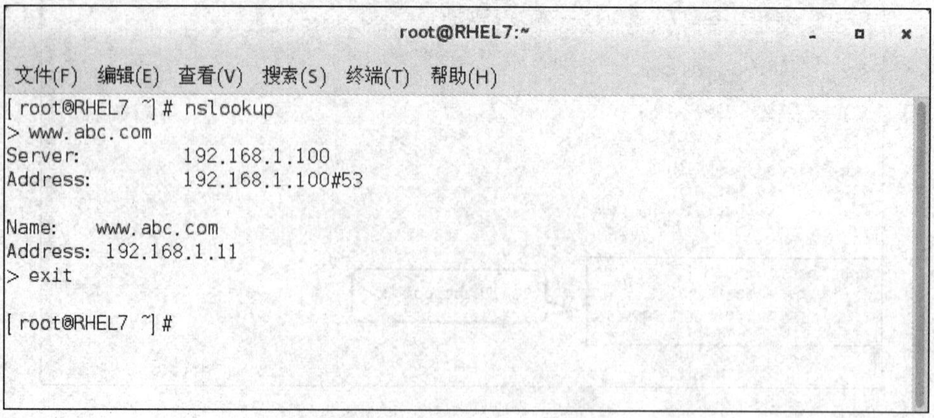

图 6-29　被转发 DNS 服务器测试

2. 配置转发 DNS 服务器

步骤 1　开启另外一台 RHEL7.3 虚拟机作为转发 DNS 服务器，配置其 IP 地址为 192.168.1.120，保证能与被转发 DNS 服务器网络连通，安装好 Bind 软件，步骤见任务一。

步骤 2　修改转发 DNS 服务器主配置文件。

```
[root@localhost ~]# vim    /etc/named.conf
```

转发 DNS 服务器主配置文件部分内容如图 6-30 所示。其他内容参见任务二。

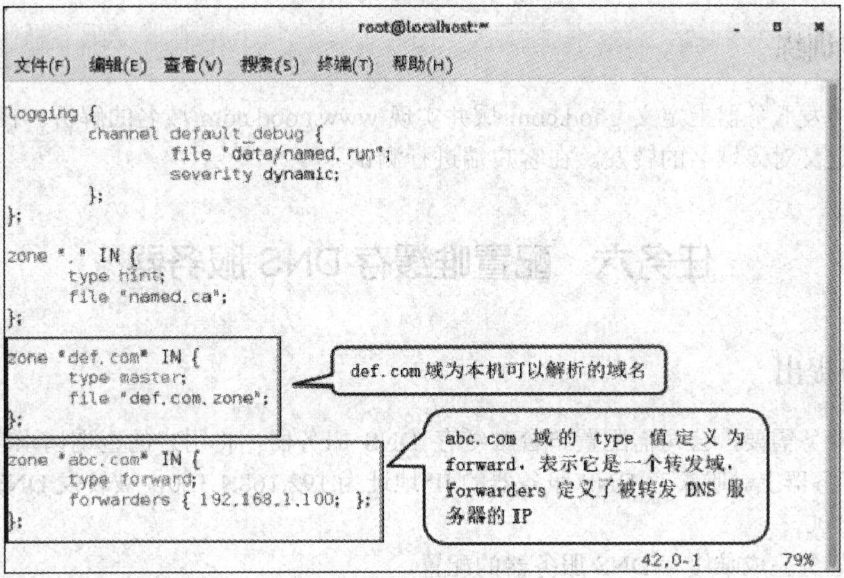

图 6-30　转发 DNS 服务器主配置文件部分内容

◇ **小贴士**：由于本任务是配置转发服务器，所以对于非转发服务器的部分不再配置，读者可以自行补充完整。

步骤 3　重启 DNS 服务。

```
[root@localhost ~]# systemctl    restart    named
```

步骤 4　测试。以在 Linux 客户端测试为例。将 Linux 客户端的 DNS 服务器 IP 设置为转发 DNS 服务器 192.168.1.120。使用 nslookup 命令测试，如图 6-31 所示。

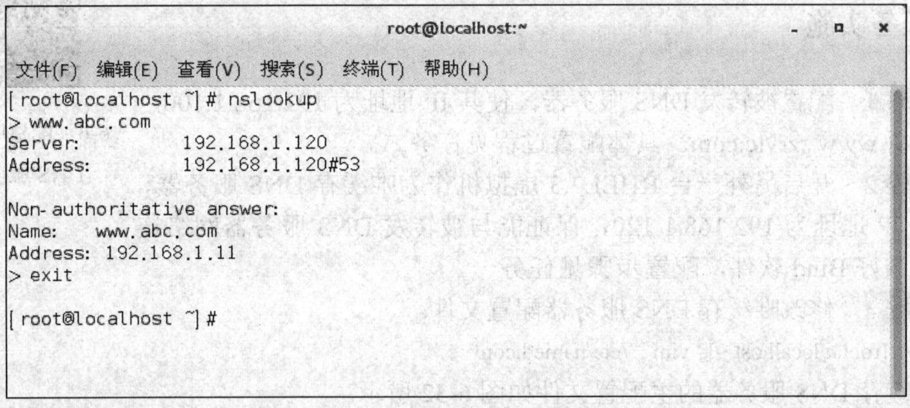

图 6-31　转发 DNS 服务器测试

四、任务总结

本次任务我们完成了条件转发 DNS 服务器的配置。对于特定的域名，我们通过定义被转发 DNS 服务器，将用户的查询请求发送至被转发 DNS 服务器，由被转发 DNS 服务器把解析结果返回给转发 DNS 服务器。转发 DNS 服务器不必再定义该域名的资源记录，从而节约了存储资源。

五、同步训练

在被转发服务器上定义 good.com 域并实现 www.good.com 域名的解析。在转发 DNS 服务器上定义对该域名的转发。在客户端进行测试。

任务六　配置唯缓存 DNS 服务器

一、任务提出

出于业务需要，公司需配置一台唯缓存 DNS 服务器，将用户的查询请求转发到指定的 DNS 服务器上。唯缓存 DNS 服务器的 IP 地址为 192.168.1.120，被转发 DNS 服务器为 192.168.1.100。

本次任务完成唯缓存 DNS 服务器的配置。

二、任务分析

唯缓存 DNS 服务器是一种特殊的 DNS 服务器，也是转发 DNS 服务器的一种形式。它在本地并不存储任何资源信息，仅执行查询和缓存操作。因此，在唯缓存 DNS 服务器上不必设置区域信息，也不必配置区域文件。只需在要主配置文件中指定转发的服务器即可。

三、任务实施

6-6　配置唯缓存 DNS 服务器

步骤 1　配置被转发 DNS 服务器，使其 IP 地址为 192.168.1.100，能够解析 www.zzrvtc.com。具体配置过程见任务二。

步骤 2　开启另外一台 RHEL7.3 虚拟机作为唯缓存 DNS 服务器，配置其 IP 地址为 192.168.1.120，保证能与被转发 DNS 服务器网络连通，安装好 Bind 软件，配置步骤见任务一。

步骤 3　修改唯缓存 DNS 服务器配置文件。

```
[root@localhost ~]# vim  /etc/named.conf
```

唯缓存 DNS 服务器的主配置文件如图 6-32 所示。

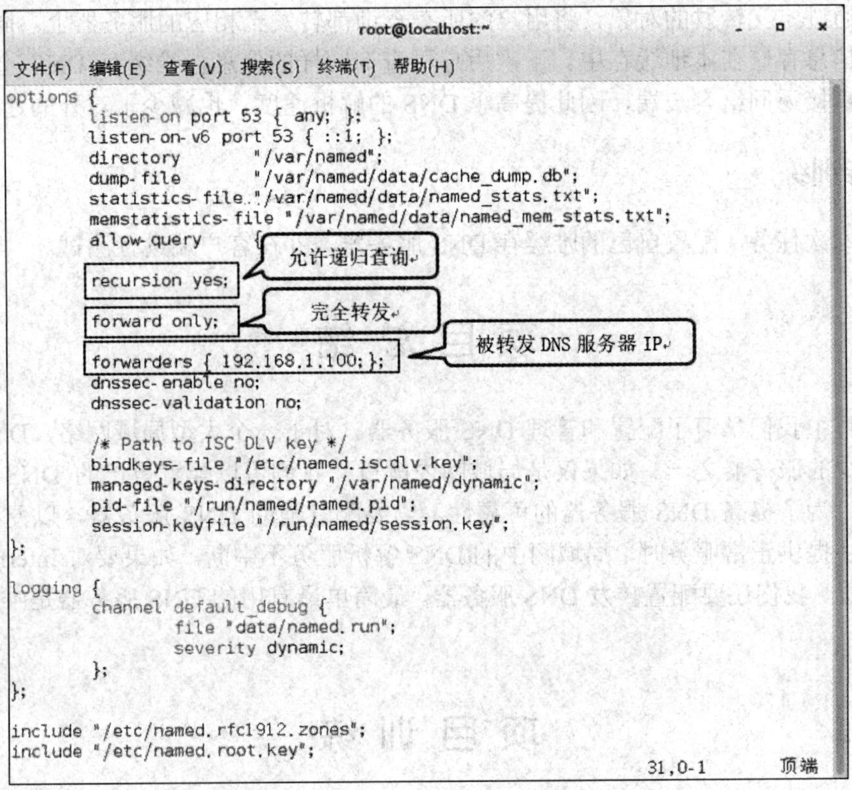

图 6-32　唯缓存 DNS 服务器主配置文件

步骤 4　启动唯缓存 DNS 服务。

```
[root@ localhost ~]# systemctl start named
```

步骤 5　测试。以在 Linux 客户端测试为例。将 Linux 客户端的 DNS 服务器 IP 设置为唯缓存 DNS 服务器。唯缓存 DNS 服务器上并没有资源记录，但是我们在查询相应的资源时，却可以正确解析，如图 6 33 所示。

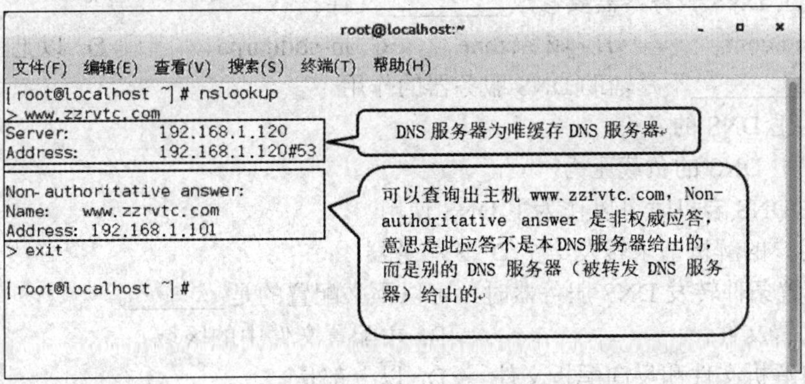

图 6-33　唯缓存 DNS 服务器测试

四、任务总结

本任务中我们配置了唯缓存 DNS 服务器。唯缓存 DNS 服务器是转发 DNS 服务器的一种。它通过定义转发的对象，将用户的所有查询都转发至相应的服务器上。同时，将用户的查询信息存储在本地缓存中。下次用户再查询同样的信息，唯缓存 DNS 会将自己缓存的信息直接返回给客户端，因此提高了 DNS 的解析速度，也减少了对外的通信量。

五、同步训练

结合本次任务，配置自己的唯缓存 DNS 服务器，并在客户端进行测试。

项目总结

本项目中我们学习了配置和管理 DNS 服务器。对于一个大型局域网络，DNS 服务器是必不可少的服务器之一。如果仅是局域网内解析，我们可以配置自己的 DNS 服务器和资源记录。为了提高 DNS 服务器的可靠性，需要配置辅助 DNS 服务器，以便在主 DNS 服务器无法提供正常服务时，局域网中的 DNS 解析服务不中断。如果要对 Internet 上的域名进行解析，我们还要配置转发 DNS 服务器。最简单最有用的 DNS 服务器是唯缓存 DNS 服务器。

项目训练

一、选择题

1. DNS 的域名空间是________结构。

A. 线型　B. 环型　C. 树型　D. 星型

2. 顶级域名中代表政府机构的是________。

A. com　B. edu　C. gov　D. mil

3. 配置主 DNS 服务器需要修改________文件。

A. named.conf　B. 域名.zone　C. in-addr.arpa　D. 以上三个都是

4. 以下________不是辅助 DNS 服务器的作用。

A. 作为主 DNS 的备份

B. 分担主 DNS 的负载压力

C. 在主 DNS 宕机时可以作为主 DNS 使用

D. 把用户的解析请求转发给主 DNS 服务器

5. 在配置条件转发 DNS 服务器时，可以不必配置的是________。

A. 主配置文件　B. 主配置文件中的区域

C. 正向解析文件和反向解析文件　D. 以上都是

二、填空题

1. abc 是中国一所大学的名字，则它的域名应该是________________。

2. DNS 服务器的主配置文件在__________目录下，正向解析文件和反向解析文件在目录下。

3. DNS 的查询方式分为______________和______________，其中后者是如果在 DNS 服务器中没有查到所需数据，该 DNS 服务器便会告诉 DNS 客户机另外一台 DNS 服务器的 IP 地址，让客户去询问那台服务器。

4. 有两种方法可以管理子域，分别是____________和____________，其中后者是指把子域的管理放在别的 DNS 服务器上。

5. 要测试 DNS 服务器是否能够正确解析域名，可以使用__________命令。

6. 在 DNS 的资源记录中，负责把 FQDN 映射到 IP 地址的记录是_______记录，负责把 IP 地址映射到 FQDN 的记录是________记录。

7. 决定主 DNS 是否向辅助 DNS 进行区域传送的关键是看 SOA 资源记录中的字段。

8. 转发 DNS 服务器分为两种类型，分别为____________和______________，其中后者也称为唯缓存 DNS 服务器。

三、实践操作题

某公司有 abc.com 和 abd.com 两个域名，试按要求配置 DNS 服务器。

(1) 配置主 DNS 服务器(IP 地址为 192.168.1.101)，使之能解析 abc.com 域和 abd.com 域，其中 abc.com 域中 www 服务器的主机名为 www.abc.com，对应的 IP 地址为 192.168.1.1，abd.com 域中 ftp 服务器的主机名为 ftp.abd.com，对应的 IP 地址为 192.168.1.2。

(2) 配置辅助 DNS 服务器(IP 地址为 192.168.1.102)，使之能作为 abc.com 域的备份。

(3) 子域 sub.abc.com 的解析工作委派给另外一台 DNS 服务器(IP 地址为 192.168.1.103)，该域中的 www 服务器的主机名为 www.sub.abc.com，对应的 IP 地址为 192.168.1.3。

(4) 配置条件转发 DNS 服务器(IP 地址为 192.168.1.104)，使之不仅能自主解析域名 abe.com，还能将 abd.com 的解析转发到 IP 地址为 192.168.1.101 的 DNS 服务器上。abe.com 域中的 ftp 服务器的主机名为 ftp.abe.com，对应的 IP 地址为 192.168.1.4。

(5) 配置唯缓存 DNS 服务器(IP 地址为 192.168.1.105)，使之将所有关于 abd.com 的解析都转发到 IP 地址为 192.168.1.101 的 DNS 服务器上。

项目 7　WWW 服务器配置与管理

【项目描述】

公司为方便对外和对内发布信息，需要一台 WWW 服务器。WWW 服务器的域名为 www.zzrvtc.com，能够实现基本信息浏览、虚拟主机、个人主页、虚拟目录、权限控制、用户身份验证等功能。

本项目中我们来完成 WWW 服务器的配置与管理任务。

【学习目标】

(1) 了解 WWW 服务器在网络中的作用。

(2) 掌握 WWW 服务器的安装过程。

(3) 掌握各种 WWW 服务器功能的配置。

(4) 掌握 Web 网站和虚拟主机的配置。

预备知识　认识 WWW 服务器

1. WWW 服务

WWW(World Wide Web，简称 Web) 服务是一种建立在超文本基础上的浏览、查询因特网信息的方式，它以交互方式查询并且访问存放于远程计算机里的信息，为多种因特网浏览与检索访问提供一个单独一致的访问机制。Web 页面将文本、超媒体、图形和声音结合在一起，给企业带来通信与获取信息资源的便利条件。

WWW 服务采用客户机/服务器结构，整理和存储各种 WWW 资源，并响应客户端软件的请求，把所需的信息资源通过浏览器传送给用户。

WWW 服务所用到的协议有超文本传输协议(Hyper Text Transfer Protocol，HTTP)与超文本标记语言(Hyper Text Markup language，HTML)。其中，HTTP 是 WWW 服务使用的应用层协议，用于实现 WWW 客户机与 WWW 服务器之间的通信；HTML 语言是 WWW 服务的信息组织形式，用于定义在 WWW 服务器中存储的信息格式。

2. HTTP 协议

HTTP 是用于从 WWW 服务器传输超文本到本地浏览器的传送协议。HTTP 是一个应用层的面向对象的协议，由于其简洁、快速的特点，适用于分布式超媒体信息系统。它于 1990 年被提出，经过几年的使用与发展，得到不断的完善和扩展。目前在 WWW 中使用的是 HTTP1.1，而且 HTTP-NG(Next Generation of HTTP)的建议也已经被提出。

HTTP 协议采用客户端/服务端架构。浏览器作为 HTTP 客户端通过 URL 向 HTTP 服务端即 Web 服务器发送所有请求。Web 服务器接收到请求后，向客户端发送响应信息。

如今的 Web 服务可以分为两种：静态 Web 服务和动态 Web 服务。其中动态 Web 服务更为流行。动态 Web 服务需要后台数据库服务器的支持。我们以访问 http://www.zzrvtc.com 网站为例，其使用 HTTP 协议的工作流程如图 7-1 所示。

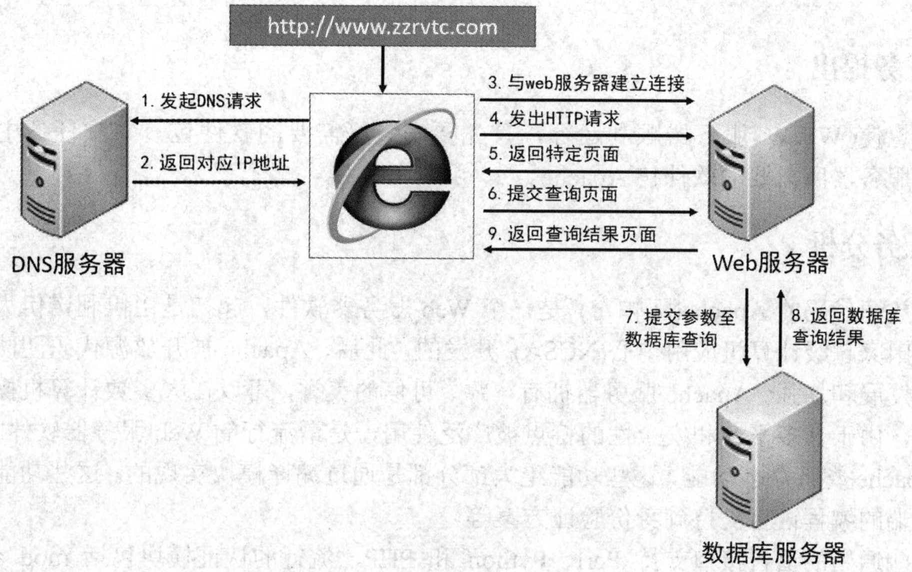

图 7-1　HTTP 协议工作流程

知识链接

LAMP 模型

Web 服务的网站应用中动态网站是最流行的 Web 服务类型。在 Linux 平台下搭建动态网站的组合，应用最为广泛的是 LAMP 模型，即 Linux、Apache、MySQL 及 PHP，取英文第一个字母的缩写命名。

Linux 是基于 GPL 协议的操作系统，具有稳定、免费、多用户、多进程的特点。Linux 的应用非常广泛，是服务器操作系统的理想选择。

Apache 为 Web 服务器软件，与微软公司的 IIS 相比，Apache 具有快速、廉价、易维护、安全可靠的优势，并且开放源代码。

MySQL 是关系数据库系统软件。由于它的强大功能、灵活性、良好的兼容性，以及精巧的系统结构，作为 Web 服务器的后台数据库，应用极为广泛。

PHP 是一种基于服务端来创建动态网站的脚本语言。PHP 开放源代码，支持多个操作平台，可以运行在 Windows 和多种版本的 Linux 上。它不需要任何预先处理而快速反馈结果，并且 PHP 消耗的资源较少，当 PHP 作为 Apache 服务器一部分时，运行代码不需要调用外部程序，服务器不需要承担任何额外的负担。

PHP 应用程序通过请求的 URL 或者其他信息，确定应该执行什么操作。如有需要，服务器会从 MySQL 数据库中获得信息，将这些信息通过 HTML 进行整合，形成相应网页，并将结果返回给客户机。当用户在浏览器中操作时，这个过程重复进行，多个用户访问 LAMP 系统时，服务器会进行并发处理。

任务一　安装 Apache 服务器

一、任务提出

要想使 WWW 服务器顺利运行，首先要安装好需要的软件包。本次任务主要安装 WWW 服务器所需要的软件包 Apache。

二、任务分析

开放源代码的 Apache(阿帕奇) 是一个 Web 服务器软件，起初是由伊利诺伊大学香槟分校的国家超级计算机应用中心(NCSA) 开发的，此后，Apache 被开放源代码团队的成员不断地发展和加强。Apache 服务器拥有牢靠、可信的美誉，可以在大多数计算机操作系统中运行，由于其多平台和安全性的特点被广泛使用，是最流行的 Web 服务器软件之一。

Apache 支持众多功能，这些功能绝大部分都是通过编译模块实现的。这些功能包括从服务器端的编程语言支持到身份验证方案等。

一些通用的语言接口支持 Perl、Python 和 PHP，流行的认证模块包括 mod_access、rood_auth 和 rood_digest，还有 SSL 和 TLS 支持(mod_ssl)、代理服务器(proxy)模块、很有用的 URL 重写(rood_rewrite)、定制日志文件(mod_log_config)，以及过滤支持(mod_include 和 mod_ext_filter)。

RHEL7.3 中的 Apache 主程序软件包是 httpd-2.4.6-45.el7.x86_64.rpm，我们需要安装此软件包。

知识链接

Apache 名称的由来

当 Apache 在 1995 年被开发的时候，它是由当时最流行的 WWW 服务器 NCSA HTTPd 1.3 的代码修改而成的，因此其名称的由来被戏称为 a pachy server(一个修补的服务器)。然而在 Apache 服务器官方网站的 FAQ 中对它的名字是这么解释的：“‘Apache’这个名字是为了纪念名为 Apache 的美洲印第安土著的一支，众所周知，他们拥有高超的作战策略和无穷的耐性。”

三、任务实施

1. 查看系统中是否已经安装 Apache 软件包

```
[root@RHEL7 ~]# rpm –qa|grep httpd
```

7-1　安装 Apache 服务器

如果主程序包没有安装，则需要安装主程序包。

2. 安装主程序包

步骤 1　挂载光盘。

```
[root@RHEL7 ~]# mount     /dev/cdrom     /mnt/cdrom
```

步骤 2　使用 YUM 安装软件包。

[root@RHEL7 ~]# yum　install　httpd　-y

YUM 配置文件见项目 3 中的任务一，安装过程如图 7-2～图 7-4 所示。

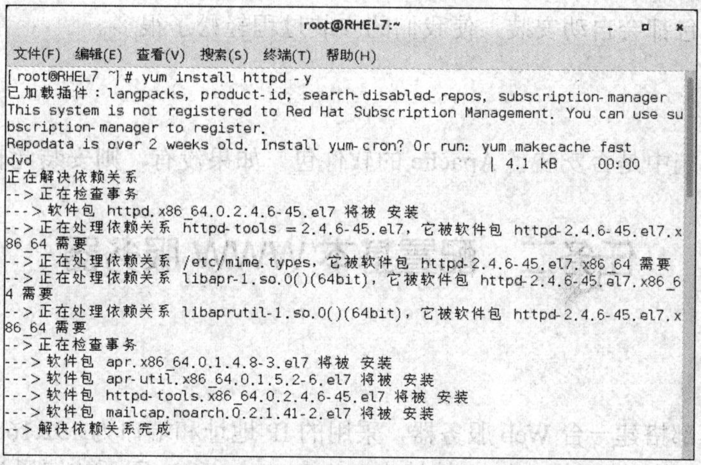

图 7-2　Apache 安装过程(一)

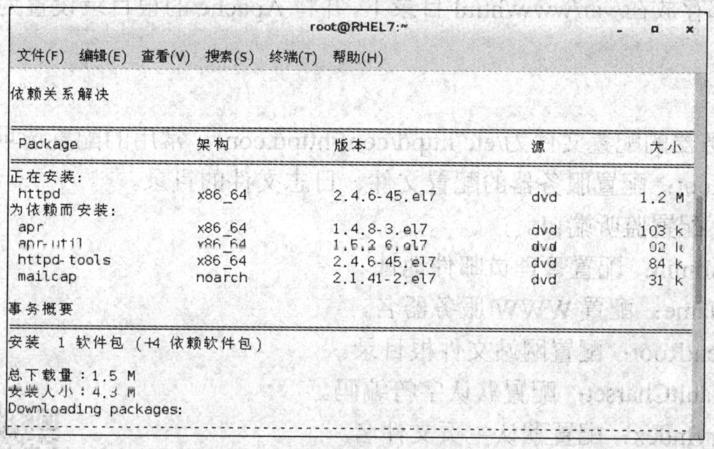

图 7-3　Apache 安装过程(二)

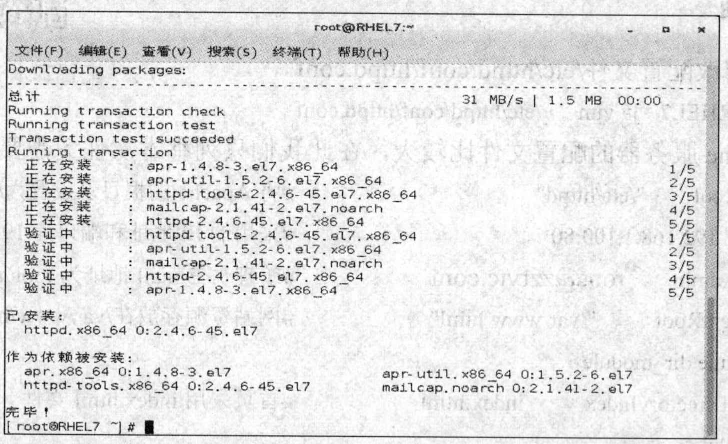

图 7-4　Apache 安装过程(三)

四、任务总结

本次任务主要完成了 WWW 服务器软件的安装。由于使用了 YUM 工具，在安装过程中所依赖的软件包都会自动安装，使我们的安装过程轻松了很多。

五、同步训练

检查当前系统中是否安装了 Apache 的软件包，如果没有，则安装此软件包。

任务二　配置基本 WWW 服务器

一、任务提出

公司部门内部搭建一台 Web 服务器，采用的 IP 地址和端口为 192.168.1.100:80，首页采用 index.html 文件。管理员 E-mail 地址为 root@zzrvtc.com，网页的编码类型采用 UTF-8，所有网站资源都存放在/var/www/html 目录下，并将 Apache 的根目录设置为/etc/httpd 目录。

二、任务分析

Apache 服务器的配置文件为/etc/httpd/conf/httpd.conf。常用的配置选项有：

(1) ServerRoot：配置服务器的配置文件、日志文件的目录。

(2) Listen：配置监听端口。

(3) ServerAdmin：配置管理员邮件地址。

(4) ServerName：配置 WWW 服务器名。

(5) DocumentRoot：配置网站文件根目录。

(6) AddDefaultCharset：配置默认字符编码。

(7) DirectoryIndex：配置默认主页文件名。

三、任务实施

7-2　配置基本 WWW 服务器

步骤 1　修改配置文件/etc/httpd/conf/httpd.conf。

```
[root@RHEL7 ~]# vim    /etc/httpd/conf/httpd.conf
```

由于 Apache 服务器的配置文件比较大，在此我们只列举本次任务需要的设置。

```
ServerRoot      "/etc/httpd"                   #将 Apache 的根目录设置为/etc/httpd 目录
Listen    192.168.1.100:80                     #采用的 IP 地址和端口为 192.168.1.100:80
ServerAdmin      root@zzrvtc.com               #管理员 E-mail 地址为 root@zzrvtc.com
DocumentRoot       "/var/www/html"             #网站资源存放在/var/www/html 目录下
<IfModule dir_module>
        DirectoryIndex        index.html       #首页采用 index.html 文件
</IfModule>
AddDefaultCharset      UTF-8                   #网页的编码类型采用 UTF-8
```

步骤 2　启动服务。

```
[root@RHEL7 ~]# systemctl start httpd
```

步骤 3　测试。

在/var/www/html 目录下创建主页文件 index.html，并在其中写入测试内容："Welcome to Apache Server."。

```
[root@RHEL7 ~]# cd     /var/www/html
[root@RHEL7 html]# echo "Welcome to Apache Server.">>index.html
```

开启一台 Windows 客户机，确认能与 WWW 服务器网络连通。打开浏览器访问 WWW 服务器的 Web 网站，可以看到主页的测试内容，如图 7-5 所示。

图 7-5　在浏览器中访问网站

四、任务总结

在此任务中，我们配置 Web 服务器使其可以提供最基本的信息浏览服务。这是实现 Web 服务器其他功能的基础，因此必须配置正确无误。

五、同步训练

公司部门内部搭建一台 Web 服务器，采用的 IP 地址和端口为 192.168.0.100:80，首页采用 index.htm 文件。管理员 E-mail 地址为 root@abc.com，网页的编码类型采用 GB2312，所有网站资源都存放在/var/html 目录下，并将 Apache 的根目录设置为/etc/httpd 目录。试配置 Apache 服务器实现上述功能，并进行测试。

任务三　配置虚拟主机

一、任务提出

公司申请了两个域名：www.zzrvtc.com 和 www.abc.com，需要建立两个不同的 Web 网站。出于对资金预算的考虑，需要将这两个网站放在同一台硬件服务器上运行。试配置虚拟主机，实现在同一个服务器平台上运行多个 Web 站点的功能。

二、任务分析

1. 虚拟主机

所谓"虚拟主机"，是指在一个操作系统平台上搭建多个 Web 站点，每个 web 站点独立运行互不干扰。对于访问量不大的站点来说，这样做可以降低单个站点的运营成本。

虚拟主机可以是基于 IP 地址、主机名或端口号的。基于 IP 地址的虚拟主机需要在计算机上配有多个 IP 地址，并为每个 Web 站点分配一个唯一的 IP 地址。基于主机名的虚拟主机要求拥有多个主机名，并且为每个 Web 站点分配一个主机名。基于端口号的虚拟主机，要求不同的 Web 站点通过不同的端口号监听，系统不能占用这些端口号。

2. RHEL7 虚拟主机配置问题

在 RHEL6 中 Apache 配置文件非常庞大，几乎所有的配置内容都放在 httpd.conf 文件中。在 RHEL7 中将配置文件又分出了若干个子文件，放在/etc/httpd/conf.d 目录中，而在主配置文件 httpd.conf 文件的末尾用“IncludeOptional conf.d/*.conf”将所有的子配置文件包含进来。因此，我们的虚拟主机配置可以单独写在一个子配置文件中，并将其放在/etc/httpd/conf.d 目录中。虚拟主机的基本配置内容如下：

```
<virtualhost   *:80>          #虚拟主机容器的起始
    DocumentRoot              #网站资源的根目录
    ServerName                #虚拟主机名
    ServerAdmin               #管理员邮件地址
    ErrorLog                  #错误日志
    CustomLog                 #访问日志
</virtualhost>                #虚拟主机容器的结束
```

一个容器对应一个虚拟主机，如果有多个虚拟主机，就使用多个容器，将相应的虚拟主机的内容写进容器中。

三、任务实施

7-3　配置虚拟主机

步骤 1　配置 DNS 服务器，使其能解析域名 www.zzrvtc.com 和 www.abc.com。配置步骤参见项目 6 中的任务二。其主配置文件(部分)和正向区域文件如图 7-6～图 7-8 所示，配置结果测试如图 7-9 所示。

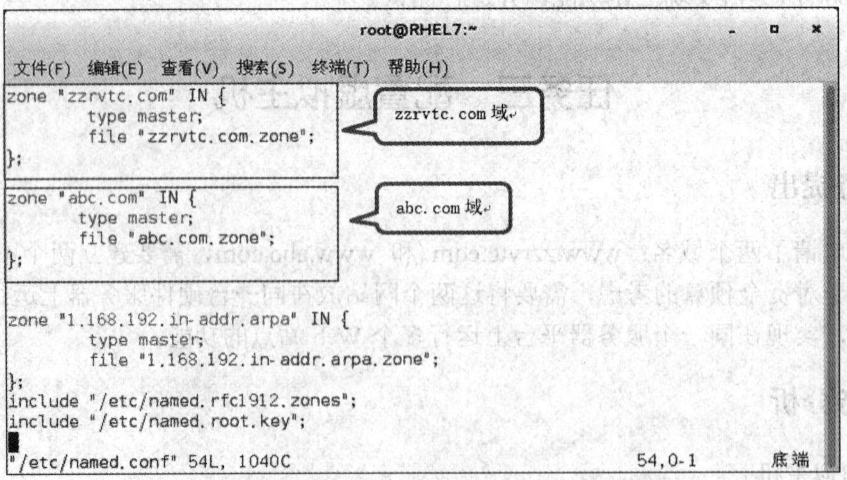

图 7-6　主配置文件(部分)

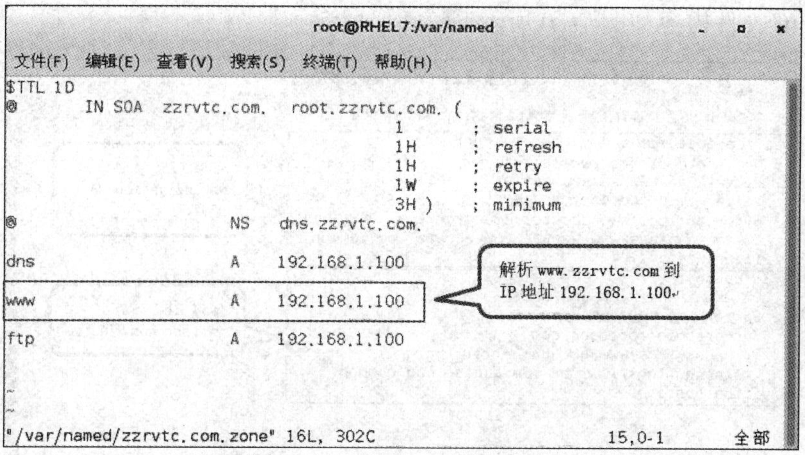

图 7-7 zzrvtc.com.zone 正向区域文件

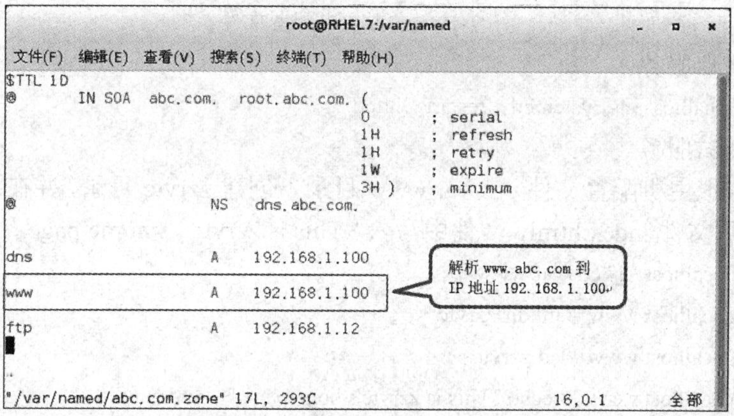

图 7-8 abc.com.zone 正向区域文件

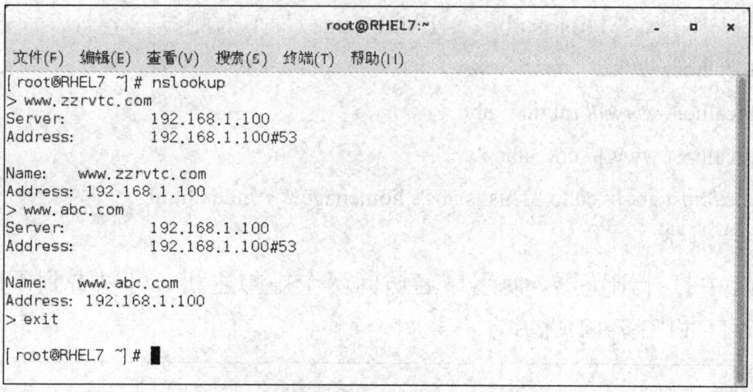

图 7-9 DNS 服务器配置结果测试

◇ **小贴士**：如果不能正确配置 DNS 服务器，也可以将两个域名及其对应的 IP 地址写入/etc/hosts 文件中，同样能实现域名解析。

步骤 2 进入/etc/httpd/conf.d 目录，创建 vhost.conf 文件作为虚拟主机的配置文件。

```
[root@RHEL7 ~]# cd    /etc/httpd/conf.d
[root@RHEL7 conf.d]# vim    vhost.conf
```

vhost.conf 文件内容如图 7-10 所示。

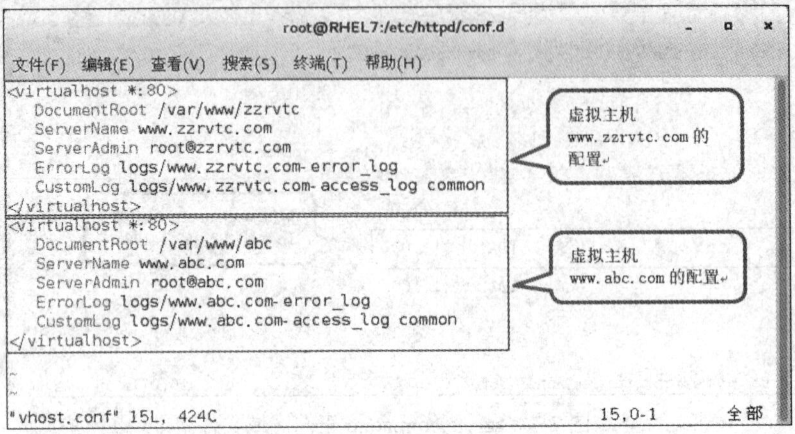

图 7-10　虚拟主机配置文件

步骤 3　重启服务。

```
[root@localhost ~]# systemctl  restart  httpd
```

步骤 4　测试服务。

(1) 根据虚拟主机配置文件，在/var/www 目录下创建 zzrvtc 目录，并在/var/www/zzrvtc 目录中创建主页文件 index.html，文件中写入“This is zzrvtc’s home page.”作为测试内容。

```
[root@localhost ~]# cd /var/www
[root@localhost www]# mkdir zzrvtc
[root@localhost www]# cd zzrvtc
[root@localhost zzrvtc]# echo "This is zzrvtc's homepage.">>index.html
```

(2) 在/var/www 目录下创建 abc 目录，并在/var/www/abc 目录中创建主页文件 index.html，文件中写入“This is abc’s home page.”作为测试内容。

```
[root@localhost ~]# cd  /var/www
[root@localhost www]# mkdir  abc
[root@localhost www]# cd  abc
[root@localhost abc]# echo "This is abc's homepage.">>index.html
```

(3) 在客户端测试。

在 Windows 中打开浏览器，使用域名访问两个虚拟主机，可以看到不同虚拟主机的主页内容，如图 7-11 和图 7-12 所示。

图 7-11　访问 www.zzrvtc.com 虚拟主机

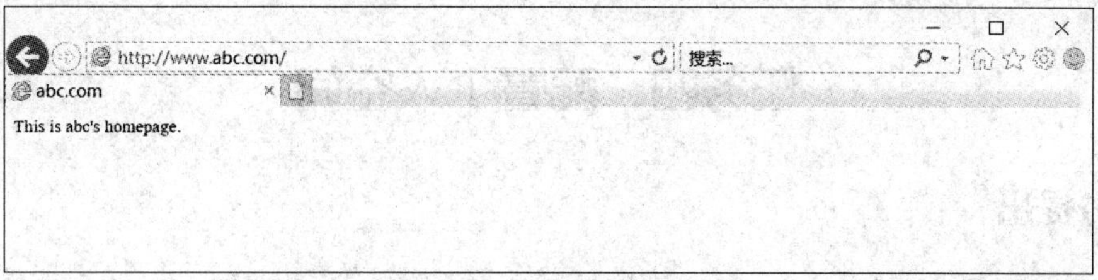

图 7-12　访问 www.abc.com 虚拟主机

课堂讨论：基于 IP 地址的虚拟主机和基于端口号的虚拟主机如何配置？

知识链接

基于端口号的虚拟主机配置

基于端口号的虚拟主机配置与基于域名的虚拟主机配置相似，只需要在容器的开始部分声明所使用的端口号，如下所示：

```
<virtualhost *:端口号 1>
    DocumentRoot
    ServerName
    ServerAdmin
< virtualhost >
<virtualhost*:端口号 2>
    DocumentRoot
    ServerName
    ServerAdmin
< virtualhost >
```

另外，还需要在主配置文件/etc/httpd/conf/httpd.conf 中的 Listen 项中声明所使用的端口号，如下所示：

```
Listen   端口号 1
Listen   端口号 2
```

四、任务总结

本次任务中，我们配置了 Web 服务器的虚拟主机，使得在一台物理服务器上可以运行多个 Web 网站，从而降低了网站的运营成本。

五、同步训练

某 Web 服务器上同时运行两个虚拟主机，域名分别为 www.sunny.com 和 www.rainy.com，两个虚拟主机的主页分别存放在/var/www/sunny 目录和/var/www/rainy 目录中，主页内容分别为“It’s sunny today.”和“It’s raining outside.”。试配置 Web 服务器实现上述功能。

任务四　配置个人空间

一、任务提出

公司为彰显员工个性，决定在公司网站上为员工开辟个人空间，使员工可以上传个人网站页面。试在公司 Web 服务器上实现该功能，并以用户 redhat 为测试用户进行测试。该用户的家目录为/home/redhat，个人空间所在的目录为 public_html。

二、任务分析

现在许多网站都允许用户拥有自己的个人空间，用户可以在个人空间中上传自己的文章，设置比较有个性的内容。Apache 也可以实现个人空间。客户端在浏览器中浏览个人空间主页的 URL 地址格式为：

http://域名/~username

其中，“username”是 Linux 系统中的合法用户名。一般个人空间网站页面文件存放在用户家目录下的 public_html 目录中，定义用户个人空间的配置文件是/etc/httpd/conf.d/userdir.conf。配置文件的主要内容是：

```
<IfModule mod_userdir.c>              #个人空间配置容器起始
    UserDir disabled                  #个人空间配置无效开关
    UserDir public_html               #定义个人空间网站文件存放目录
</IfModule>                           #个人空间配置容器结束
```

三、任务实施

7-4　配置个人空间

步骤 1　修改个人空间配置文件。

[root@RHEL7 ~]# vim　/etc/httpd/conf.d/userdir.conf

配置文件如图 7-13 所示。

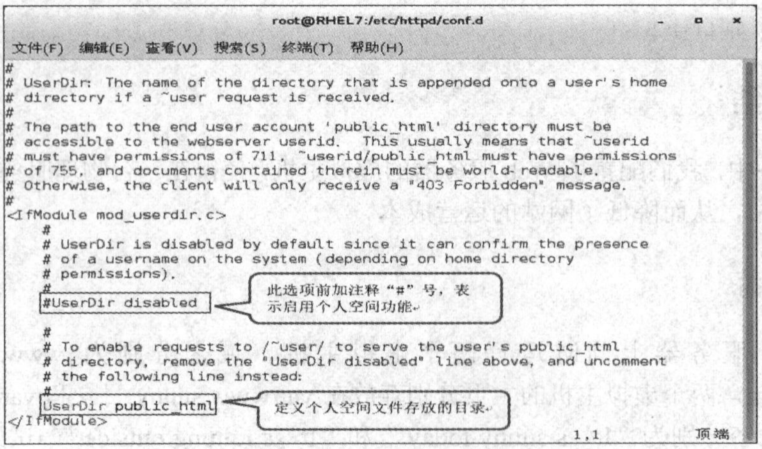

图 7-13　个人空间配置文件

步骤 2　重启服务。

```
[root@localhost ~]# systemctl   restart   httpd
```

步骤 3　测试。

(1) 创建 redhat 用户。

```
[root@RHEL7 ~]# useradd   redhat
```

(2) 进入 redhat 家目录，创建 public_html 目录并在该目录中创建 index.html 主页文件，文件写入“This is redhat' s homepage.”测试内容。

```
[root@RHEL7 ~]# cd    /home/redhat
[root@RHEL7 redhat]# mkdir   public_html
[root@RHEL7 redhat]# cd   public_html
[root@RHEL7 public_html]# echo    "This is redhat's homepage.">>index.html
```

(3) 修改/home/redhat 目录的权限。

```
[root@ RHEL7 ~]# cd /home
[root@ RHEL7   home]# chmod    711   redhat
```

课堂讨论：为什么要修改 redhat 的家目录权限为 711？能否修改为其他权限？

(4) 在浏览器中访问 http://www.zzrvtc.com/~redhat，可以看到测试主页的内容，如图 7-14 所示。

图 7-14　个人空间测试

四、任务总结

本次任务中，我们创建了 Web 网站上的个人空间。用户只要拥有 Linux 系统的账户，就可以创建自己的个人空间页面，丰富了网站的内容，也增强了网站的用户使用体验。

五、同步训练

试以自己名字的全拼(如：张三名字的全拼为 zhangsan) 为用户名创建用户个人空间。

任务五　配置虚拟目录

一、任务提出

公司网站文件除了一部分放在/var/www/html 目录下之外，还有一部分放在了/website 目录下，要访问此目录下的网页，必须用到虚拟目录。

本次任务是配置虚拟目录/vdir，使用户可以通过该虚拟目录访问/website 目录下的网站主页。

二、任务分析

要从 Web 站点主目录以外的其他目录发布网站，可以使用虚拟目录实现。虚拟目录是一个位于 Apache 服务器主目录之外的目录，它不包含在 Apache 服务器的主目录中，但在访问 Web 站点的用户看来，它与位于主目录中的子目录是一样的。每一个虚拟目录都有一个别名，客户端可以通过此别名访问虚拟目录。

由于每个虚拟目录都可以分别设置不同的访问权限，因此，非常适合于不同用户对不同目录拥有不同权限的情况。另外，只有知道虚拟目录名的用户才可以访问此虚拟目录，除此之外的其他用户无法访问此虚拟目录，也增加了网站访问的安全性。

在 Apache 服务器中，通过 Alias 指令设置虚拟目录。可以将虚拟目录的配置文件创建在/etc/httpd/conf.d 目录下，具体格式为：

Alias　虚拟目录名　物理目录路径

三、任务实施

7-5　配置虚拟目录

步骤 1　创建真实目录/website，并在其中创建主页文件 index.html，写入测试内容：“This is in website.”

```
[root@RHEL7 ~]# mkdir   /website
[root@RHEL7 ~]# cd   /website
[root@RHEL7 website]# echo   “This is in website.”>>index.html
```

步骤 2　在/etc/httpd/conf.d 目录下创建虚拟目录配置文件 vdir.conf，并在其中添加虚拟目录设置。

```
[root@ RHEL7 ~]# vim    /etc/httpd/conf.d/vdir.conf
```

vdir.conf 配置文件的内容如图 7-15 所示。

图 7-15　虚拟目录配置文件

步骤 3　重启服务。

```
[root@ RHEL7 ~]# systemctl restart httpd
```

步骤 4　测试。在浏览器中访问 http://www.zzrvtc.com/vdir，可以看到物理目录/website 中的主页内容，如图 7-16 所示。

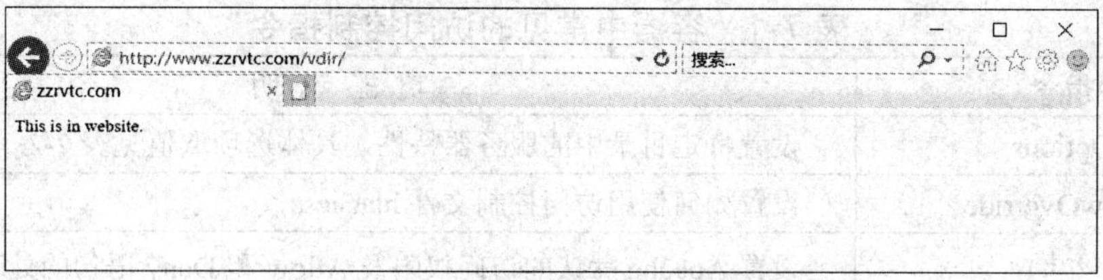

图 7-16　通过虚拟目录访问物理目录

四、任务总结

本次任务我们完成了虚拟目录的配置。虚拟目录除了可以用于非主目录外，还可以用于为主目录定义别名，从而可以隐藏主目录的名字和真实路径，对主目录起到了保护作用。定义虚拟目录一定要注意对物理目录权限的定义。关于权限的问题我们将在下一个任务中提到。

五、同步训练

为/tmp/web 目录定义虚拟目录/vweb。

任务六　配置目录权限

一、任务提出

公司网站已经基本建成，最后一步是进行安全配置，以满足公司的安全需求。要求如下：

(1) 禁用主目录的目录浏览功能。

(2) IP 地址为 192.168.1.12 的主机禁止访问虚拟目录/vdir。

(3) redhat 用户的个人空间只允许 redhat 和 stu 用户访问。

试配置相应的目录权限实现上述安全需求。

二、任务分析

我们可以对网站不同的目录进行权限设置，从而满足不同的安全需求。要设置某个目录的权限，可以使用<Directory></Directory>容器，在容器中添加相应的指令。常用的格式为：

```
<Directory 要设置的目录>
    Options
    AllowOverride
    Order
    Allow|Deny from
</Directory>
```

容器中常见的访问控制指令见表 7-1。

表 7-1　容器中常见的访问控制指令

指令	功 能 说 明
Options	设置特定目录中的服务器特性，具体选项取值见表 7-2
AllowOverride	设置如何使用访问控制文件.htaccess
Order ① Order Allow，Deny ② Order Deny，Allow	设置 Apache 默认的访问权限及 Allow 和 Deny 语句的处理顺序 ① 默认拒绝所有未被明确允许的客户端 ② 默认允许所有未被明确拒绝的客户端
Allow|Deny from 地址	设置允许或拒绝的客户端地址，地址可以是主机名、域名、IP 地址、网络地址和 all(所有地址)

Options 字段可以使用的选项值见表 7-2。

表 7-2　Options 指令的选项取值

选项值	功 能 说 明
Indexes	允许目录浏览。当访问的目录中没有 DirectoryIndex 参数指定的网页文件时，浏览器会显示此目录下的文件和子目录名
Multiviews	允许内容协商的多重视图，是 Apache 的一个智能特性。当客户访问目录中一个不存在的对象时，如 http://.8/icons/a，则 Apache 会查找这个目录下的所有 a.*文件。由于 icons 目录下存在 a.gif 文件，因此 Apache 会将 a.gif 文件返回给客户，而不是返回出错信息
All	包含了除 Multiviews 外的所有特性，若无 Options 语句，默认为 All
ExecCGI	允许在该目录下执行 CGI 脚本
FollowSymLinks	可以在该目录中使用符号链接，以访问其他目录
Includes	允许服务端使用 SSI(服务器包含) 技术
IncludesNoExec	允许服务端使用 SSI(服务器包含) 技术，但禁止执行 CGI 脚本

AllowOverride 字段主要用于控制如何使用访问控制文件.htaccess 来配置相应目录的访问方法。当该字段的值为 AuthConfig 时，.htaccess 文件才生效。该字段的默认值为 None，即.htaccess 文件不生效。.htaccess 文件的常用选项如表 7-3 所示。这些选项也可以直接写在<Directory></Directory>容器中。

表 7-3　身份验证选项

指　令	功 能 说 明
AuthName 领域名称	定义受保护领域的名称，在弹出的认证对话框中显示
AuthType Basic|Digest	设置认证的方式。Basic 为基本方式，Digest 为摘要方式
AuthUserFile 认证文件名	设置用于存放用户账号、密码的认证文件
AuthGroupFile 认证组文件名	设置认证组文件的路径及文件名
Require user 用户名	授权给指定的一个或多个用户
Require group 用户组	授权给指定的一个或多个组
Require valid-user	授权给认证文件中所有有效用户，即开启用户验证机制
Require all granted|denied	允许或拒绝所有用户

向认证文件中添加有效用户可以使用 htpasswd 命令，格式如下：

【命令】 htpasswd [选项] 认证文件名 用户名

【选项】 -c：新创建一个认证文件。

-b：用批处理方式创建用户。

-D：删除一个用户。

-m：采用 MD5 编码加密。

-d：采用 CRYPT 编码加密，这是默认的方式。

-s：采用 SHA 编码加密。

三、任务实施

7-6　配置目录权限

1. 禁用主目录的目录浏览功能

步骤 1　先查看一下没有配置前的情况。

(1) 将/var/www/html 目录下的 index.html 文件删除，并创建 a.txt 文件。

```
[root@ RHEL7 ~]# cd   /var/www/html
[root@ RHEL7 html]# rm   index.html
[root@ RHEL7 html]# echo “abcdefg”>>a.txt
```

(2) 将/etc/httpd/conf.d/welcome.conf 文件中的部分内容注释掉，如图 7-17 所示。否则，在删除了 index.html 主页文件后，访问网站会显示 Apache 默认的欢迎页面。

```
[root@ RHEL7 ~]# vim /etc/httpd/conf.d/welcome.conf
```

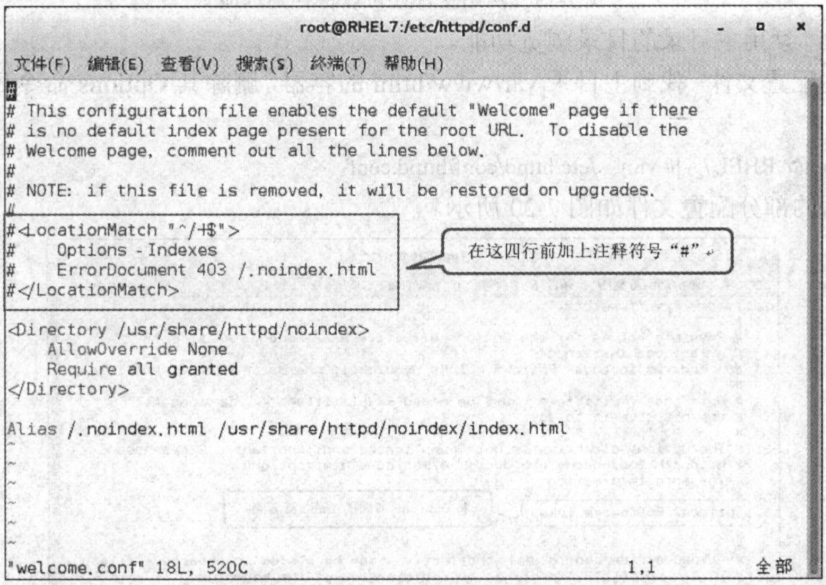

图 7-17　注释掉 welcome.conf 的部分内容

(3) 访问网站主页，会发现网站主目录下的文件(a.txt) 以列表形式展示，如图 7-18 所示。单击该文件可以查看文件内容，右键单击该文件，在弹出的快捷菜单中选择【目标另存为】，还可以将该文件保存到本地磁盘，如图 7-19 所示。这对于网站文件资源是非常大的安全隐患。

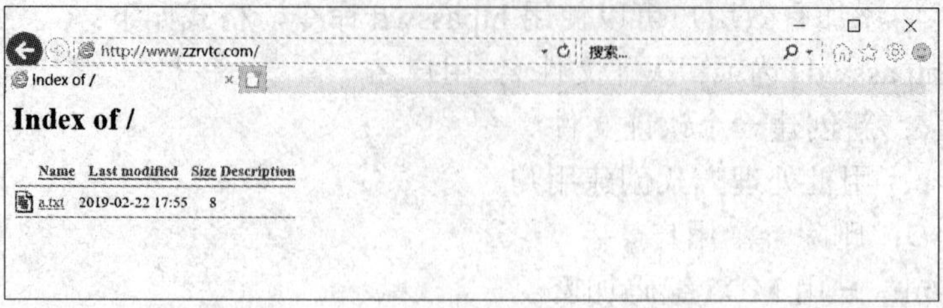

图 7-18　以列表形式显示网站主目录文件

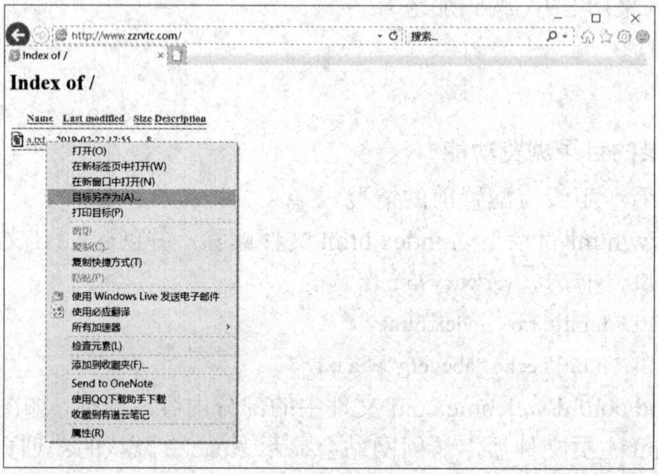

图 7-19　网站文件还可以保存到本地

步骤 2　禁用主目录的目录浏览功能。

打开主配置文件，找到主目录/var/www/html 的容器，删除其 Options 命令后的 Indexes 选项。

```
[root@ RHEL7 ~]# vim   /etc/httpd/conf/httpd.conf
```

修改后的部分配置文件如图 7-20 所示。

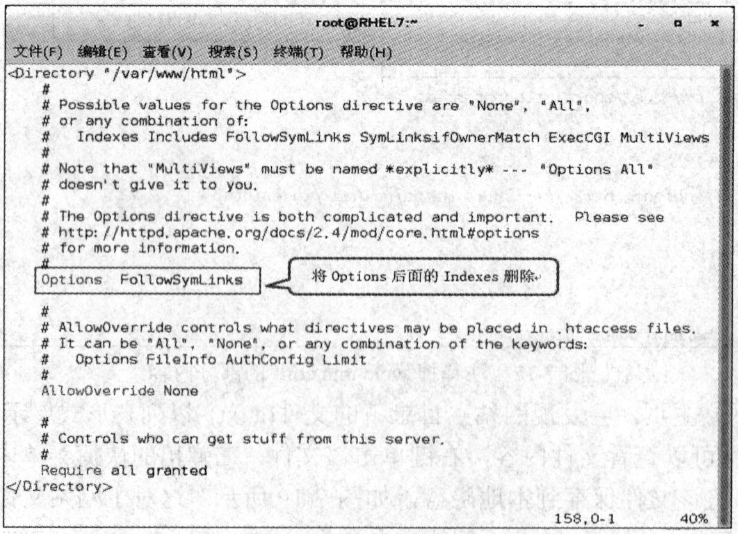

图 7-20　禁用主目录浏览功能配置文件(部分)

步骤 3　重启服务。

```
[root@ RHEL7 ~]# systemctl restart httpd
```

步骤 4　测试。在浏览器中访问网站主页，会显示禁止访问的 403 错误，如图 7-21 所示。网站主目录中的文件不会再被显示出来。

图 7-21　目录浏览功能被禁用后的访问情况

2. IP 地址为 192.168.1.12 的主机禁止访问虚拟目录/vdir

虽然是要求对虚拟目录的访问限制，但是虚拟目录对应的是物理目录，因此还需要对物理目录进行限制。

步骤 1　修改虚拟目录的配置文件。

```
[root@ RHEL7 ~]# vim   /etc/httpd/conf.d/vdir.conf
```

配置文件如图 7-22 所示。

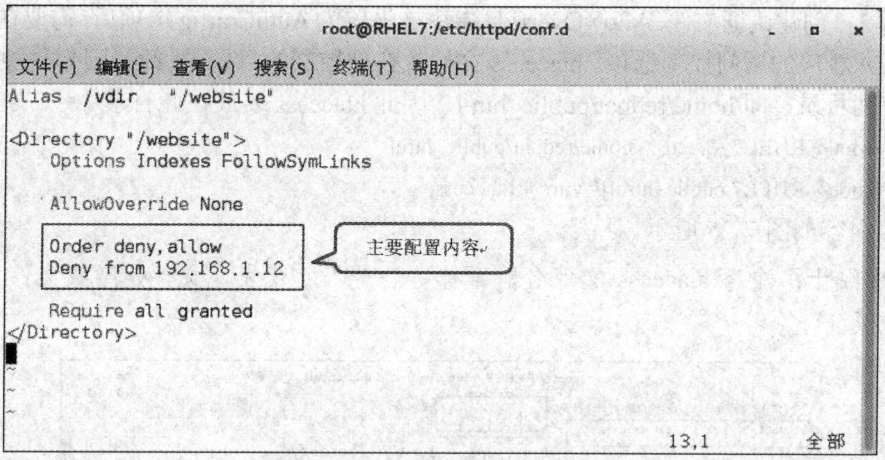

图 7-22　虚拟目录访问控制配置

步骤 2　重启服务。

```
[root@ RHEL7 ~]# systemctl restart httpd
```

步骤 3　测试。配置 Windows 主机 IP 地址为 192.168.1.12，在浏览器中访问虚拟目录，如图 7-23 所示。浏览器会提示禁止访问的 403 错误。

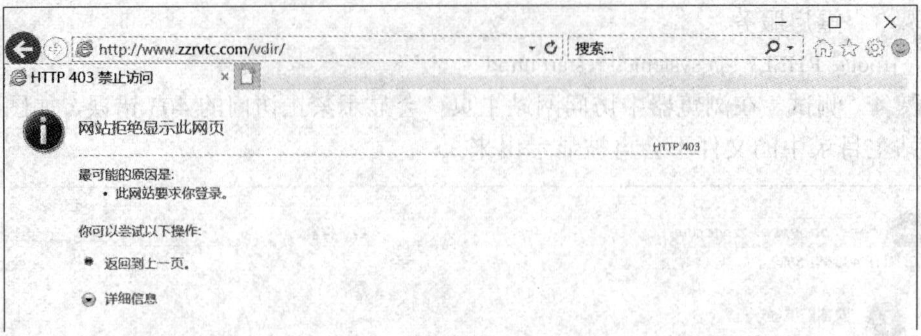

图 7-23　访问虚拟目录被限制

3. redhat 用户的个人空间只允许 redhat 和 stu 用户访问

步骤 1　修改个人空间的配置文件。

```
[root@ RHEL7 ~]# vim   /etc/httpd/conf.d/userdir.conf
```

配置文件部分内容如图 7-24 所示。

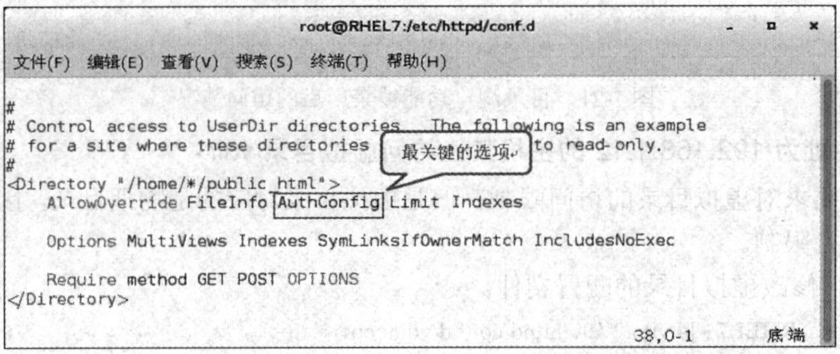

图 7-24　个人空间访问控制配置

步骤 2　创建认证文件。AllowOverride 指令被设置为 AuthConfig 选项后，需要在.htaccess 文件中写入相应的访问控制选项。.htaccess 文件放在被控制的目录中。此处因为是控制 redhat 的个人空间目录，即/home/redhat/public_html，因此.htaccess 要放在此目录中。

```
[root@ RHEL7 ~]# cd   /home/redhat/public_html
[root@ RHEL7 public_html]# vim   .htaccess
```

文件内容如图 7-25 所示。

◇ **小贴士**：注意.htaccess 文件名前面有一个“.”，代表此文件是隐藏文件。此文件名不能改变。

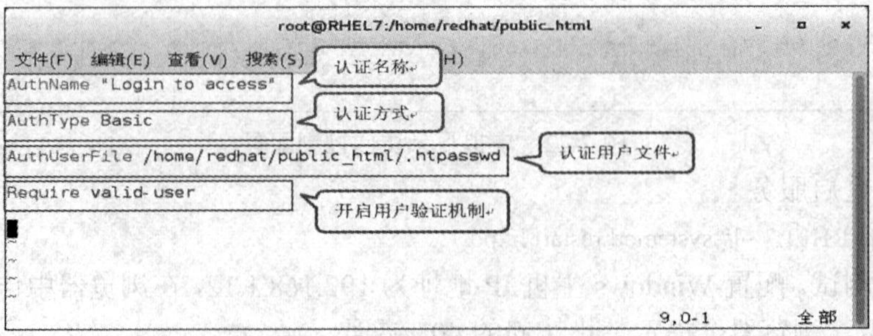

图 7-25 . htaccess 文件内容

步骤 3　创建认证用户。

```
[root@ RHEL7 ~]# htpasswd  -c  /home/redhat/public_html/.htpasswd  redhat
New password:        （此处输入认证密码，输入内容不显示）
Re-type new password:    （此处再次输入上一行的密码，输入内容不显示）
Adding password for user redhat
[root@ RHEL7 ~ ]# htpasswd  /home/redhat/public_html/.htpasswd  stu
New password:        （此处输入认证密码，输入内容不显示）
Re-type new password:    （此处再次输入上一行的密码，输入内容不显示）
Adding password for user stu
```

◇ **小贴士**：第一次创建 .htpasswd 时需要在 htpasswd 命令后加选项 -c，后面再添加其他用户时切不可再加选项 -c，否则 .htpasswd 文件将被清空重置，之前添加的用户都不存在了。

步骤 4　重启服务。

```
[root@ RHEL7 ~]# systemctl restart httpd
```

步骤 5　测试。在浏览器中访问 redhat 的个人空间，会弹出对话框要求输入用户名和密码，如图 7-26 所示，此处的用户名和密码为步骤 3 所创建的用户名和设置的密码。

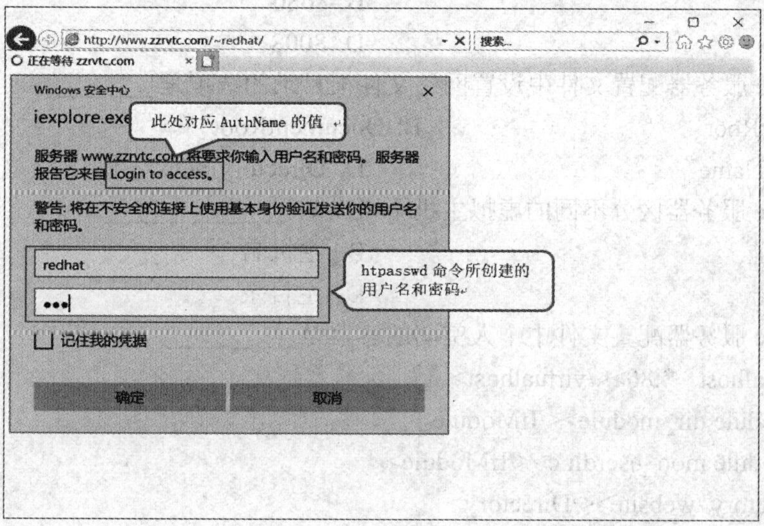

图 7-26　访问个人空间要求输入用户名和密码

四、任务总结

本任务中我们对 Web 网站目录的权限进行了配置，限制了能访问的主机和用户，防止网站目录内容被泄露，这对于网站安全防护起到非常重要的作用。

五、同步训练

对自己的 Web 服务器进行安全加固：

(1) 个人主页空间不允许目录浏览。

(2) 只允许 192.168.1.0 网段的主机访问/vir 目录。

(3) 主目录仅允许 redhat 用户和 stu 用户访问。

项目总结

本项目中我们学习了配置和管理 WWW 服务器。WWW 服务器最流行的软件是 Apache。我们使用 Apache 软件配置了基本的 WWW 服务器，并配置了虚拟主机、个人空间、虚拟目录以及安全选项。通过本项目，我们对 Apache 服务器的配置和管理有了一个更深刻的认识。

项目训练

一、选择题

1. WWW 服务默认的端口号是________。

A. 80　　B. 8080

C. 8000　　D. 8008

2. Apache 服务器配置文件中设置网站文件根目录的选项是________。

A. ServerRoot　　B. DocumentRoot

C. ServerName　　D. DirectoryIndex

3. Apache 服务器区分不同的虚拟主机不可以基于__________。

A. IP 地址　　B. 主机名

C. 端口号　　D. 主目录

4. Apache 服务器配置文件中个人空间的容器是_________。

A. <virtualhost *:80></virtualhost>

B. <IfModule dir_module></IfModule>

C. <IfModule mod_userdir.c></IfModule>

D. <Directory /website></Directory>

5. Apache 服务器配置文件中的目录浏览功能是 option 选项的_________。

A. Indexes　　B. Multiviews

C. FollowSymLinks　　D. IncludesIndex

二、填空题

1. HTTP 协议的中文名称是________________________。

2. Apache 服务器的主配置文件是_______，其他的子配置文件存放在_____________目录中，并在主配置文件末尾用___________________将所有的子配置文件包含进来。

3. Apache 服务器的域名为 www.apa.com，则访问用户 user1 个人空间的 URL 地址为：________。

4. 要仅允许 192.168.1.0 网段的主机访问 Web 网站的配置是______________________。

5. 开启对某目录的身份验证模式的配置项是__________________。

三、实践操作题

1. 某公司要创建自己的 Web 网站，试按如下要求进行配置：

(1) 网站域名为：www.myweb.com，IP 地址为 192.168.0.1。

(2) 网站主页为 index.htm，存放在/myweb 目录下，用户通过虚拟目录名/virweb 进行访问。

(3) 为用户 user123 创建个人空间，该空间只允许 user123 和 admin 两个用户访问。

(4) 网站禁止主机 192.168.1.101 访问。

2. 配置 Web 服务器的基于域名的虚拟主机，其中域名 www.zhangsan.com 主机的主页文件放在/var/www/zhangsan 目录下，主页内容为："This is zhangsan's home page!"(zhangsan 代表自己名字的全拼)，域名 www.zs.com 主机的主页文件放在/var/www/zs 目录下，主页内容为："This is zs's homepage!" (zs 代表自己名字拼音的首字母)。

项目 8　FTP 服务器配置与管理

【项目描述】

公司为方便内部信息的交流，需要一台 FTP 服务器实现公司内部文件的上传下载功能。同时，公司的 Web 服务器也要借助 FTP 服务来实现网站资源的更新。

本项目中我们来完成 FTP 服务器的配置与管理任务。

【学习目标】

(1) 了解 FTP 服务器在网络中的作用。

(2) 掌握 FTP 服务器的安装过程。

(3) 掌握匿名访问 FTP 服务器的配置方法。

(4) 掌握具名访问 FTP 服务器的配置方法。

(5) 掌握 FTP 服务器的安全管理方法。

预备知识　认识 FTP 服务器

1. FTP 的工作原理

以 HTTP 为基础的 WWW 服务功能虽然强大，但对于文件传输来说却略显不足，于是一种专门用于文件传输的 FTP 服务应运而生。

FTP(File Transfer Protocol) 即文件传输协议，FTP 服务是用于文件传输的服务，相对于 WWW 服务，具有更高的可靠性和效率。

FTP 极大简化了文件传输的复杂性，能够使文件通过网络从一台主机传送到另一台主机却不受计算机和操作系统类型的限制。无论是 PC、服务器、大型机，还是 Linux、Windows 操作系统，只要双方都支持 FTP 协议，就可以方便、可靠地进行文件的传送。

FTP 服务的具体工作过程如图 8-1 所示。

(1) 客户端向服务器发出连接请求，同时客户端动态打开一个大于 1024 的端口等候服务器连接。

(2) 若 FTP 服务器在 24 号端口监听到该请求，则会在客户端和服务端之间建立一个 FTP 会话连接。

(3) 当需要传输数据时，FTP 客户端再动态地打开另一个大于 1024 的端口连接到服务器的某个端口(根据传输模式的不同，这个端口可能是 20 号端口或者大于 1024 的端口，详见下一小节)，并在这两个端口之间进行数据的传输。当数据传输完毕后，这两个端口自动关闭。

(4) 当 FTP 客户端断开与 FTP 服务器的连接时，客户端上动态分配的端口将自动释放。

图 8-1　FTP 服务的工作过程

2. FTP 的传输模式

FTP 服务有两种传输模式：主动传输模式和被动传输模式。

1) 主动传输模式

在主动传输模式下，FTP 客户端随机开启一个大于 1024 的端口(1024+X)向服务器的 21 号端口发起连接，然后开放(1024+X+1)号端口进行监听，并向服务器发出“PORT 1024+X+1”命令。服务器接收到命令后，会用其本地的 FTP 数据端口(通常是 20 号端口)来连接客户端指定的端口(1024+X+1)，进行数据传输，如图 8-2 所示。

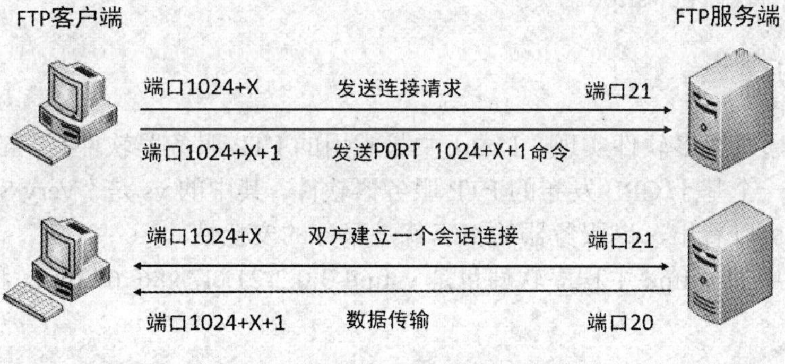

图 8-2　FTP 服务主动传输模式

2) 被动传输模式

在被动传输模式下，FTP 客户端随机开启一个大于 1024 的端口(1024+X)向服务器的 21 号端口发起连接，同时会开启(1024+X+1)号端口，然后向服务器发送 PASV 命令，通知服务器自己处于被动模式。服务器收到命令后，会开放一个大于 1024 的端口(1024+Y)进行监听，然后用“PORT 1024+Y”命令通知客户端，自己的数据端口是 1024+Y。客户端接收到命令后，会通过(1024+X+1)号端口连接服务器的 1024+Y 端口，然后在两个端口之间进行数据传输，如图 8-3 所示。

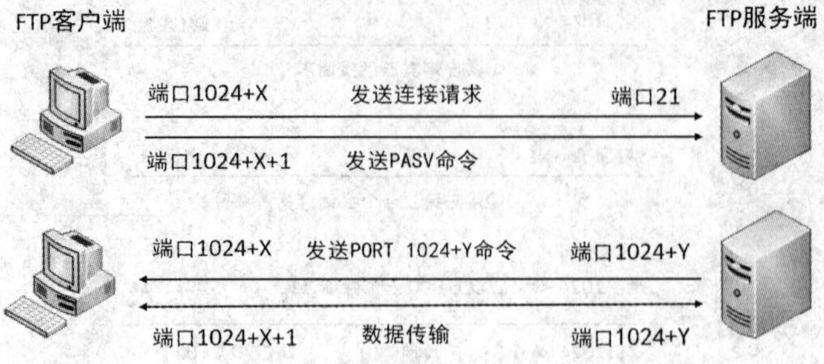

图 8-3　FTP 服务被动传输模式

总之，主动传输模式的 FTP 是指服务器主动连接客户端的数据端口，被动传输模式是指服务器被动地等待客户端连接自己的数据端口。

主动传输模式用于一般的数据传输，而被动传输模式通常用于防火墙之后的 FTP 客户访问外界 FTP 服务器的情况。因为在这种情况下，防火墙通常配置为不允许外界访问防火墙之后的主机，而只允许由防火墙之后的主机发起的连接请求通过。因此，在这种情况下不能使用主动传输模式的 FTP 传输，而只能使用被动传输模式的 FTP 传输。

任务一　安装 FTP 服务器

一、任务提出

要想使 FTP 服务器顺利运行，首先要安装好需要的软件包。本次任务主要安装 FTP 服务器所需要的软件包 vsftpd。

二、任务分析

FTP 可以通过很多软件实现，Linux 中最常用的 FTP 服务器软件是 vsftpd。

vsftpd 是一个基于 GPL 发布的 FTP 服务器软件。其中的 vs 是“Very Secure”的缩写，由此名称缩写可以看出，该服务器的初衷就是服务的安全性。

RHEL7.3 中的 vsftpd 主程序软件包是 vsftpd-3.0.2-21.el7.x86_64.rpm，我们需要安装此软件包。

三、任务实施

8-1　安装 FTP 服务器

1. 查看系统中是否已经安装 vsftpd 软件包

```
[root@RHEL7 ~]# rpm –qa|grep vsftpd
```

如果主程序包没有安装，则需要安装主程序包。

2. 安装主程序包

步骤 1　挂载光盘。

[root@RHEL7 ~]# mount　/dev/cdrom　/mnt/cdrom

步骤 2　使用 YUM 安装软件包。

[root@RHEL7 ~]# yum　install　vsftpd　-y

YUM 配置文件见项目 3 中的任务一，安装过程如图 8-4 所示。

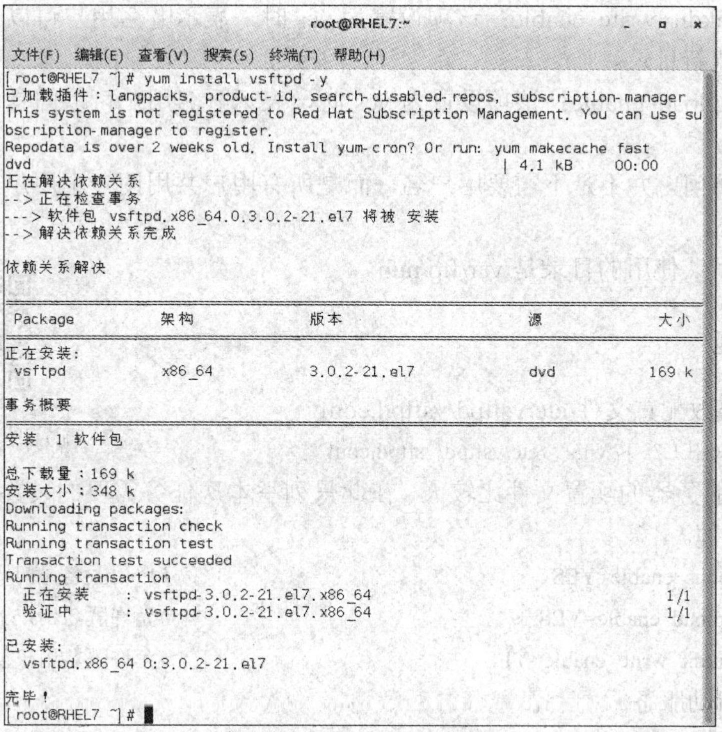

图 8-4　vsftpd 安装过程

四、任务总结

本次任务主要完成了 FTP 服务器所需要的软件包的安装。由于使用了 YUM 工具，在安装过程中所依赖的软件包都会自动安装，使安装过程轻松了很多。

五、同步训练

检查当前系统中是否安装了 vsftpd 的软件包，如果没有，则安装此软件包。

任务二　配置匿名访问 FTP 服务器

一、任务提出

公司部门内部搭建一台 FTP 服务器，采用的 IP 地址为 192.168.1.100，允许部门员工匿名访问上传和下载文件。

二、任务分析

vsftpd 服务器的配置文件为/etc/vsftpd/vsftpd.conf。与匿名访问有关的常用配置选项有：

(1) anonymous_enable：该项设置为 yes 时，表示启用匿名访问。

(2) anon_mkdir_write_enable：该项设置为 yes 时，表示匿名用户可以在一个具备写权限的目录中创建新目录。

(3) anon_upload_enable：该项设置为 yes 时，表示匿名用户可以向具备写权限的目录中上传文件。

所谓匿名访问，并不是不需要用户名，而是所有用户共用同一个用户名，该用户名为 ftp 或 anonymous。

匿名访问默认使用的目录是/var/ftp/pub。

三、任务实施

8-2　配置匿名访问 FTP 服务器

步骤 1　修改配置文件/etc/vsftpd/vsftpd.conf。

```
[root@RHEL7 ~]# vim   /etc/vsftpd/vsftpd.conf
```

由于 FTP 服务器的配置文件比较大，在此只列举本次任务需要的设置。将以下三行前的注释“#”去掉。

```
anonymous_enable=YES                    #启用匿名访问
anon_upload_enable=YES                  #允许匿名用户上传文件
anon_mkdir_write_enable=YES             #允许匿名用户创建文件夹
```

步骤 2　启动服务。

```
[root@RHEL7 ~]# systemctl start vsftpd
```

步骤 3　测试。所有匿名用户默认使用/var/ftp/pub 目录存放文件。我们在此目录中创建一个测试文件，用于文件下载测试。

```
[root@RHEL7 ~]# cd    /var/ftp/pub
[root@RHEL7 ~]# touch   ftp_test.tar
```

(1) 在 Windows 资源管理器中进行测试。

打开 Windows 资源管理器，在地址栏中输入 ftp://192.168.1.100，即可登录 FTP 服务器，看到共享文件夹 pub，如图 8-5 所示。

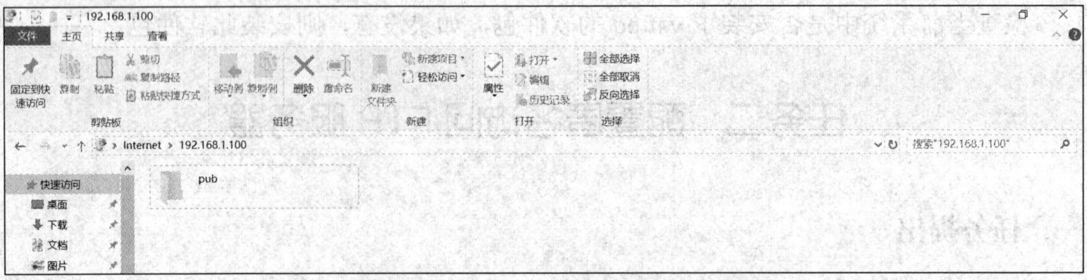

图 8-5　在资源管理器中匿名登录 FTP 服务器

打开 pub 文件夹，可以看到我们之前创建的 ftp_test.tar 文件。用鼠标右键单击该文件，在弹出的快捷菜单中选择【复制到文件夹】选项，即可把文件存放到本地文件夹中，实现文件的下载。

但是，当我们将本地文件拖曳或复制到 pub 文件夹时，会弹出如图 8-6 所示的错误提示。当在 pub 文件夹中新建文件夹时，会弹出如图 8-7 所示的错误提示。为什么会出现这两个错误呢？根据错误提示，我们可以看出是因为权限的问题。

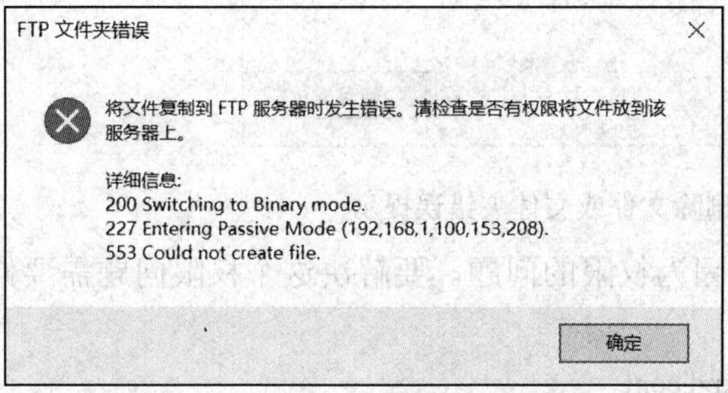

图 8-6　FTP 匿名上传文件错误提示

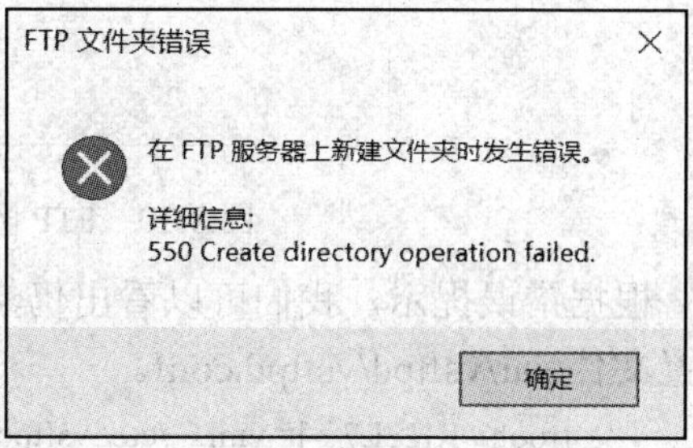

图 8-7　FTP 匿名创建文件夹错误提示

回到 Linux 服务器上查看/var/ftp/pub 目录的权限，如图 8-8 所示。

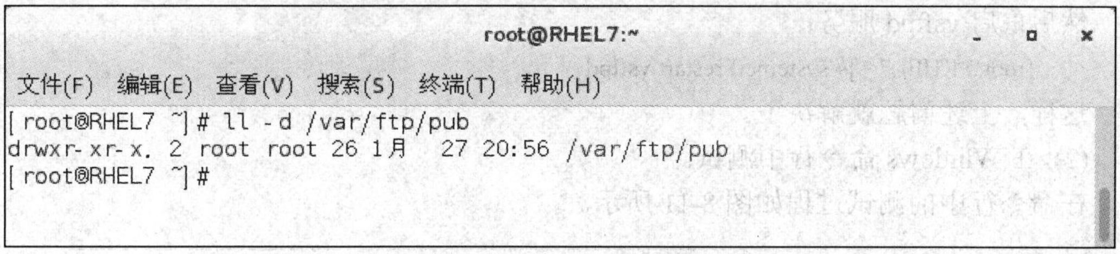

图 8-8　查看/var/ftp/pub 的权限

我们向 pub 目录上传文件或创建目录，都需要有对该目录“写”的权限。而该目录除了文件主有“写”的权限外，其他用户并没有“写”的权限。因此，我们可以把该目录的文件主变为匿名用户 ftp，这样匿名用户作为文件主就有“写”的权限了。

```
[root@RHEL7 ~]# chown    ftp    /var/ftp/pub
```

课堂讨论：还有没有其他的解决办法？

此时再向 pub 文件夹上传文件或创建文件夹，已经没有问题了。

当我们在创建文件夹时，默认文件夹的名字是“新文件夹”(以 Windows 10 系统为例)，如果我们想修改文件夹的名字，发现又出现了提示错误，如图 8-9 所示。当我们要删除已经存在的文件或文件夹时，提示错误如图 8-10 所示。

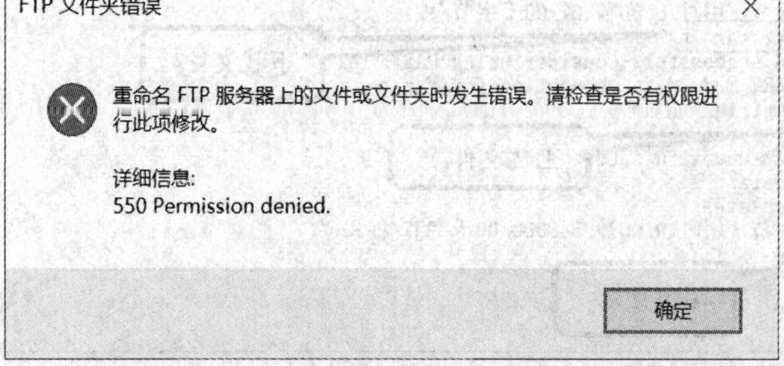

图 8-9　FTP 重命名文件夹错误提示

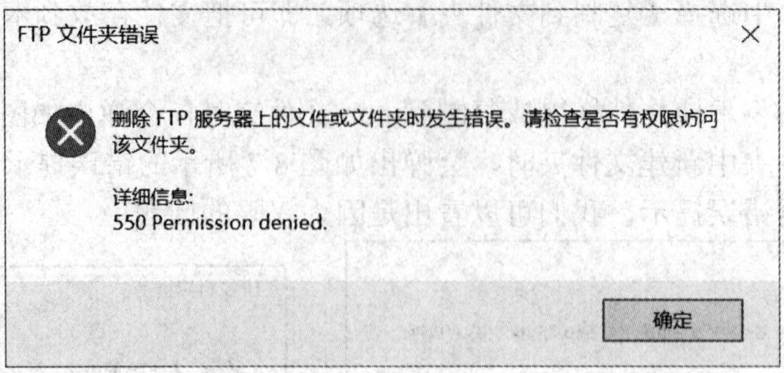

图 8-10　FTP 匿名删除文件或文件夹错误提示

根据错误提示，我们可以看出仍然是因为权限的问题。要解决这个权限问题需要修改配置文件/var/vsftpd/vsftpd.conf。

```
[root@RHEL7 ~]# vim   /etc/ vsftpd/vsftpd.conf
```

在其中添加一行：

```
anon_other_write_enable=YES                          #其他允许匿名修改的选项
```

然后重启 vsftpd 服务：

```
[root@RHEL7 ~]# systemctl restart vsftpd
```

这样，上述问题就解决了。

(2) 在 Windows 命令行中测试。

在命令行中的测试过程如图 8-11 所示。

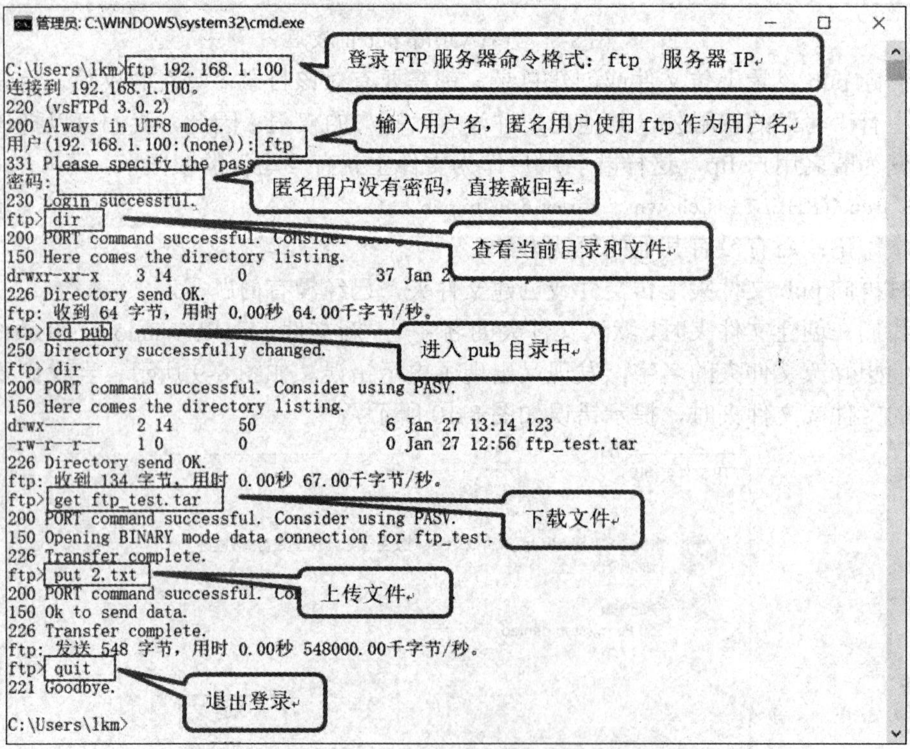

图 8-11　使用 Windows 命令行匿名登录 FTP 服务器

知识链接

Windows 命令行访问 FTP 服务器

在 Windows 命令行中使用交互命令进行测试，是运维人员常用的手段。交互命令行可以给出操作的提示，方便运维人员在测试时发现问题。所使用的命令如表 8-1 所示。

表 8-1　Windows 命令行访问 FTP 服务器的命令

功 能	命 令	说 明
登录	ftp ftp>open　FTP 服务器 IP 地址或域名	先在命令行输入 ftp 命令，进入 ftp 命令行后再输入 open 语句
	ftp　FTP 服务器 IP 地址或域名	直接在命令行输入 ftp 命令后接 FTP 服务器 IP 地址
查看 FTP 服务器上的文件	ls　目录名	只显示目录中的文件名
	dir　目录名	显示目录中文件的详细信息
改变目录	cd　目录名	
下载文件	get　文件名　[下载到本地的文件名]	如果不指定下载到本地的文件名，则默认使用 FTP 服务器上原有的文件名
上传文件	put　本地文件 [上传到 FTP 服务器的文件名]	如果不指定上传到 FTP 服务器的文件名，则默认使用本地文件名
改变当前文件夹	lcd　文件夹名	登录 FTP 服务器时所在的文件夹称为“当前文件夹”。默认情况下用户下载的文件会放到当前文件夹，上传文件时也会从当前文件夹选择文件。如果要改变当前文件夹，可以使用 lcd 命令
查看当前文件夹	!cd	可以显示当前文件夹的绝对路径
结束 FTP 会话并退出	bye	
	quit	

四、任务总结

在此任务中，我们配置了 FTP 服务器使其可以提供匿名用户上传和下载文件的功能，并在 Windows 的资源管理器和命令行界面进行了测试。

五、同步训练

配置自己的 FTP 服务器实现匿名用户上传和下载文件的功能，并进行测试。

任务三　配置具名访问 FTP 服务器

一、任务提出

公司的 FTP 服务器在运行了一段时间后发现让用户匿名访问非常不安全，用户无法管理自己的文件，经常有文件被其他用户误删除的情况，还存在用户上传病毒和木马程序的风险。因此，公司决定将 FTP 服务器配置成需要用户名和密码登录才能访问的具名访问的形式。为测试该功能，我们创建了 user123 用户，使其能登录并访问 FTP 服务器。

二、任务分析

在 vsftpd 中只要将匿名访问的功能关闭，具名访问的功能就开启了。因此，我们只需要将任务二中所有匿名访问的功能全部关闭即可。

在具名访问过程中，需要用户具有自己的用户名和密码才能登录到 FTP 服务器。FTP 服务使用系统账户作为自己的用户账户，也即登录 FTP 服务器的用户必须在 Linux 系统中具有一个账户。而我们在很多时候只想让用户登录 FTP 服务器，并不想让用户登录 Linux 系统。为此，我们在创建用户账户时，可以将用户的 Shell 设置为/sbin/nologin，这样用户就无法利用该账户登录 Linux 系统了。

用户用自己的账户登录FTP服务器后，会直接进入自己的家目录，在自己家目录中上传的文件不会被其他用户删除。

8-3　配置具名访问 FTP 服务器

三、任务实施

步骤 1　修改配置文件，将原有的匿名访问功能关闭。

```
[root@RHEL7 ~]# vim   /etc/ vsftpd/vsftpd.conf
anonymous_enable=NO                 #此处必须写 NO，加注释也不能关闭匿名访问功能
#anon_upload_enable=YES             #此行前加上注释即可
#anon_mkdir_write_enable=YES        #此行前加上注释即可
#anon_other_write_enable=YES        #此行删掉或加上注释
```

步骤 2　创建登录 FTP 服务器的账户。

```
[root@RHEL7 ~]# useradd    -s    /sbin/nologin    user123
[root@RHEL7 ~]# passwd    user123
```

◇ **小贴士：** 在创建登录FTP服务器的账户时，一般都将它的Shell设置成 /sbin/nologin，使该账户仅能登录 FTP 服务器而不能登录 Linux 系统。

步骤 3　重启服务。

```
[root@localhost ~]# systemctl    restart    vsftpd
```

步骤 4　测试。在 Windows 命令行进行测试，如图 8-12 所示。

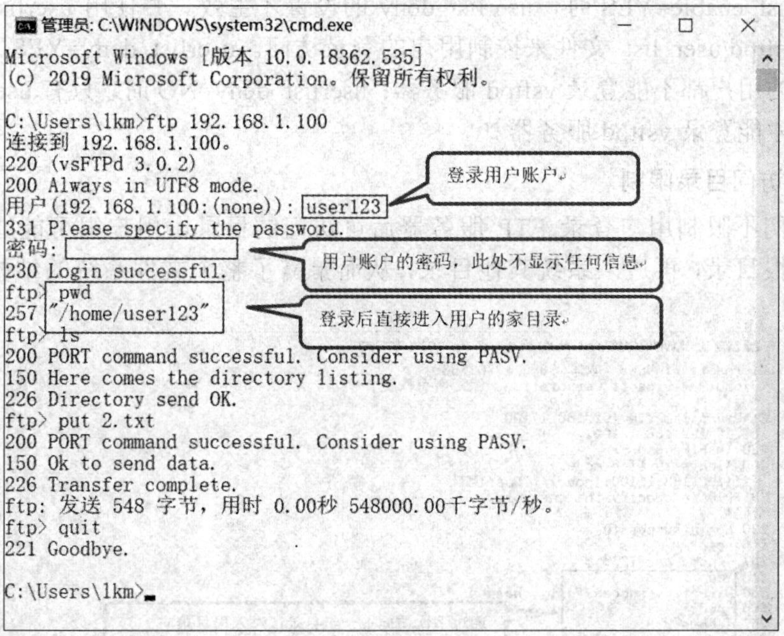

图 8-12　使用 Windows 命令行具名登录 FTP 服务器

四、任务总结

本次任务中，我们配置了 FTP 服务器的具名访问，用户通过输入自己的账户和密码登录到 FTP 服务器，进入自己的家目录中，实现对自己文件的管理，保证了文件的安全性。

五、同步训练

公司内部的 Web 服务器和 FTP 服务器在同一台服务器上。现在通过 FTP 服务器来维护 Web 服务器的网站，实现网站内容的更新。试配置 FTP 服务器实现该功能。

任务四　FTP 服务器访问控制

一、任务提出

为了提高公司 FTP 服务器的安全性，需要禁止用户 user111 访问 FTP 服务器，且所有用户都只能访问其家目录下的文件，不能访问家目录以外的文件。试配置这两项访问控制功能。

二、任务分析

1. 用户登录限制

在配置文件中，用 userlist_enable 和 userlist_deny 两个选项控制用户登录 vsftpd 服务

器。当 userlist_enable=YES 时，userlist_deny 的设置才生效。并使用 userlist_file 选项所定义的/etc/vsftpd/user_list 文件来控制用户的登录访问。userlist_deny=YES 时，user_list 文件中列出的用户都不能登录 vsftpd 服务器；userlist_deny=NO 时，只有 user_list 文件中列出的用户才能登录 vsftpd 服务器。

2. 用户访问目录限制

如果我们不限制用户登录 FTP 服务器后可访问的目录，用户很可能通过访问上一级目录直达根目录，再进入系统其他目录，从而暴露了整个文件系统的结构，如图 8-13 所示。

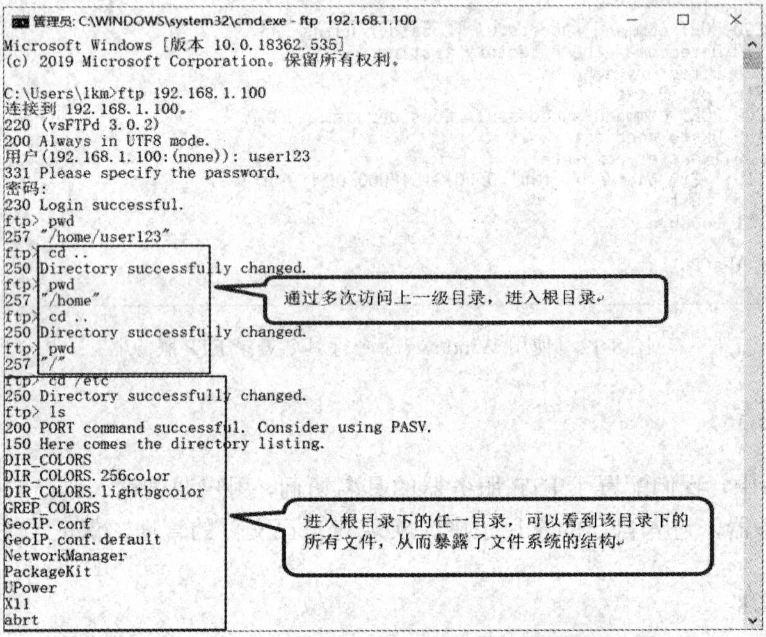

图 8-13　不限制用户可访问的目录的后果

为此，我们必须限制用户只能访问其家目录以下的目录，不能进入家目录之外的目录。

配置文件中 chroot_local_user 和 chroot_list_enable 选项可以实现限制用户只能访问其家目录以下目录的功能。

当 chroot_local_user=YES 时，启用“限定用户只能访问其家目录下的目录”功能。此时当 chroot_list_enable=YES 时，不在 chroot_list_file 选项定义的文件/etc/vsftpd/chroot_list 中列出的用户都被启用该功能，而在此文件中的用户不启用该功能。当 chroot_list_enable= NO 时，在 chroot_list 文件中列出的用户都启用该功能，而不在此文件中的用户不启用该功能。

三、任务实施

8-4　FTP 服务器访问控制

1. 用户登录限制

步骤 1　修改配置文件。

```
[root@RHEL7 ~]# vim    /etc/vsftpd/vsftpd.conf
userlist_enable=YES                    #此行在配置文件里默认已经存在，位于文件末尾
```

```
userlist_deny=YES                            #此行是文件的默认选项，不写也可以
userlist_file=/etc/vsftpd/user_list          #此行需要添加上，指定哪些用户禁止登录
```

步骤 2　重启服务。

```
[root@localhost ~]# systemctl    restart    vsftpd
```

步骤 3　测试。

(1) 创建 user111 用户。

```
[root@RHEL7 ~]# useradd    -s    /sbin/nologin    user111
[root@RHEL7 ~]# passwd    user111
```

(2) 将 user111 加入/etc/vsftpd/user_list 文件中。

```
[root@RHEL7 ~]# echo “user111” >> /etc/vsftpd/user_list
```

(3) 使用 user111 登录 FTP 服务器，会提示登录失败，如图 8-14 所示。

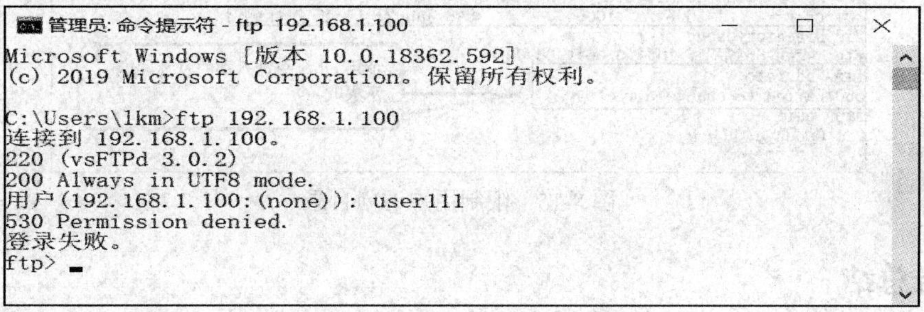

图 8-14　禁止用户 user111 登录

2．用户访问目录限制

步骤 1　修改配置文件。

```
[root@RHEL7 ~]# vim     /etc/vsftpd/vsftpd.conf
chroot_local_user=YES
chroot_list_enable=YES
chroot_list_file=/etc/vsftpd/chroot_list            #去掉以上三行前面的注释符“#”
allow_writeable_chroot=YES                          #添加此行，否则在登录时会报错
```

步骤 2　创建 chroot_list 文件。

因为我们要限制所有用户，所以当 chroot_list_enable=YES，不在 chroot_list 文件中列出的用户都要启用该功能。

```
[root@localhost ~]# touch    /etc/vsftpd/chroot_list
```

◇ **小贴士**：如果没有特殊用户，应该所有用户都不在 chroot_list 文件中，该文件应该是个空文件。需要注意的是这个文件必须存在，否则启动服务时会报错。

步骤 3　重启服务。

```
[root@localhost ~]# systemctl    restart    vsftpd
```

步骤 4　测试。

登录 FTP 服务器，使用 cd 命令进入上一级目录或其他目录，发现无法进入，如图 8-15 所示。

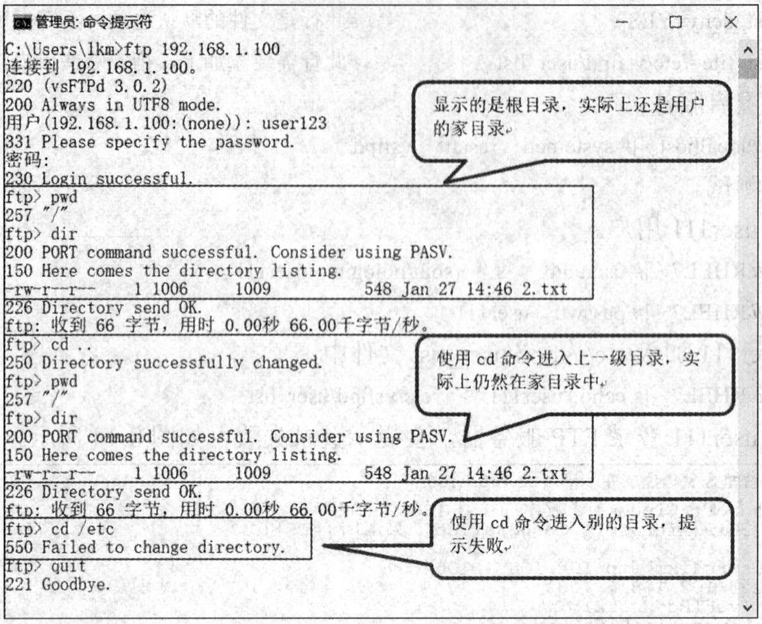

图 8-15　限制用户访问目录

四、任务总结

本次任务中，我们从安全的角度禁止某些用户访问 FTP 服务器，限制用户访问的目录，提高了 FTP 服务器的安全级别。

五、同步训练

尝试仅限制 user123 不能访问其他目录。禁止 user456 不能访问 FTP 服务器。

项 目 总 结

本项目中我们学习了配置和管理 FTP 服务器。合理利用 FTP 服务器并进行安全配置，有助于局域网中用户文件的传输和共享。

项 目 训 练

一、选择题

1. 客户端在向 FTP 服务器发起连接请求时，会连接 FTP 服务器的________号端口。

A. 21　　B. 22　　C. 23　　D. 24

2. 要使匿名用户具备上传文件功能，需要设置________。

A. anon_upload_enable=YES　　B. chroot_local_user=YES

C. chroot_list_enable=YES　　D. allow_writeable_chroot=YES

3. 匿名用户登录 FTP 服务器后默认的目录是__________。

A. /home/username　　B. 根目录

C. /var/ftp/pub　　D. /var/ftp

4. 要限制用户不能进入家目录外的其他目录，下面说法不正确的是__________。

A. 当 chroot_local_user=YES，chroot_list_enable=YES 时，设置 chroot_list_file=/etc/vsftpd/chroot_list，则所有不在 chroot_list 中的用户都不能进入家目录外的其他目录

B. 当 chroot_local_user=YES，chroot_list_enable=YES 时，设置 chroot_list_file=/etc/vsftpd/chroot_list，则所有在 chroot_list 中的用户都不能进入家目录外的其他目录

C. 当 chroot_local_user=NO，chroot_list_enable=YES 时，设置 chroot_list_file=/etc/vsftpd/chroot_list，则所有在 chroot_list 中的用户都不能进入家目录外的其他目录

D. 当 chroot_local_user=NO，chroot_list_enable=NO 时，设置 chroot_list_file=/etc/vsftpd/chroot_list，则所有不在 chroot_list 中的用户都不能进入家目录外的其他目录

5. 要限制用户不能登录 FTP 服务器，下面说法不正确的是__________。

A. 当 userlist_enable=YES，userlist_deny=YES 时，设置 userlist_file=/etc/vsftpd/user_list，则 user_list 中列出的用户都不能登录 FTP 服务器

B. 当 userlist_enable=YES，userlist_deny=NO 时，设置 userlist_file=/etc/vsftpd/user_list，则 user_list 中列出的用户才能登录 FTP 服务器

C. 当 userlist_enable=YES，userlist_deny=YES 时，设置 userlist_file=/etc/vsftpd/user_list，则 user_list 中列出的用户才能登录 FTP 服务器

D. userlist_deny=YES 是默认选项

二、填空题

1. FTP 服务有两种工作模式：______________和______________。其中后者在进行数据传输时服务器会使用大于 1024 的端口。

2. vsftpd 服务器的配置文件是____________________。

3. 要解决匿名用户创建文件夹后可以修改文件夹名的问题，需要设置______________。

4. 匿名用户登录 FTP 服务器的用户名是______________________。

三、实践操作题

试根据要求配置 Web 服务器和 FTP 服务器(其中 zhangsan 代表你名字的全拼，zs 代表你名字拼音的首字母)：

(1) Web 服务器的域名为 www.zhangsan.com，主页根目录为/var/www/zhangsan，主页文件为 index.htm，内容为："This is zhangsan's homepage!"。

(2) 创建用于登录 FTP 服务器的账号 zs，该账号只能登录 FTP 服务器，不能登录 Linux 系统，该账号的家目录为 /var/www/zhangsan。

(3) 配置 FTP 服务器，禁止匿名用户登录，只允许 zs 账号登录，限制 zs 用户只能在 /var/www/zhangsan 目录下，不能进入其他目录。

(4) 用 zs 账号登录 FTP 服务器，将 web 网站的主页内容改为"This is zhangsan's new homepage!"。在浏览器中浏览网站，测试默认主页更改后的效果。

项目 9　邮件服务器配置与管理

【项目描述】

公司为方便内部信息的交流，需要一台邮件服务器实现公司内部员工的邮件收发功能。本项目中我们来完成邮件服务器的配置与管理任务。

【学习目标】

(1) 了解邮件服务器的工作原理。

(2) 掌握 Postfix 服务的基本配置。

(3) 掌握 Dovecot 服务的基本配置。

(4) 掌握使用 mail、Telnet、Outlook 发送和接收邮件的方法。

预备知识　认识邮件服务器

1. 电子邮件服务

电子邮件是一种用电子手段提供信息交换的通信方式，是互联网应用最广的服务。通过网络的电子邮件系统，用户可以以非常低廉的价格(不管发送到哪里，都只需负担网费)、非常快速的方式(几秒钟之内可以发送到世界上任何指定的目的地)，与世界上任何一个角落的网络用户联系。

每个发送和接收电子邮件的用户都必须有一个电子邮件地址。电子邮件地址的格式通常为：username@emaildomain。其中 username 代表用户邮箱的账号，对于同一个邮件接收服务器来说，这个账号必须是唯一的；第二部分“@”是分隔符，读音同英文的“at”；第三部分 emaildomain 是用户邮箱的邮件接收服务器域名，用以标志其所在的位置。

2. 邮件发送所需的组件及相关协议

用户 A 要发送一封电子邮件给用户 B，这封邮件需要经过一个怎样的过程才能让 B 接收到呢？

首先介绍几个名词。

1) MUA(Mail User Agent)

MUA 即“邮件使用者代理”，它的主要功能就是发送邮件到邮件服务器和接收邮件服务器的电子邮件，以及提供用户浏览与编写邮件的功能。除非你可以直接利用类似 Telnet 之类的软件登录到邮件服务器来主动发送和接收邮件，否则你就得要通过 MUA 来帮你把邮件送到服务器上去或者从服务器上接收邮件。常见的 MUA 有基于 Windows 平台的 Outlook、Foxmail 和基于 Linux 平台的 mail、elm 等。

2) MTA (Mail Transfer Agent)

MTA 即“邮件传输代理”，它的主要功能是负责邮件的存储和转发。MTA 的功能有：

(1) 接收信件：MTA 主机最主要的功能就是将来自客户端或者是其他 MTA 的来信收下来，这个时候 MTA 使用的是简单邮件传输协议(Simple Mail Transfer Protocol，SMTP)，使用的是 25 号端口。

(2) 转发信件：如果 MTA 收到的邮件的目的地并不是自己所管辖的用户，且该封信的相关数据符合使用 MTA 的权限，那么 MTA 就会将这封邮件再传送到下一个 MTA。这即是所谓的转递(Relay)功能。

总之，我们一般提到的邮件服务器就是指 MTA。而严格来说，MTA 其实仅是指 SMTP 这个协议。而实现 MTA 的 SMTP 功能的主要软件包括老牌的 Sendmail，后起之秀的 Postfix，还有 Qmail 等。

3) MDA (Mail Delivery Agent)

MDA 即“邮件传递代理”。事实上，这个 MDA 是挂在 MTA 下的一个小程序，最主要的功能就是分析由 MTA 收到的邮件头或内容等数据，来决定这封邮件的去向。所以说，上面提到 MTA 的信件转递功能，其实是由 MDA 完成的。此外，MDA 还有过滤垃圾邮件、自动回复等功能。

4) Mailbox

Mailbox 即电子邮箱，简单地说，就是某个账号专用的信件接收的文档。我们的 Linux 系统默认的邮箱都是放在/var/spool/mail 目录下与用户名相同的文档中。若 MTA 所收到的邮件是本机的使用者，MDA 就会将信件送到该 Mailbox 当中去。

通过 MUA 将邮件传输到对方的邮箱过程如下：

(1) 第 0 步：取得 MTA 的权限。本地的 MUA 想使用 MTA 来发送邮件，必须先取得 MTA 的权限，就是必须要向 MTA 注册一个可使用的电子邮件账号。

(2) 第 1 步：用户 A 在 MUA 上编写信件后，发送至 MTA。注意：发送到的是用户 A 的 MTA 而不是对方的 MTA。如果确定可以使用这个 MTA，那么这封信就会被放置到 MTA 的队列(queue)当中并等待被传送出去。

(3) 第 2 步：如果这封信的收件人地址是本地端 MTA 所管辖的账号，例如公司内部员工相互发送的信件，那么本地 MTA 就会将邮件放在自己的邮件存储空间中并通过 MDA 将这封信送到相应的 Mailbox 中。

如果这封信的收件人地址为其他 MTA 所管辖的账号，则开始转递(Relay)的流程。MTA 开始分析该封信是否具有合法的权限，若具有权限时，则 MDA 开始进行邮件转递，亦即该封邮件通过 MTA 向下一个 MTA 发送出去。如果这封信件顺利的发送出去了，那么它就会从队列中被移除。

(5) 第 3 步：对方 MTA 服务器接收信件。如果一切都没有问题的话，远程的 MTA 会收到用户 A 的 MTA 所发出的那封信，并将该信件放置到正确的使用者信箱当中，等待使用者来读取或下载。

(6) 在邮件发送的整个过程中，信件是由用户 A 的 MTA 发送出去的，此时 MTA 使用的协议是 SMTP 并且这封信最终是停留在对方主机的 MTA 上，并不是收件人的 MUA 上。

所以收件人只要登录到自己 MUA 中，就可以接收来自于自己的 MTA 传输的邮件了，邮件传输过程如图 9-1 所示。

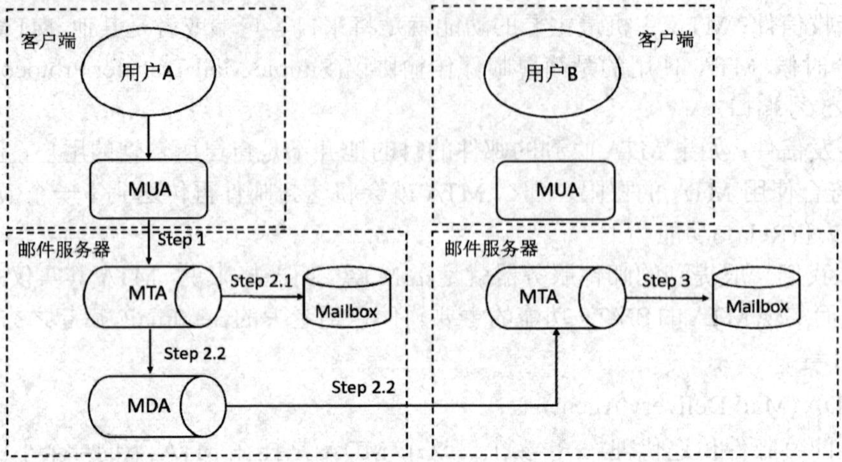

图 9-1　邮件传输过程

3. 邮件接收所需的组件及相关协议

用户 B 如果想要接收来自用户 A 的邮件，可以通过 MUA 直接联机读取自己邮箱内的数据。在此过程中邮件服务器又多了一个邮件组件，那就是 MRA(Mail Retrieval Agent)。MRA 即邮件接收代理，用户可以通过 MRA 服务器提供的邮局服务协议 (Post Office Protocol，POP)来接收自己的信件，也可以通过因特网信息访问协议(Internet Message Access Protocol，IMAP)将自己的邮件保留在邮件服务器上面，并进一步完成建立邮件数据的目录等进阶工作。

使用 POP 协议接收邮件的过程如下：

(1) 第 1 步：MUA 通过 POP3(Post Office Protocol version 3) 协议连接到 MRA 的 110 号端口，并且输入账号和密码取得正确的认证与授权。

(2) 第 2 步：MRA 确认该用户账号和密码没有问题后，会前往该用户的 Mailbox 取得用户的邮件并传送给用户的 MUA 文件。

(3) 第 3 步：MRA 将用户邮件传送给用户的 MUA。当所有的邮件传送完毕后，用户的 Mailbox 内的数据即被删除。

因为 POP3 的协议会在邮件传送完毕后将邮件删除，那么当用户使用一个 MUA 接收完邮件后，再换一个 MUA，则无法再接收到邮件。例如，在办公室的客户端接收过邮件后，回到家再使用家中电脑的客户端就无法再接收到邮件，因为邮件已经被从服务器上删除了。

为了防止这种情况的出现，可以使用 IMAP 协议，这个协议可以将 Mailbox 的数据转存到用户主机上的家目录，亦即“/home/用户名”的目录下，这样用户不但可以建立邮件数据的目录，也可以针对邮件分类管理，而且在任何一个可联上网络的地方只要登录到主机上，原本的信件就都存在。

不过，使用 IMAP 时，用户的目录最好能够加以限制，例如使用磁盘配额管理，否则因为邮件都在主机上，如果用户邮件过多且误用时，主机的硬盘空间会被大量占用而消耗殆尽。邮件接收的过程如图 9-2 所示。

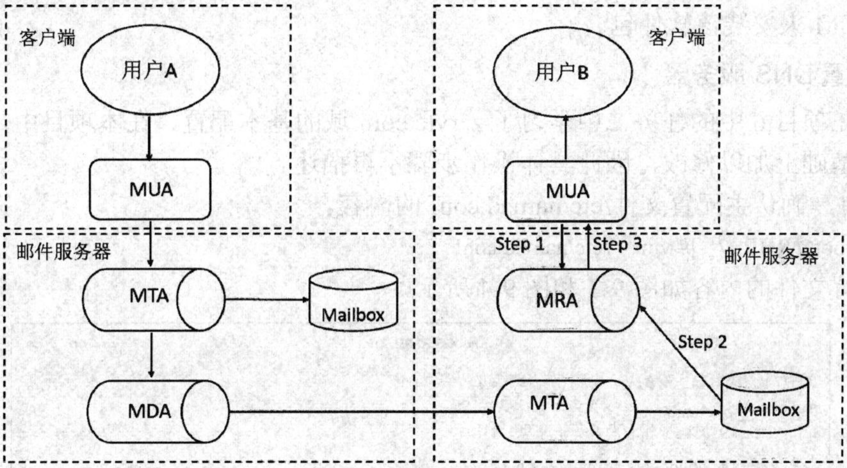

图 9-2　邮件接收过程

任务一　邮件服务器配置准备

一、任务提出

要想使邮件服务器顺利运行，首先要安装好需要的软件包，并为服务器的正常运行做好准备。本次任务主要认识一下邮件服务器软件 Postfix，并配置 DNS 服务器使其能解析域名 mail.zzrvtc.com，为邮件服务器的运行做好准备。

二、任务分析

邮件发送服务器也即 MTA 的软件有很多种，在 Red Hat Enterprise Linux 6.x 之前的版本中默认安装的是 Sendmail。虽然 Sendmail 曾是最为广泛使用的 MTA 软件，但由于 Sendmail 的配置文件过于难懂，以及早期的程序漏洞问题导致主机安全性缺失；加上 Sendmail 将所有的功能都整合在/usr/sbin/sendmail 这个程序当中，导致程序太大，可能会有效能方面的疑虑等，所以从 Red Hat Enterprise Linux 7.x 开始已经将默认安装的邮件发送服务器软件调整为 Postfix。

我们在发送和接收电子邮件时，都需要用到诸如 username@emaildomain 格式的邮件地址，其中 emaildomain 是邮件服务器所在域的域名，需要由域名服务器进行解析。在实际应用中，我们可以租用 DNS 服务器实现域名解析，而本项目中，我们要配置自己的域名服务器实现域名解析。

三、任务实施

9-1　邮件服务器配置准备

1. 查看系统中是否已经安装 Postfix 软件包

```
[root@RHEL7 ~]# rpm –qa|grep postfix
```

默认情况下，Postfix 软件包应该已经安装，如果没有安装，可以参照项目 3 中的任务一使用 YUM 来安装该软件包。

2. 配置 DNS 服务器

由于在项目 6 中的任务二中学习了 zzrvtc.com 域的基本配置，在本项目中，我们只是在之前的基础上加以修改，因此具体操作步骤不再描述。

步骤 1　确认主配置文件/etc/named.conf 的内容。

```
[root@RHEL7 ~]# vim  /etc/named.conf
```

主配置文件的内容如图 9-3 和图 9-4 所示。

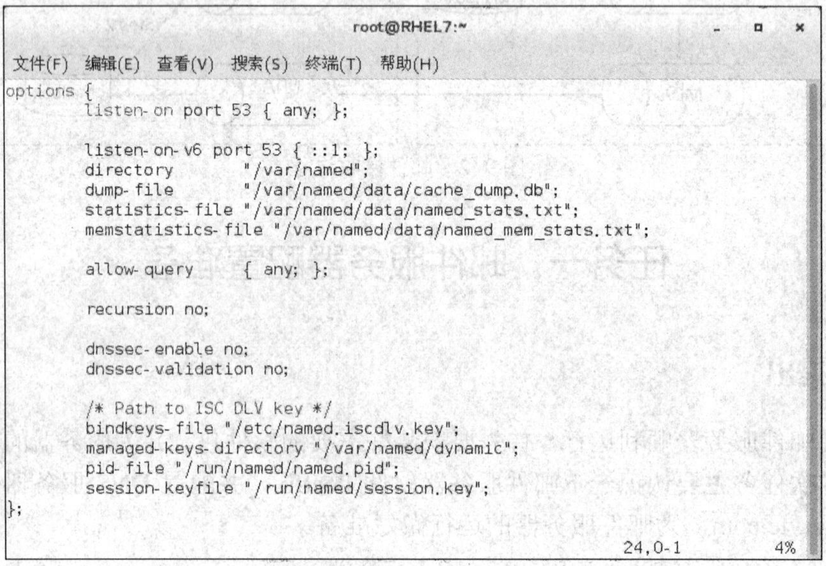

```
root@RHEL7:~
文件(F) 编辑(E) 查看(V) 搜索(S) 终端(T) 帮助(H)
options {
        listen-on port 53 { any; };

        listen-on-v6 port 53 { ::1; };
        directory       "/var/named";
        dump-file       "/var/named/data/cache_dump.db";
        statistics-file "/var/named/data/named_stats.txt";
        memstatistics-file "/var/named/data/named_mem_stats.txt";

        allow-query     { any; };

        recursion no;

        dnssec-enable no;
        dnssec-validation no;

        /* Path to ISC DLV key */
        bindkeys-file "/etc/named.iscdlv.key";
        managed-keys-directory "/var/named/dynamic";
        pid-file "/run/named/named.pid";
        session-keyfile "/run/named/session.key";
};
                                                   24,0-1        4%
```

图 9-3　DNS 服务器主配置文件(一)

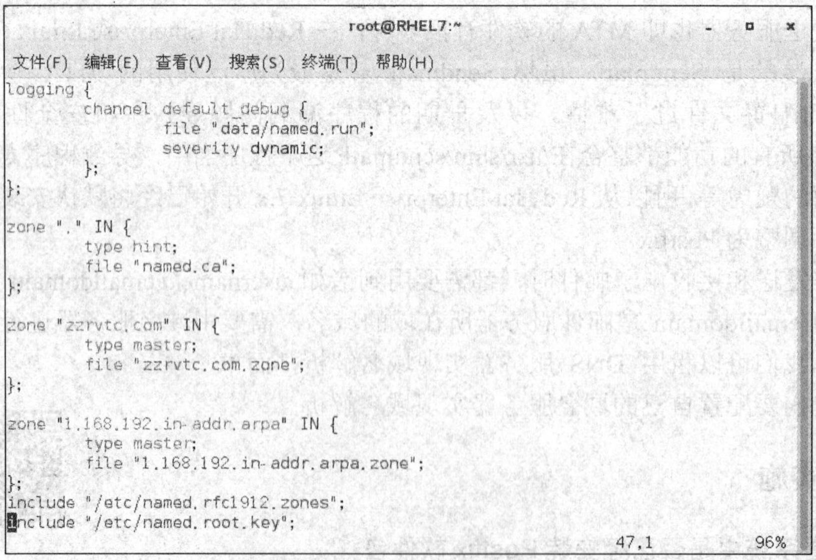

```
root@RHEL7:~
文件(F) 编辑(E) 查看(V) 搜索(S) 终端(T) 帮助(H)
logging {
        channel default_debug {
                file "data/named.run";
                severity dynamic;
        };
};

zone "." IN {
        type hint;
        file "named.ca";
};

zone "zzrvtc.com" IN {
        type master;
        file "zzrvtc.com.zone";
};

zone "1.168.192.in-addr.arpa" IN {
        type master;
        file "1.168.192.in-addr.arpa.zone";
};
include "/etc/named.rfc1912.zones";
include "/etc/named.root.key";
                                                   47,1          96%
```

图 9-4　DNS 服务器主配置文件(二)

步骤 2　修改正向区域文件/var/named/zzrvtc.com.zone。

```
[root@RHEL7 ~]# cd /var/named
[root@RHEL7 named]# vim   zzrvtc.com.zone
```

正向区域文件内容如图 9-5 所示。

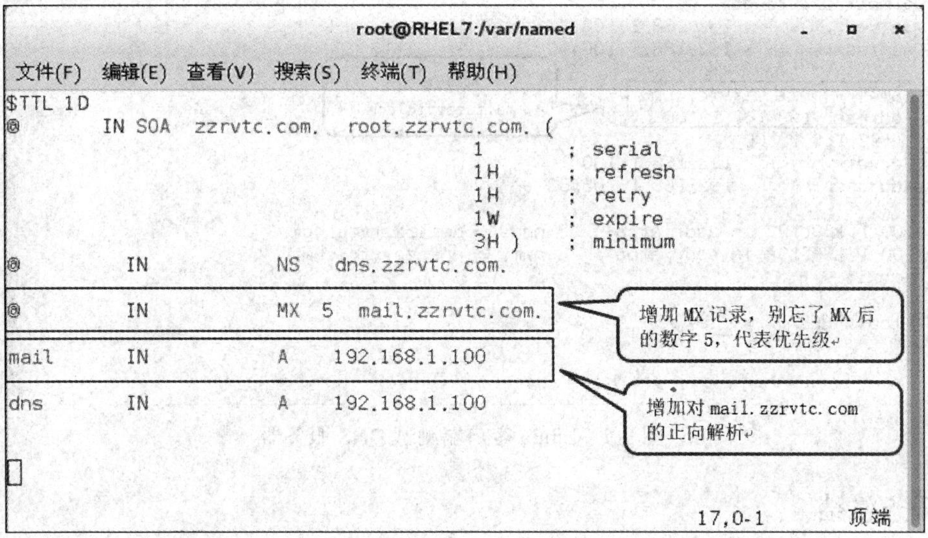

图 9-5　正向区域文件

步骤 3　修改反向区域文件/var/named/1.168.192.in-addr.arpa.zone。

```
[root@RHEL7 named]# vim   1.168.192.in-addr.arpa.zone
```

反向区域文件内容如图 9-6 所示。

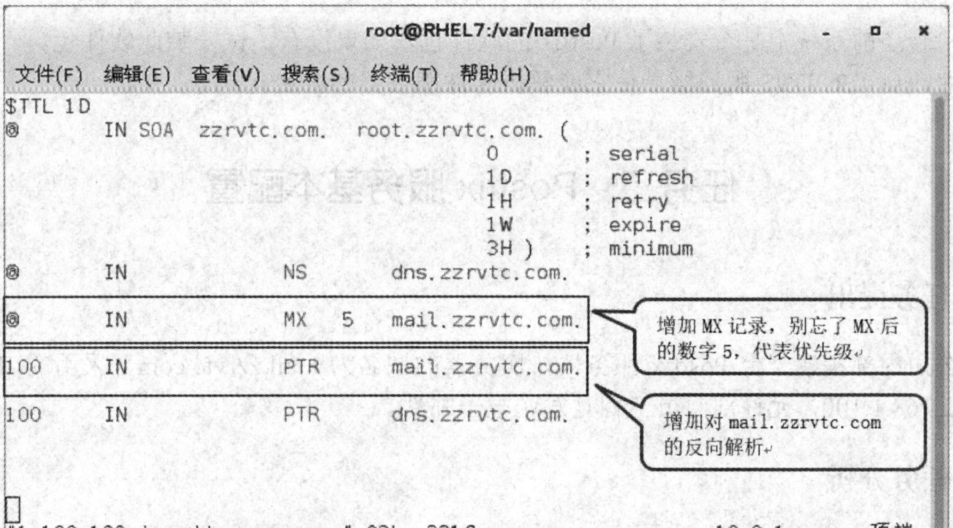

图 9-6　反向区域文件

步骤 4　重启服务。

```
[root@RHEL7 ~]# systemctl restart named
```

步骤 5　在 Linux 端进行测试，如图 9-7 所示。

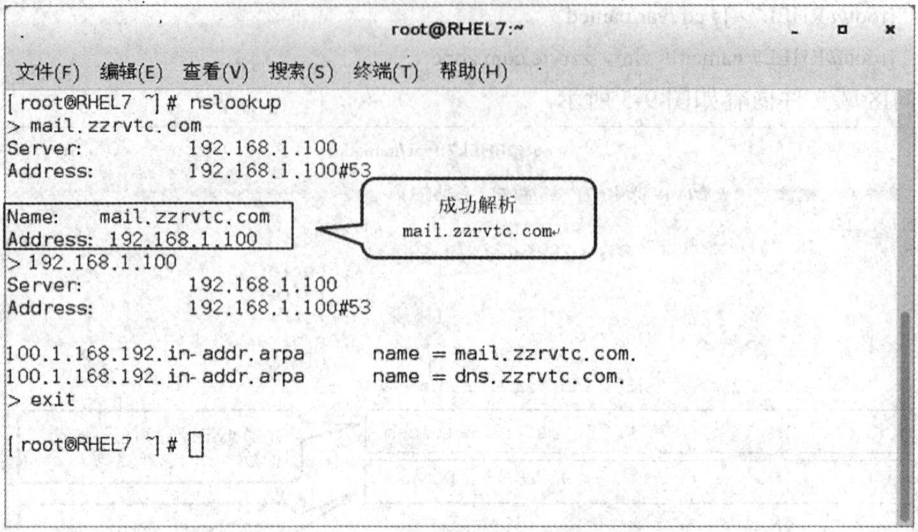

图 9-7　Linux 客户端测试 DNS 服务器

四、任务总结

本次任务主要认识了 Postfix 服务器软件。由于系统在默认情况下已经安装了该软件，可以不必安装。另外，为了配合邮件服务器对域名的解析，需要在 DNS 服务器的正向区域文件和反向区域文件中添加 MX 记录和对 mail.zzrvtc.com 的解析。

五、同步训练

检查当前系统中是否安装了 Postfix 的软件包，如果没有，试安装此软件包。

修改自己的 DNS 服务器，使它能解析邮件服务器的域名。

任务二　Postfix 服务基本配置

一、任务提出

公司内部搭建一台 Postfix 服务器，服务器的域名为 mail.zzrvtc.com，采用的 IP 地址为 192.168.1.100，允许部门员工相互发送电子邮件。

二、任务分析

Postfix 的主要配置文件是/etc/postfix/main.cf，配置 Postfix 服务器的大多数参数都在这个文件中进行设置，常用的参数选项有：

(1) myhostname：设置 Postfix 服务器的主机名。

(2) mydomain：设置 Postfix 服务器所在域的域名。

(3) myorigin：设置 Postfix 服务器发出邮件的默认地址。

(4) mydestination：配置 Postfix 可以接收的邮件名或主机名。

(5) mynetworks：设置可转发哪些主机的邮件。

(6) relay_domains：设置可转发哪些域的邮件。

(7) inet_interfaces：设置 Postfix 的监听接口。

(8) inet_protocols：设置 Postfix 的监听 IP 协议。

三、任务实施

9-2　Postfix 服务基本配置

步骤 1　修改配置文件/etc/postfix/main.cf。

```
[root@RHEL7 ~]# vim  /etc/postfix/main.cf
```

由于 Postfix 服务器的配置文件比较大，在此我们只列举本次任务需要的设置。

```
myhostname =  mail.zzrvtc.com                         #设置主机名
mydomain = zzrvtc.com                                  #设置域名
myorigin = $mydomain                                   #发出邮件的地址为域名
inet_interfaces = all                                  #监听所有端口
inet_protocols = all                                   #允许 IPv4 和 IPv6 两种协议
mydestination = $myhostname, $mydomain, localhost      #设置可以接收的邮件地址
```

◇ **小贴士**：上面所有的配置选项都是文件中已经有的，只需要把前面的注释符“#”去掉即可。部分配置项需要根据实际情况修改。

步骤 2　启动服务。

```
[root@RHEL7 ~]# systemctl restart postfix
```

步骤 3　测试。

(1) 查看 25 号端口监听情况：SMTP 协议使用的是 25 号端口，因此，当 Postfix 服务器配置好并重新启动后，需要查看一下服务器的 25 号端口是否在监听状态。

```
[root@RHEL7 ~]# netstat  -tlnp |grep 25
```

查看结果如图 9-8 所示。

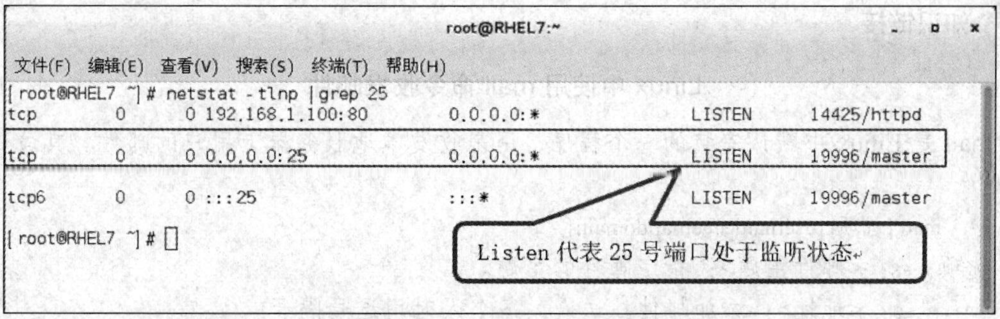

图 9-8　查看 25 号端口监听情况

(2) 使用 mail 命令给用户 student 发送一封邮件。邮件发送过程如图 9-9 所示。

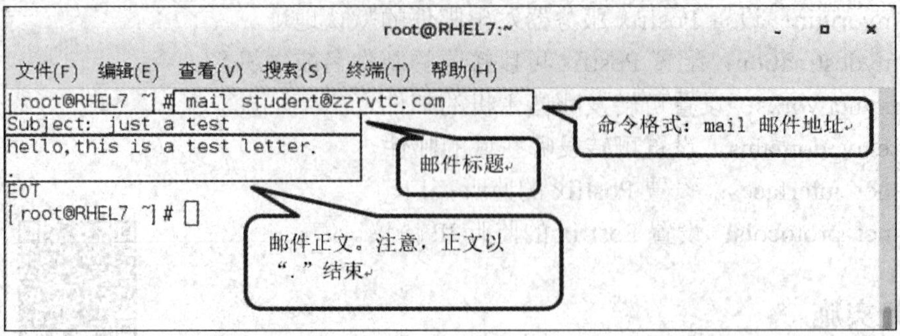

图 9-9　用 mail 命令发送邮件

切换到 student 用户接收邮件。

[root@RHEL7 ~]# su　-　student

接收邮件内容如图 9-10 所示。

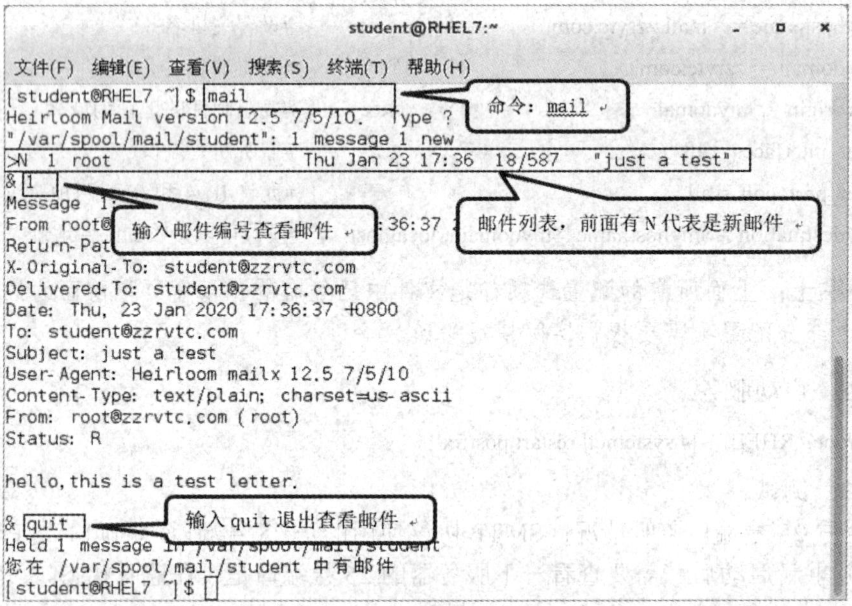

图 9-10　接收邮件的内容

知识链接

Linux 中使用 mail 命令收发邮件

mail 是 Linux 中默认安装的一个程序，用来收发本地服务器上用户的邮件。其命令格式为：

mail [选项] [username@emaildomain]

选项：-s：<邮件主题>：指定邮件的主题。

-c：<地址>：添加邮件抄送人，多个人时用逗号隔开。

-b：<地址>：添加邮件暗送人。

-a：<附件>：添加附件。

说明：如果不加选项和电子邮件地址，则表示接收当前用户的邮件。

如果没有加选项“-s”，在输入“mail 邮件地址”后，系统会提示用户输入邮件的主题(subject)，输入主题后下一行自动进入邮件正文行，可以直接写邮件的正文。邮件正文输入结束后，在下一行输入一个“.”代表正文输入的结束。

用户的邮件默认都放在 /var/spool/mail 目录中，每个用户拥有一个以其用户名命名的文件，该用户的所有邮件均存放在此文件中。

四、任务总结

在此任务中，我们配置 Postfix 服务器使其可以提供邮件发送和接收服务，并通过 mail 客户端实现了邮件的发送和接收测试。

五、同步训练

公司部门内部搭建一台 Postfix 服务器，采用的 IP 地址为 192.168.0.1，域名为 mail.abc.com，试配置 Postfix 服务器实现邮件发送和接收功能，并进行测试。

任务三　Dovecot 服务基本配置

一、任务提出

公司的 Postfix 邮件服务器已经基本配置完成，但是为保证用户和管理人员的正常使用和维护，需要 Dovecot 服务完成邮件的接收功能，且需要使用 Telnet 和 Outlook Express 两种方式发送和接收邮件。试配置服务器完成要求的功能。

二、任务分析

任务二中所进行的 Postfix 服务器的配置，只配置了发送邮件的服务，并没有配置接收邮件的服务。要接收邮件，需要使用 Dovecot 服务，它包含了 POP3 协议和 IMAP 协议。要配置和启动 Dovecot 服务，才能实现使用 MUA 接收。

三、任务实施

9-3　Dovecot 服务基本配置

1. 配置 Dovecot 服务

步骤 1　查看 Dovecot 软件包的安装情况。

```
[root@RHEL7 ~]# rpm –qa|grep dovecot
```

默认情况下，该软件包没有安装。可以参照项目 3 中的任务一使用 YUM 来安装该软件包。

```
[root@RHEL7 ~]# yum   install   dovecot   -y
```

安装过程如图 9-11 所示。

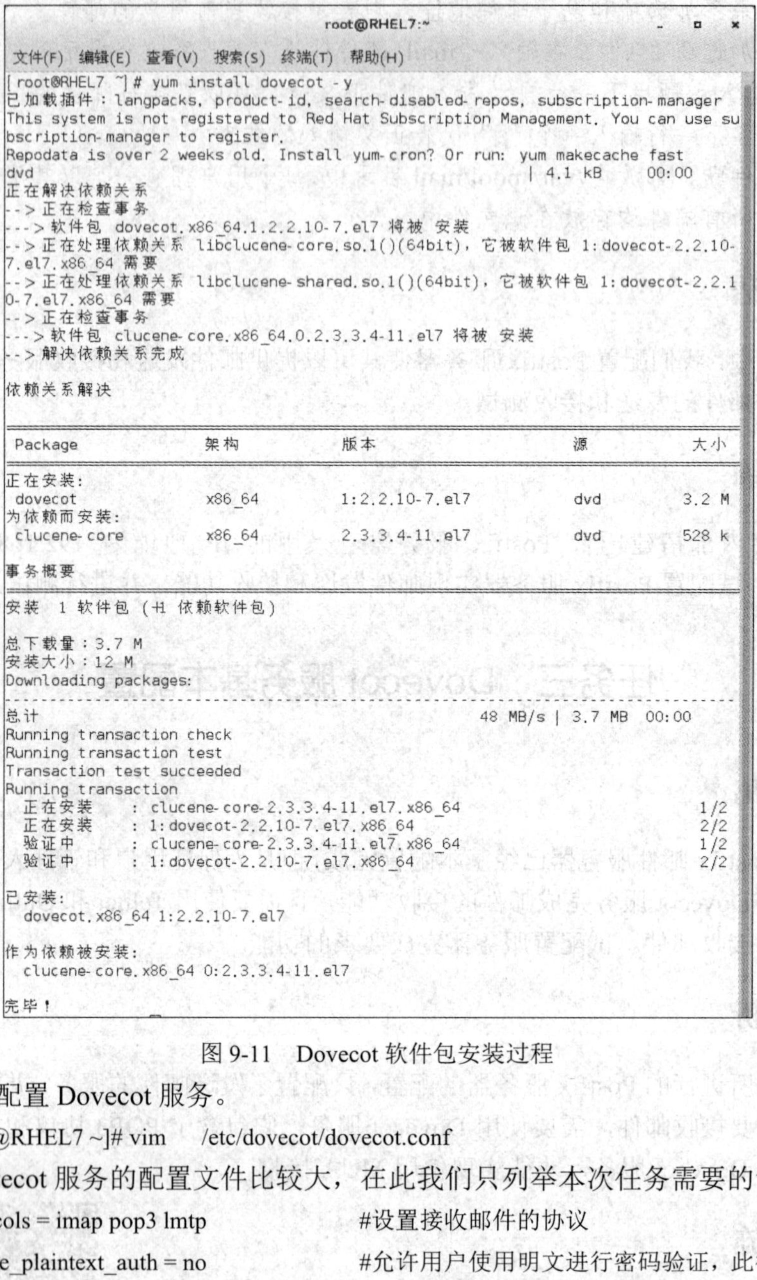

```
root@RHEL7:~
文件(F)  编辑(E)  查看(V)  搜索(S)  终端(T)  帮助(H)
[root@RHEL7 ~]# yum install dovecot -y
已加载插件：langpacks, product-id, search-disabled-repos, subscription-manager
This system is not registered to Red Hat Subscription Management. You can use su
bscription-manager to register.
Repodata is over 2 weeks old. Install yum-cron? Or run: yum makecache fast
dvd                                                  | 4.1 kB     00:00
正在解决依赖关系
--> 正在检查事务
---> 软件包 dovecot.x86_64.1.2.2.10-7.el7 将被 安装
--> 正在处理依赖关系 libclucene-core.so.1()(64bit)，它被软件包 1:dovecot-2.2.10-
7.el7.x86_64 需要
--> 正在处理依赖关系 libclucene-shared.so.1()(64bit)，它被软件包 1:dovecot-2.2.1
0-7.el7.x86_64 需要
--> 正在检查事务
---> 软件包 clucene-core.x86_64.0.2.3.3.4-11.el7 将被 安装
--> 解决依赖关系完成

依赖关系解决

================================================================================
 Package              架构            版本                    源          大小
================================================================================
正在安装:
 dovecot              x86_64          1:2.2.10-7.el7          dvd        3.2 M
为依赖而安装:
 clucene-core         x86_64          2.3.3.4-11.el7          dvd        528 k

事务概要
================================================================================
安装  1 软件包 (+1 依赖软件包)

总下载量：3.7 M
安装大小：12 M
Downloading packages:
--------------------------------------------------------------------------------
总计                                             48 MB/s | 3.7 MB  00:00
Running transaction check
Running transaction test
Transaction test succeeded
Running transaction
  正在安装    : clucene-core-2.3.3.4-11.el7.x86_64                       1/2
  正在安装    : 1:dovecot-2.2.10-7.el7.x86_64                            2/2
  验证中      : clucene-core-2.3.3.4-11.el7.x86_64                       1/2
  验证中      : 1:dovecot-2.2.10-7.el7.x86_64                            2/2

已安装:
  dovecot.x86_64 1:2.2.10-7.el7

作为依赖被安装:
  clucene-core.x86_64 0:2.3.3.4-11.el7

完毕！
```

图 9-11　Dovecot 软件包安装过程

步骤 2　配置 Dovecot 服务。

```
[root@RHEL7 ~]# vim    /etc/dovecot/dovecot.conf
```

由于 Dovecot 服务的配置文件比较大，在此我们只列举本次任务需要的设置。

```
protocols = imap pop3 lmtp                  #设置接收邮件的协议
disable_plaintext_auth = no                 #允许用户使用明文进行密码验证，此行需要手动添加
login_trusted_networks = 192.168.1.0/24     #设置允许登录的网段
```

步骤 3　设置 Dovecot 服务单独的子配置文件/etc/dovecot/conf.d/10-mail.conf。

```
[root@localhost ~]# vim   /etc/dovecot/conf.d/10-mail.conf
mail_location = mbox:~/mail:INBOX=/var/mail/%u
#定义一个路径，用于指定要将收到的邮件存放到服务器本地的哪个位置，此行配置文件中默认已经存在，只需要把前面的注释符“#”去掉即可
mbox_write_locks=fcntl                      #此行需要手动添加
```

步骤 4　切换到 student 用户，在家目录中建立保存邮件的目录。

```
[root@localhost ~]# su  -  student
[student@localhost ~]$ mkdir  -p  mail/.imap/INBOX
[student@localhost ~]$ exit
```

◇ **小贴士**：步骤 3 和步骤 4 非常重要，如果设置不正确，会影响到后面使用 Telnet 服务接收邮件的测试，所以务必按照上述要求正确设置。

步骤 5　启动服务。

```
[root@localhost ~]# systemctl  start  dovecot
```

步骤 6　测试。POP3 协议使用 110 号端口。因此，当 Dovecot 服务启动后，可以通过查看 110 号端口是否处于监听状态来测试 Dovecot 服务的运行情况。

```
[root@RHEL7 ~]# netstat  -tlnp |grep 110
```

查看 110 号端口监听情况的结果如图 9-12 所示。

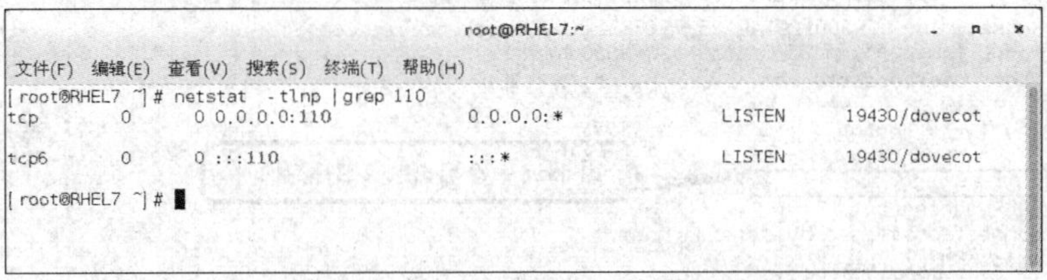

图 9-12　查看 110 号端口监听情况

2. 使用 Telnet 服务进行邮件的发送和接收

Telnet 服务在项目 3 中的任务二中已经配置完成，在此我们不再讲述 Telnet 服务的配置过程，而是直接使用 Telnet 服务进行邮件的发送和接收。

(1) 使用 Telnet 服务完成用户 user1 向用户 student 发送电子邮件。邮件发送过程如图 9-13 所示。

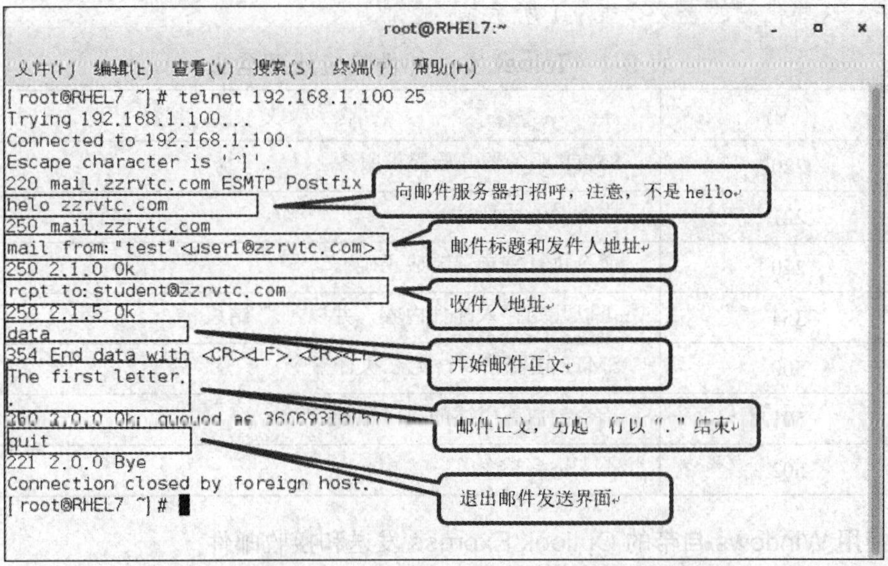

图 9-13　使用 Telnet 发送邮件

(2) 使用 Telnet 服务完成 student 用户接收邮件。邮件接收过程如图 9-14 所示。

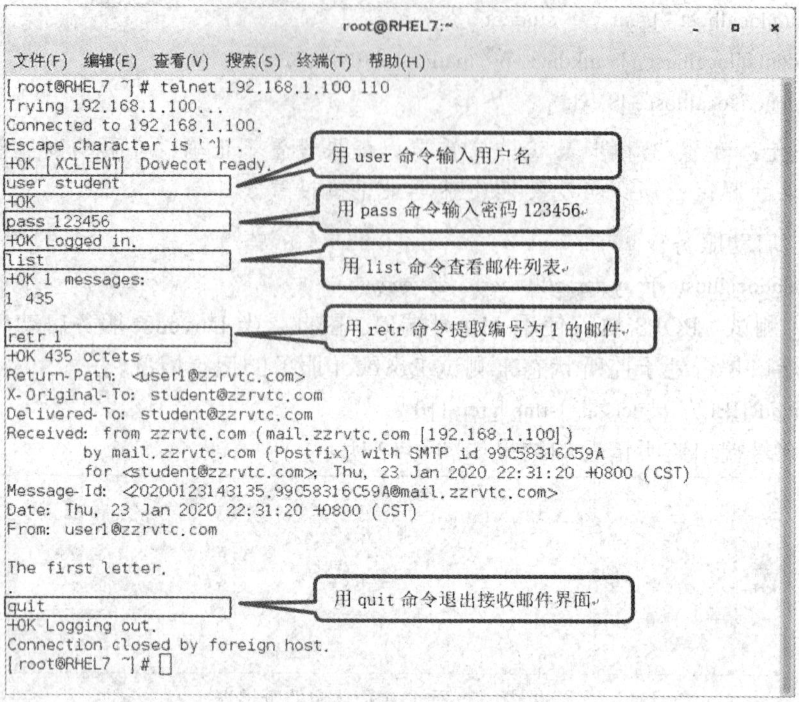

图 9-14　使用 Telnet 接收邮件

知识链接

使用 Telnet 发送邮件时响应代码的含义

在使用 Telnet 发送邮件时，每输入一条命令，服务器均给予响应，每行响应均以一个代码开头，这些代码的含义如表 9-1 所示。

表 9-1　Telnet 发送邮件响应代码含义

代码	含　义
220	SMTP 服务器开始提供服务
221	服务器关闭连接
250	命令执行完毕，响应正确
354	可以开始输入邮件内容，并以“.”结束
500	SMTP 语法错误，无法执行指令
501	指令参数或引述的语法错误
502	不支持该指令

3. 使用 Windows 自带的 Outlook Express 发送和接收邮件

步骤 1　第一次打开 Outlook Express，会弹出如图 9-15 所示的【Internet 连接向导】对话框，如果不是第一次打开，可以选择如图 9-16 所示【工具】菜单中的【账户】选项，打开如图 9-17 的【Internet 账户】窗口，选择【邮件】选项卡，单击右上角的【添加】按钮，选择【邮件】选项，也可以打开如图 9-15 的【Internet 连接向导】对话框。在【Internet 连接向导】中第一步“您的姓名”窗口中输入“显示名”，这个名字是以后显示给收件人的名字。

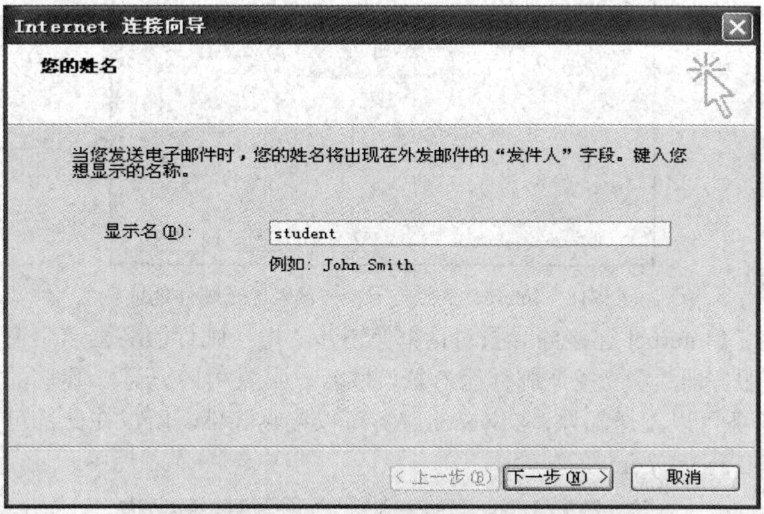

图 9-15　Internet 连接向导

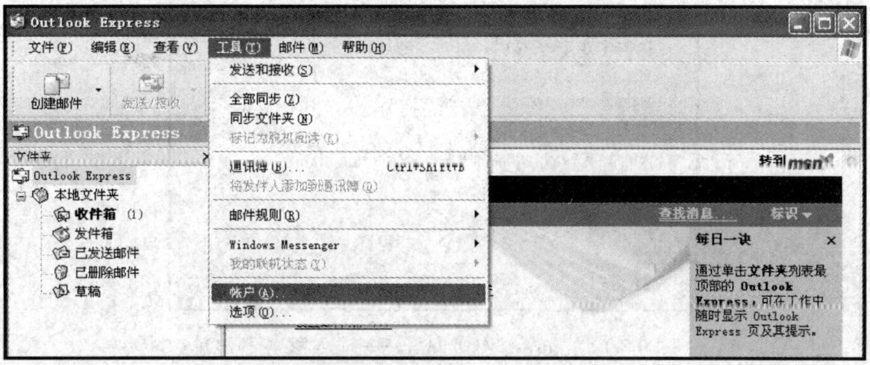

图 9-16　打开 Internet 连接向导(一)

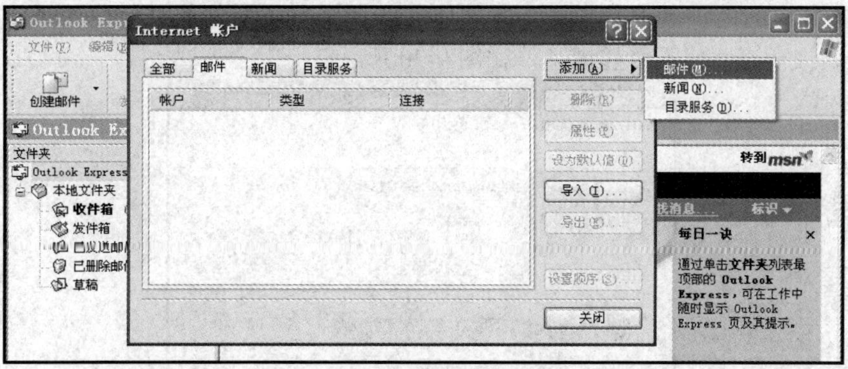

图 9-17　打开 Internet 连接向导(二)

步骤 2　在【Internet 连接向导】对话框第二步“Internet 电子邮件地址”窗口中输入自己的电子邮件地址，如图 9-18 所示。

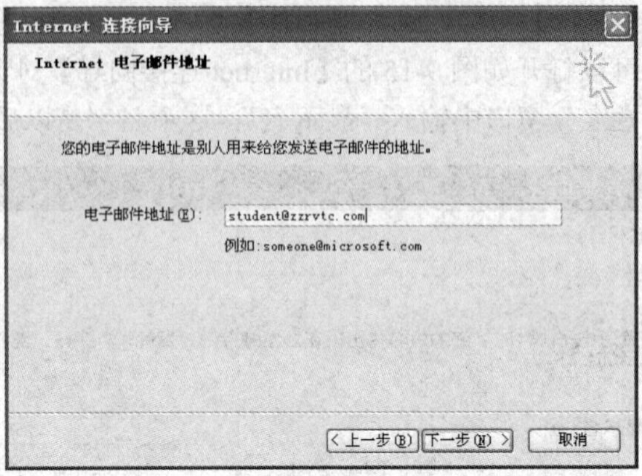

图 9-18　Internet 连接向导——输入电子邮件地址

步骤 3　在【Internet 连接向导】对话框第三步“电子邮件服务器名”窗口中输入自己的“接收邮件服务器”和“发送邮件服务器”域名，如图 9-19 所示。我们的邮件服务器安装了 Postfix 服务可以发送邮件，Dovecot 服务可以接收邮件，所以在此都可以写邮件服务器的域名：mail.zzrvtc.com。

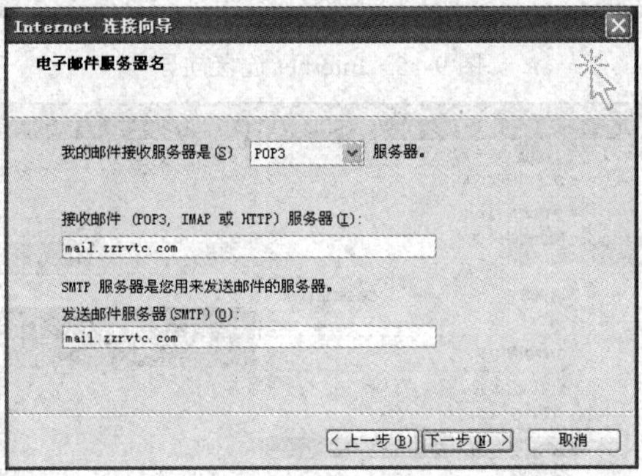

图 9-19　Internet 连接向导——输入服务器地址

步骤 4　在【Internet 连接向导】对话框第四步“Internet Mail 登录”窗口中输入自己登录邮件服务器的用户名和密码。为方便以后的使用，可以勾选“记住密码”，这样下次打开 Outlook Express 就不用登录了，如图 9-20 所示。

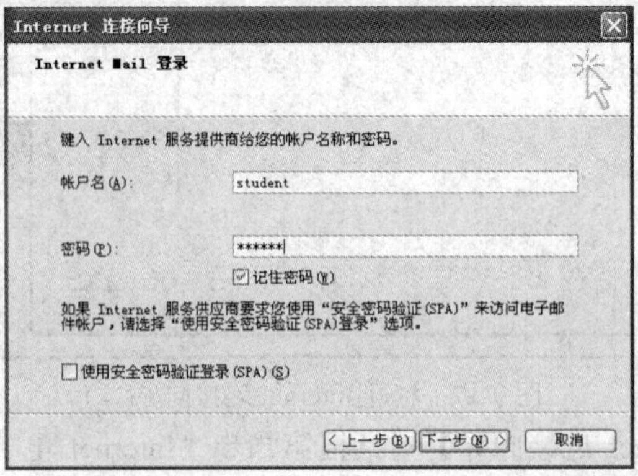

图 9-20　Internet 连接向导——输入登录用户名和密码

至此，完成了账户设置，可以开始发送和接收邮件了。我们以发送邮件为例。

步骤 5　单击 Outlook Express 窗口的【创建邮件】快捷菜单，打开【新邮件】窗口。写入收件人地址、主题和邮件正文，并单击【发送】快捷菜单，邮件就被发送出去了，如图 9-21 所示。

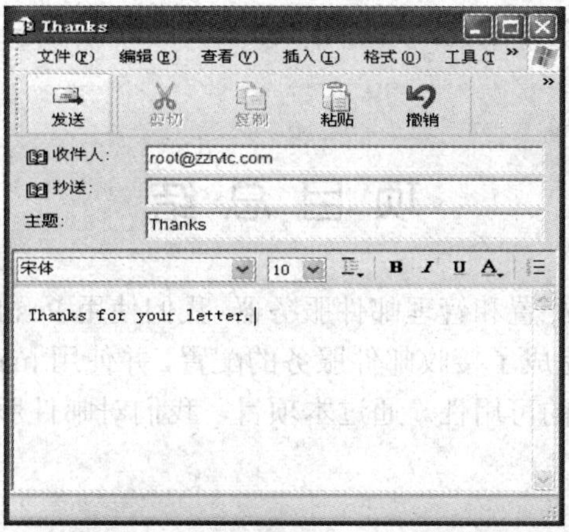

图 9-21　Outlook Express 中编写邮件

步骤 6　在其他的 Outlook Express 终端或者在 Linux 系统中使用 mail 命令，均可接收邮件，如图 9-22 所示。

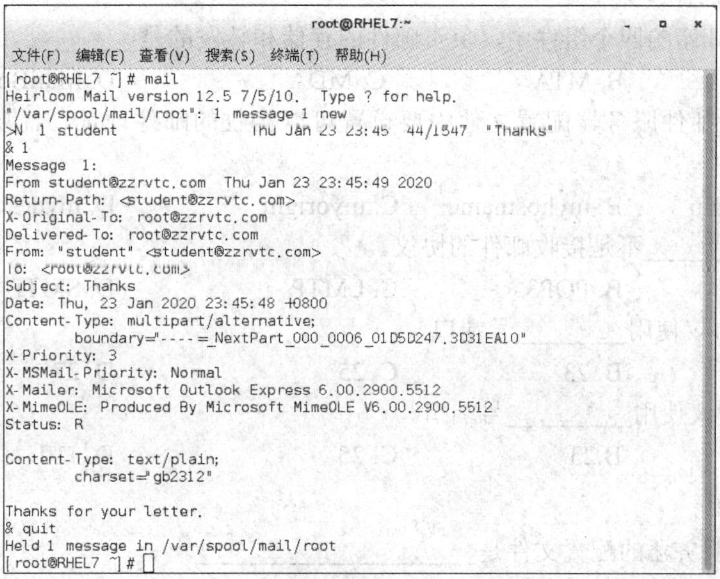

图 9-22　Linux 中使用 mail 命令接收邮件

四、任务总结

本次任务中，我们配置了 Dovecot 服务，使得邮件服务器可以使用 POP3 或 IMAP 协议来接收邮件。同时使用 Telnet 服务登录邮件服务器进行邮件的发送和接收，对于邮件服务器的调试有很大的帮助。最后我们使用 Windows 自带的 Outlook Express 软件收发邮件，可以看出 Linux 邮件服务器的兼容性，不仅支持 Linux 客户端，也同样支持 Windows 客户端。

五、同步训练

完成 Dovecot 服务的基本配置，并使用 Telnet、Outlook Express、mail 三种方式测试邮件服务器的可用性。

项目总结

本项目中我们学习了配置和管理邮件服务器。我们使用 Postfix 软件完成了发送邮件服务的配置，使用 Dovecot 完成了接收邮件服务的配置，并使用 mail、Telnet、Outlook Express 三种方法测试邮件服务器的可用性。通过本项目，我们对邮件服务器的配置和管理有了一个初步的认识。

项目训练

一、选择题

1. 在构成邮箱的四个组件中，负责邮件的存储和转发的是________。

A. MUA　　B. MTA　　C. MDA　　D. MailBox

2. Postfix 邮件服务器配置文件中要设置可以接收的邮件地址，需要修改的设置项为_______。

A. mydomain　　B. myhostname　　C. myorigin　　D. mydestination

3. 下列________不是接收邮件的协议。

A. IMAP　　B. POP3　　C. LMTP　　D. SMTP

4. SMTP 协议使用________号端口。

A. 21　　B. 23　　C. 25　　D. 27

5. POP3 协议使用_________号端口。

A. 21　　B.23　　C. 25　　D. 110

二、填空题

1. Postfix 服务器的配置文件是____________________。

2. 请列举三种能够发送和接收邮件的方式_________________________。

3. Linux 中邮件接收的软件包使用_________________。

三、实践操作题

某公司内部的邮件服务器 IP 地址为 192.168.0.1，域名为 mail.abc.com，试配置邮件服务器使公司员工能够自由收发公司内部邮件，并使用 mail、Telnet 和 Outlook Express 三种方式进行测试。

项目 10　防火墙配置与管理

【项目描述】

为了保证公司服务器的安全，需要在公司服务器上安装和运行防火墙。

本项目中我们完成防火墙的配置与管理任务。

【学习目标】

(1) 了解防火墙的工作原理。

(2) 掌握 Linux 防火墙的基本架构。

(3) 掌握 Firewalld 的基本配置。

预备知识　认识防火墙

1. 什么是防火墙

防火墙(Firewall)是位于两个(或多个)网络之间，实施网络之间访问控制的一组组件集合，是目前最重要的一种网络防护设备。防火墙这个名字借鉴了古代用于防火的防火墙的喻义，是设置在被保护网络和外部网络之间的一道屏障，实现网络的安全保护，以防止发生不可预测的、潜在的破坏性侵入。

防火墙通常具有以下三个特点。

(1) 位置特点：内部网络和外部网络之间的所有网络数据流都必须经过防火墙。只有当防火墙成为内、外网络之间通信的唯一通道时，才可以全面、有效地保护企业内部网络不受侵害。

(2) 功能特点：只有符合安全策略的数据流才能通过防火墙。根据企业的安全策略(允许、拒绝、监测) 控制出入网络的信息流，确保网络流量的合法性，并在此前提下将网络流量快速地从一条链路转发到另外的链路上。

(3) 性能特点：防火墙自身应具有非常强的抗攻击免疫力。防火墙处于网络边缘，就像一个边界卫士一样，每时每刻都要面对黑客的入侵，这样就要求防火墙自身要具有非常强的抗攻击的本领。

2. 防火墙的种类

目前市场上的防火墙种类繁多，从不同的角度，可以进行不同的分类。在此，我们从技术的角度，将防火墙分为包过滤型防火墙、应用代理型防火墙和状态检测型防火墙。

1) 包过滤型防火墙

包过滤是最早使用的一种防火墙技术，它的第一代模型是静态包过滤，工作在 OSI 模型的网络层上，之后发展出来的动态包过滤则是工作在 OSI 模型的传输层上。包过滤型防火墙工作的地方就是各种基于 TCP/IP 协议的数据报文进出的通道，它把网络层和传输层作为数据监控的对象，对每个数据包的头部、协议、地址、端口、类型等信息进行分析，并与预先设定好的防火墙过滤规则进行核对，一旦发现某个包的某个或多个部分与过滤规则匹配并且条件为“阻止”的时候，这个包就会被丢弃。

基于包过滤技术的防火墙的优点是对于小型的、不太复杂的站点比较容易实现，同时其缺点也是很显著的。首先面对大型的、复杂的站点，包过滤的规则表很快会变得很大而且复杂，规则很难测试。随着表的增大和复杂性的增加，规则结构出现漏洞的可能性也会增加。其次是这种防火墙依赖于一个单一的部件来保护系统。如果这个部件出现了问题，或者外部用户被允许访问内部主机，则这个外部用户就可以访问内部网上的任何主机，形成很大的安全隐患。

2) 应用代理型防火墙

应用代理型防火墙实际上就是一台小型的带有数据检测过滤功能的透明代理服务器。但是它并不是单纯地在一个代理设备中嵌入包过滤技术，而是一种被称为应用协议分析的新技术。应用代理型防火墙能够对各层的数据进行主动的、实时的监测，能够有效地判断出各层中的非法侵入。这种防火墙一般还带有分布式探测器，能够检测来自网络外部的攻击，同时对来自内部的恶意破坏也有极强的防范作用。

应用代理型防火墙基于代理技术，通过防火墙的每个连接都必须建立在为之创建的代理进程上，而代理进程自身是要消耗一定时间的，于是数据在通过代理防火墙时就不可避免地发生数据迟滞现象。应用代理型防火墙以牺牲速度为代价换取了比包过滤型防火墙更高的安全性能。

3) 状态检测型防火墙

状态检测型防火墙技术通过一种被称为“状态监视”的模块，在不影响网络安全正常工作的前提下采用抽取相关数据的方法对网络通信的各个层次实行监测，并根据各种过滤规则作出安全决策。状态监视可以对包内内容进行分析，从而摆脱了传统防火墙仅局限于几个包头部信息的检测弱点，而且这种防火墙不必开放过多端口，进一步杜绝了可能因为开放端口过多而带来的安全隐患。

3. netfilter 和 Firewalld 的基本概念

Linux 内核提供的防火墙功能通过 netfilter 框架实现，并提供 iptables、Firewalld 等工具配置和修改防火墙的规则。

Linux 内核包含一个强大的网络过滤子系统 netfilter。netfilter 子系统允许内核模块对遍历系统的每个数据包进行检查。这表示任何传入、传出或转发的网络数据包在到达用户空间中的组件之前，都可以通过编程方式被检查、修改、丢弃或拒绝。这是在 Red Hat Enterprise Linux 7 计算机上构建防火墙的主要模块。

尽管系统管理员可以编写自己的内核模块与 netfilter 交互，但通常大家都不会这么做，而是使用其他程序与 netfilter 交互。这些程序中，最常见和最知名的是 iptables。在 Red Hat Enterprise Linux 7 之前的版本中，iptables 是与 netfilter 交互的主要方法。

iptables 命令是一个低级工具，使用该工具正确管理防火墙可能具有挑战性。此外，它仅能调整 IPv4 防火墙规则。为保证更完整的防火墙覆盖率，需要使用其他实用程序，如用于 IPv6 的 ip6tables 和用于软件桥的 ebtables。

Red Hat Enterprise Linux 7 中引入了一种与 netfilter 交互的新方法：Firewalld。Firewalld 是一个可以配置和监控系统防火墙规则的系统守护进程。该守护进程不仅涵盖 IPv4 和 IPv6，还可以涵盖 ebtables 设置。

Firewalld 将所有的网络流量分为多个区域(zone)，从而简化防火墙管理。根据数据包源 IP 地址或传入网络接口等条件，流量将转入相应区域的防火墙规则，如图 10-1 所示。每个区域都有自己要打开或关闭的端口和服务列表。

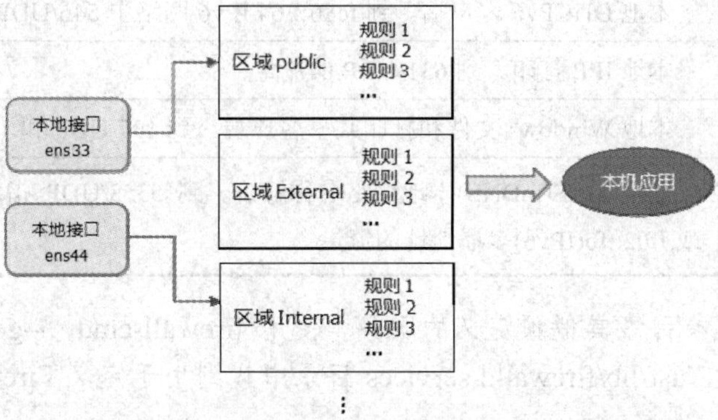

图 10-1　防火墙区域示意图

Firewalld 有一些预定义区域，适应于多种用途。表 10-1 列出了在系统安装时这些区域的默认配置，管理员也可以对这些区域进行自定义配置。默认区域为 public，如果不进行任何更改，将为除 lo 接口外的其他接口分配 public 区域，而 lo 接口被分配到 trusted 区域。默认情况下，如果传入流量属于系统启动通信的一部分，则所有区域都允许这些传入流量和所有传出流量。无论处于哪个区域，防火墙都不会拒绝由本机主动发起的网络连接，也就是说本地发起的数据包(包含对方响应或返回的数据包)将通过任何区域。

表 10-1　Firewalld 区域默认配置

区域名称	默 认 配 置
trusted	允许所有传入流量
home	除非与传出流量相关，或与 ssh、mdns、ipp-client、samba-client 或 dhcpv6-client 预定义服务匹配，否则拒绝传入流量
internal	除非与传出流量相关，或与 ssh、mdns、ipp-client、samba-client 或 dhcpv6-client 预定义服务匹配，否则拒绝传入流量(一开始与 home 区域相同)
work	除非与传出流量相关，或与 ssh、ipp-client 或 dhcpv6-client 预定义服务匹配，否则拒绝传入流量
public	除非与传出流量相关，或与 ssh 或 dhcpv6-client 预定义服务匹配，否则拒绝传入流量。新添加的网络接口的默认区域
external	除非与传出流量相关，或与 ssh 预定义服务匹配，否则拒绝传入流量。通过此区域转发的 IPv4 传出流量将进行伪装，以使其看起来像是来自传出网络接口的 IPv4 地址
dmz	除非与传出流量相关，或与 ssh 预定义服务匹配，否则拒绝传入流量
block	除非与传出流量相关，否则拒绝传入流量
drop	除非与传出流量相关，否则拒绝传入流量(甚至不产生包含 ICMP 错误的响应)

Firewalld 还有一些预定义服务。这些服务定义可用于方便地允许特定网络服务的流量通过防火墙。表 10-2 列出了防火墙区域默认配置中使用的预定义服务的配置。

表 10-2 Firewalld 预定义服务

服务名称	配　置
ssh	本地 SSH 服务器。到 22/TCP 的流量
dhcpv6-client	本地 DHCPv6 客户端。到 fe80::/64 IPv6 网络中 546/UDP 的流量
ipp-client	本地 IPP 打印。到 631/UDP 的流量
samba-client	本地 Windows 文件和打印共享客户端。到 137/UDP 和 138/UDP 的流量
mdns	多播 DNS(mDNS)本地链路名称解析。到 5353/UDP 指向 224.0.0.251(IPv4)或 ff02::fb(IPv6)多播地址的流量

◇ **小贴士**：还有许多其他预定义的服务。使用 firewall-cmd --get-services 命令可以列出这些服务。可在/usr/lib/firewalld/services 目录中找到用于定义 Firewalld 软件包中所含预定义服务的配置文件。

任务一　安装防火墙

一、任务提出

要想使防火墙发挥效能，首先需要确定用于运行防火墙的软件包是否存在，以及能否正常运行。本次任务需要确认 Firewalld 能够正常运行。

二、任务分析

Firewalld 是 Red Hat Enterprise Linux 7 中用于管理主机级别防火墙的默认方法。它需要的软件包是 firewalld-filesystem-*-8.el7.noarch 和 firewalld-*-8.el7.noarch(*代表版本号，根据 Linux 系统的版本不同会有所差别)。

由于 firewalld.service 和 iptables.service、ip6tables.service 以及 ebtables.service 服务彼此冲突，为了防止意外启动其中的一个*tables.serivce 服务(并擦除流程中任何正在运行的防火墙配置)，可以将*tables.serivce 加以屏蔽。

三、任务实施

10-1　安装防火墙

1. 查看系统中是否安装了 Firewalld 软件包

```
[root@RHEL7 ~]# rpm –qa|grep firewalld
```

已安装的软件包如图 10-2 所示。

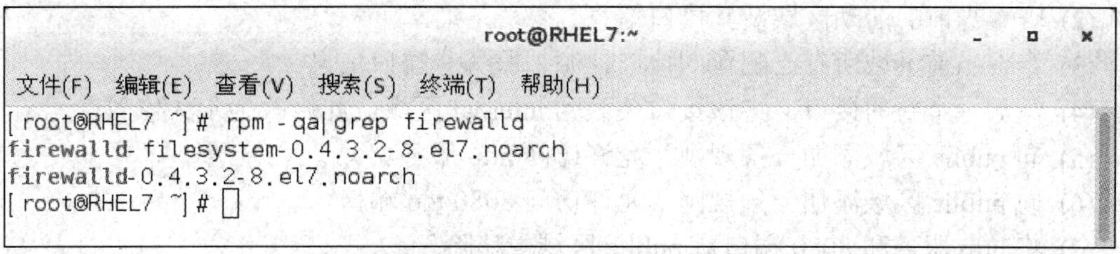

图 10-2　已安装 Firewalld 软件包

默认情况下，Firewalld 软件包应该已经安装，如果没有安装，可以参照项目 3 中的任务一使用 YUM 安装该软件包。

2. 屏蔽其他防火墙服务

```
[root@RHEL7 ~]# for SERVICE in iptables ip6tables ebtables; do
> systemctl mask ${SERVICE}.service
> done
```

其运行结果如图 10-3 所示。

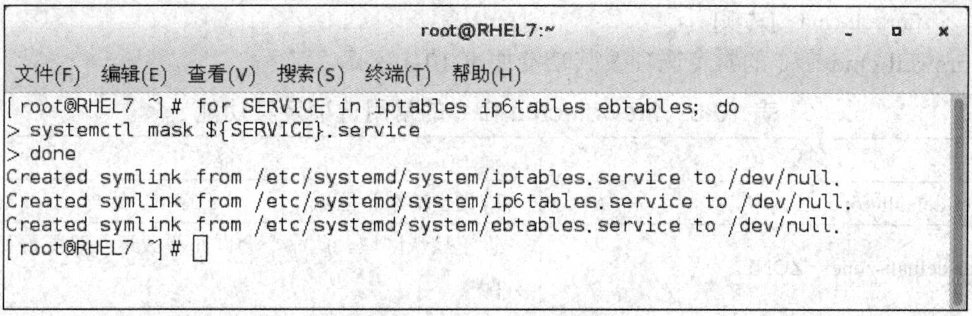

图 10-3　屏蔽其他防火墙工具

四、任务总结

本次任务主要确认了 Firewalld 软件能够正常运行，为下一步配置防火墙做好准备。

五、同步训练

(1) 检查当前系统中是否安装了 Firewalld 的软件包，如果没有，则安装此软件包。
(2) 使用 systemctl mask 命令屏蔽其他防火墙配置工具。

任务二　防火墙基本配置

一、任务提出

公司内部搭建的服务器安装了防火墙并使用 Firewalld 进行配置，现要完成以下任务：
(1) 查看当前系统中的所有区域和所有支持的服务。

(2) 查看当前的活动区域及其接口信息。
(3) 查看当前区域所有已配置的接口、源、服务和端口信息。
(4) 添加一个新的接口，将该接口关联到 internal 区域，此修改为永久修改。
(5) 向 public 区域添加一条规则，允许访问 http 服务。
(6) 向 public 区域添加一条规则，允许访问 8080/tcp 端口。
(7) 将 http 服务和 8080 端口从 public 区域中移除。

二、任务分析

Firewalld 可以通过三种方式来管理：
(1) 使用命令行工具 firewall-cmd。
(2) 使用图形工具 firewall-config。
(3) 使用/etc/firewalld/中的配置文件。

在大部分情况下，不建议直接编辑配置文件。使用图形工具相对比较简单，读者可以自行操作。本任务中，我们使用 firewall-cmd 命令行工具。firewall-cmd 命令格式如下：

```
firewall-cmd  [选项]
```

firewall-cmd 命令的常用选项及其功能如表 10-3 所示。

表 10-3　firewall-cmd 命令的常用选项及其功能

选　项	功　能
--get-default-zone	查询当前默认区域
--set-defualt-zone=<ZONE>	设置默认区域。此命令会同时更改运行时配置和永久配置
--get-zones	列出所有可用区域
--get-services	列出所有支持的服务
--get-active-zones	列出当前正在使用的所有区域(具有关联的接口或源) 及其接口和源信息
--add-source=<CIDR> [--zone=<ZONE>]	将来自 IP 地址或网络/子网掩码<CIDR>的所有流量路由到指定区域。如果未提供“--zone”选项，则使用默认区域
--remove-source=<CIDR> [--zone=<ZONE>]	从指定区域中删除用于路由来自 IP 地址或网络/子网掩码<CIDR>的所有流量的规则。如果未提供“--zone”选项，则使用默认区域
--add-interface=<INTERFACE> [--zone=<ZONE>]	将来自<INTERFACE>的所有流量路由到指定区域。如果未提供“--zone”选项，则使用默认区域
--change-interface=<INTERFACE> [--zone=<ZONE>]	将接口与<ZONE>区域关联。如果未提供“--zone”选项，则使用默认区域
--list-all [--zone=<ZONE>]	列出<ZONE>的所有已配置接口、源、服务和端口。如果未提供“--zone”选项，则使用默认区域

续表

选　项	功　能
--list-all-zone	列出所有区域的所有信息(接口、源、端口、服务等)
--add-service=<SERVICE> [--zone=<ZONE>]	允许到<SERVICE>服务的流量。如果未提供“--zone”选项，则使用默认区域
--add-port=<PORT/PROTOCOL> [--zone=<ZONE>]	允许到<PORT/PROTOCOL>端口的流量。如果未提供“--zone”选项，则使用默认区域
--remove-service=<SERVICE> [--zone=<ZONE>]	从区域的允许列表中删除<SERVICE>服务。如果未提供“--zone”选项，则使用默认区域
--remove-port=<PORT/PROTOCOL> [--zone=<ZONE>]	从区域的允许列表中删除<PORT/PROTOCOL>端口。如果未提供“--zone”选项，则使用默认区域
--reload	丢弃运行时配置并应用永久配置
--permanent	将此次配置作为永久配置

◇ **小贴士**：几乎所有的命令都作用于运行时配置，当系统重新加载或重启 Firewalld 服务后，本次配置就会失效，除非使用了--permanent 选项。但是--premanent 选项的配置只有在下次重启系统或重新加载 Firewalld 服务单元后才会生效。

三、任务实施

10-2　防火墙基本配置

1. 查看当前系统中的所有区域和所有支持服务

```
[root@RHEL7 ~]# firewall-cmd    --get-zones
[root@RHEL7 ~]# firewall-cmd    --get-services
```

查看结果如图 10-4 所示。

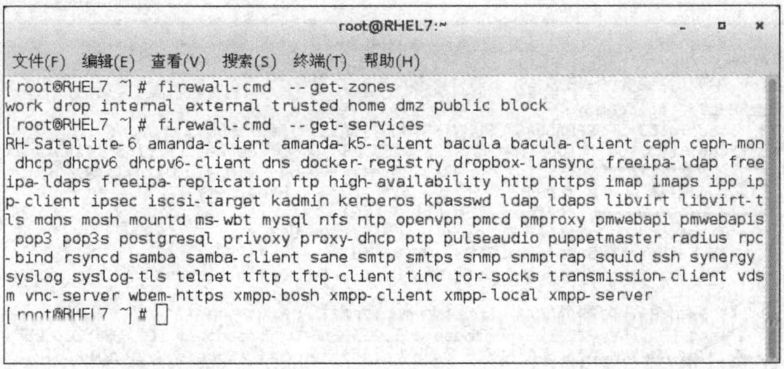

```
root@RHEL7:~
文件(F) 编辑(E) 查看(V) 搜索(S) 终端(T) 帮助(H)
[root@RHEL7 ~]# firewall-cmd --get-zones
work drop internal external trusted home dmz public block
[root@RHEL7 ~]# firewall-cmd --get-services
RH-Satellite-6 amanda-client amanda-k5-client bacula bacula-client ceph ceph-mon
 dhcp dhcpv6 dhcpv6-client dns docker-registry dropbox-lansync freeipa-ldap free
ipa-ldaps freeipa-replication ftp high-availability http https imap imaps ipp ip
p-client ipsec iscsi-target kadmin kerberos kpasswd ldap ldaps libvirt libvirt-t
ls mdns mosh mountd ms-wbt mysql nfs ntp openvpn pmcd pmproxy pmwebapi pmwebapis
 pop3 pop3s postgresql privoxy proxy-dhcp ptp pulseaudio puppetmaster radius rpc
-bind rsyncd samba samba-client sane smtp smtps snmp snmptrap squid ssh synergy
syslog syslog-tls telnet tftp tftp-client tinc tor-socks transmission-client vds
m vnc-server wbem-https xmpp-bosh xmpp-client xmpp-local xmpp-server
[root@RHEL7 ~]# 
```

图 10-4　查看当前系统中所有区域和所有支持的服务

2. 查看当前的活动区域及其接口信息

```
[root@RHEL7 ~]# firewall-cmd    --get-active-zone
```

查看结果如图 10-5 所示。

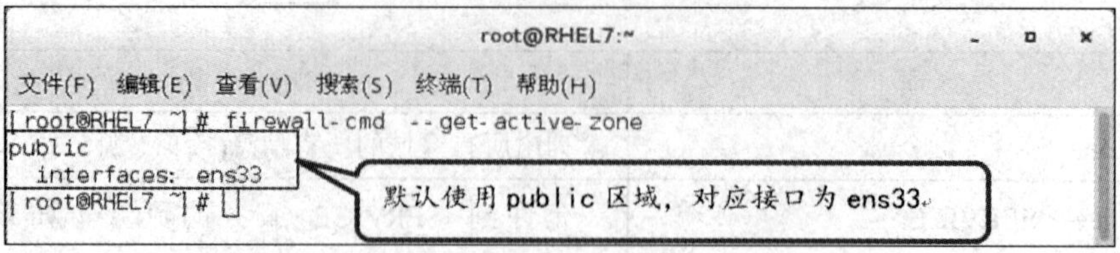

图 10-5　查看当前的活动区域及其接口信息

3. 查看当前区域所有已配置的接口、源、服务和端口信息

```
[root@RHEL7 ~]# firewall-cmd    --list-all
```

查看结果如图 10-6 所示。

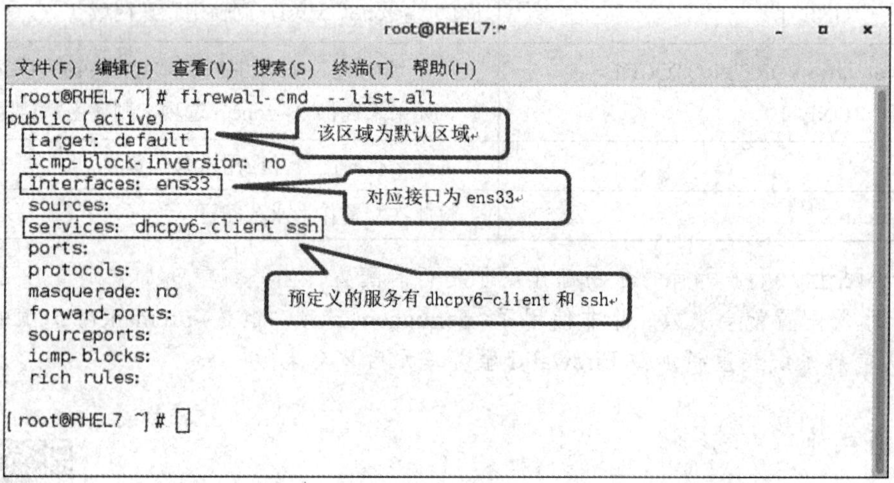

图 10-6　查看当前区域所有已配置信息

4. 添加一个新的接口，将其关联到 internal 区域

步骤 1　在虚拟机中再添加一块网卡，重新开机，并确保网卡是连接状态。会发现 Linux 系统现在有两个网络接口，如图 10-7 所示。

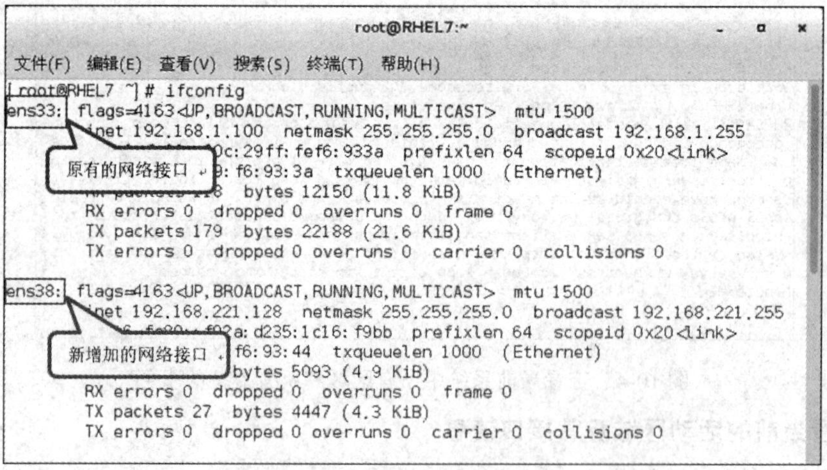

图 10-7　新增加一个网络接口

步骤 2　查看现有区域的网络接口，发现新增加的网络接口默认属于 public 区域，如图 10-8 所示。

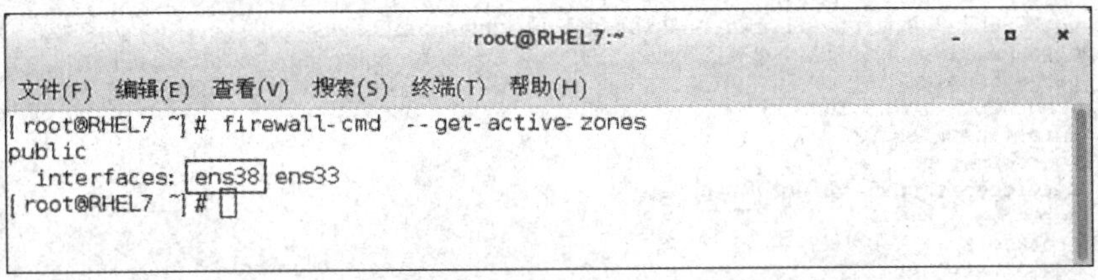

图 10-8　新增加的接口默认属于 public 区域

步骤 3　将新增加接口关联到 internel 区域。

```
[root@RHEL7 ~]# firewall-cmd    --change-interface=ens38    --zone=internal    --permanent
The interface is under control of NetworkManager, setting zone to 'internal'.
success
[root@RHEL7 ~]# firewall-cmd    --reload
success
```

再次查看当前的活动区域，会发现多了一个 internal 区域，其关联的接口是 ens38，如图 10-9 所示。

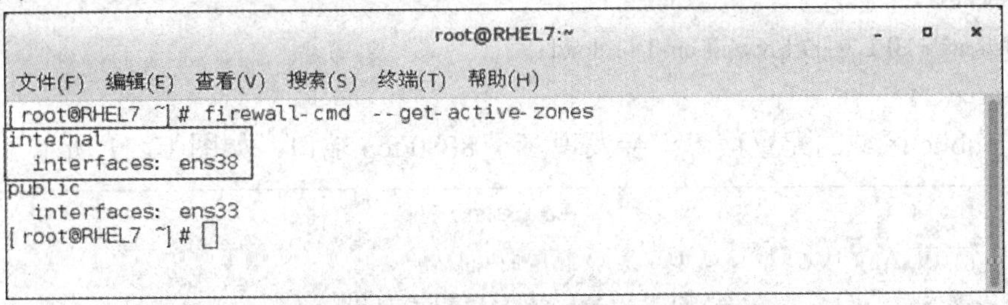

图 10-9　将新增加接口关联到 internal 区域

5. 向 public 区域添加一条规则，允许访问本机的 http 服务

步骤 1　禁用 Firewalld 服务。

```
[root@RHEL7 ~]# systemctl    stop    firewalld
```

根据项目 7 所学的内容，在本机上配置好 http 服务后，客户端浏览器就可以访问该服务。

步骤 2　将本机 Firewalld 服务激活。

```
[root@RHEL7 ~]# systemctl    start    firewalld
```

由于默认的 public 区域没有允许 http 服务的流量通过，因此，客户端浏览器再次访问本机 http 服务，发现无法访问。

步骤 3　向 public 区域添加一条规则，允许 http 服务的流量通过。

```
[root@RHEL7 ~]# firewall-cmd    --add-service=http    --zone=public    --permanent
success
[root@RHEL7 ~]# firewall-cmd --reload
success
```

查看 public 区域的配置信息，会发现多了 http 服务，如图 10-10 所示。

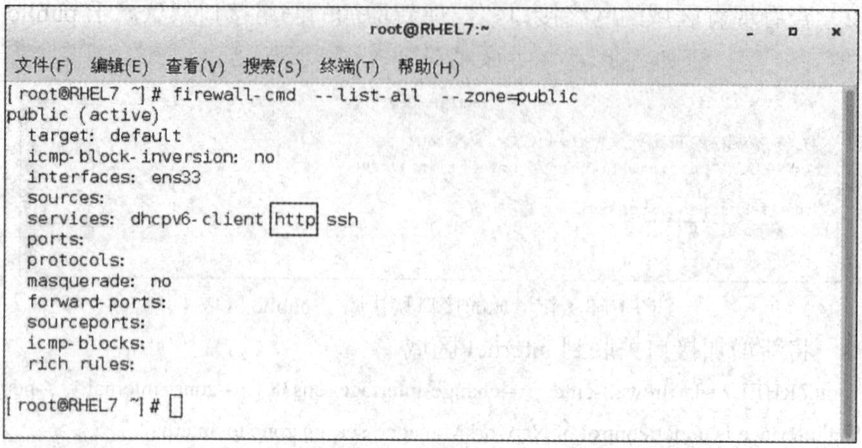

图 10-10　在 public 区域添加 http 服务

使用客户端浏览器再次访问本机 http 服务，发现可以访问。

6. 向 public 区域添加一条规则，允许访问 8080/tcp 端口

```
[root@RHEL7 ~]# firewall-cmd    --add-port=8080/tcp    --zone=public    --permanent
success
[root@RHEL7 ~]# firewall-cmd --reload
success
```

查看 public 区域的配置信息，会发现多了 8080/tcp 端口，如图 10-11 所示。

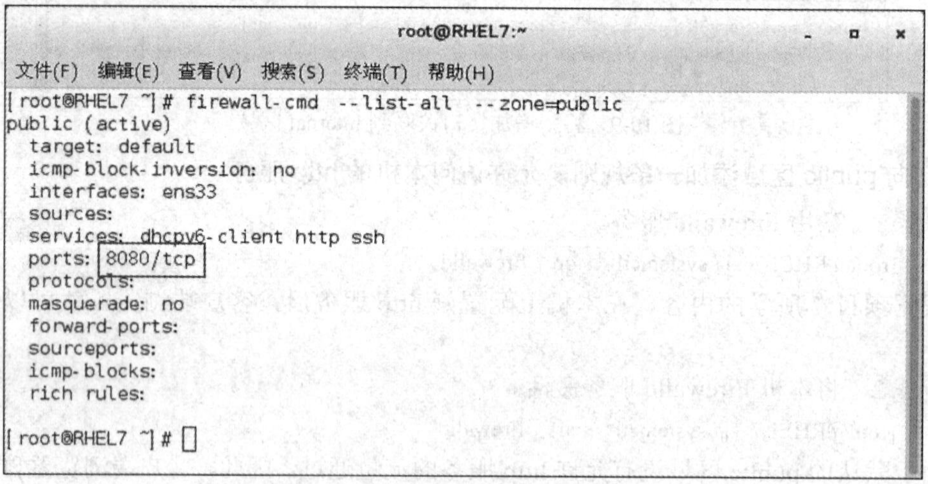

图 10-11　在 public 区域中添加 8080/tcp 端口

7. 将 http 服务和 8080 端口从 public 区域中移除

```
[root@RHEL7 ~]#firewall-cmd    --remove-service=http   --zone=public    --permanent
success
[root@RHEL7 ~]# firewall-cmd   --remove-port=8080/tcp    --zone=public    --permanent
success
[root@RHEL7 ~]# firewall-cmd    --reload
```

四、任务总结

在此任务中，我们查看了区域的配置情况，并将端口与区域关联，向区域中添加相应的服务和端口，删除相应的服务和端口。只有添加到区域中的服务和端口，用户的流量才能通过，因此，在配置区域的时候一定要慎重。

五、同步训练

(1) 查看当前区域所有已配置的接口、源、服务和端口信息。
(2) 添加一个新的接口，将该接口关联到 home 区域，此修改为永久修改。
(3) 向 public 区域添加一条规则，允许访问 FTP 服务。
(4) 向 public 区域添加一条规则，允许访问 8000/tcp 端口。

项 目 总 结

防火墙是网络安全中必不可少的工具。除了使用专门的防火墙设备，Linux 本身也自带有防火墙组件，可以保护本机服务器。在本项目中，我们认识了 Linux 防火墙的框架结构 netfilter，并初步学习了它的管理工具 Firewalld 的使用。Firewalld 是一个更高级、更简便的管理工具，使用它能帮助我们更方便地管理 Linux 防火墙。

项 目 训 练

一、选择题

1. RHEL7 中默认管理防火墙的工具是____________。

A. iptables　　B. ip6tables　　C. ebtables　　D. Firewalld

2. 在 Firewalld 中，新添加的网络接口默认会被关联到__________区域。

A. trust　　B. home　　C. public　　D. external

3. 以下关于 Firewalld 区域的描述不正确的是________。

A. 每个接口都对应了一个区域
B. 用户通过向接口所属区域中添加规则的方式改变防火墙的规则
C. 区域的描述决定了哪些连接可以通过防火墙
D. 区域中的规则对象可以是服务、端口等

二、填空题

1. 从技术角度来看，防火墙分为__________、___________和___________三种类型。
2. RHEL7 中防火墙的内核框架是_______________。

参 考 文 献

[1] 杨云，马立新. 网络服务器搭建、配置与管理: Linux 版. 2 版. 北京：人民邮电出版，2015

[2] 孙亚南，李勇. Red Hat Enterprise Linux 7 高薪运维入门. 北京：清华大学出版社，2016

[3] 潘中强，王刚. Red Hat Enterprise Linux 7.3 系统管理实战. 北京：清华大学出版社，2018